兔病
速诊快治
彩色图谱

TUBING
SUZHEN KUAIZHI
CAISE TUPU

任克良 曹 亮 主编

化学工业出版社
·北京·

内容简介

本书由作者团队根据多年研究成果、兔病防控实践和国内外兔病研究进展等组织编写而成。内容包括兔病发生规律和综合防控措施、兔病快速诊断技术、兔病快速诊断思路及类症鉴别、兔病治疗技术和家兔主要疾病的防控技术。其中兔病诊断部分首次采取以临床表现为线索，根据临床症状、病理剖检变化等综合分析来确诊兔病，同时提出有效的治疗方案，达到速诊快治的目的。书中附有典型临床症状、病理剖检变化等彩色图片300余幅，帮助读者高效辨别类病症，迅速确诊疾病。

本书图文并茂，文字简明、通俗易懂，科学性、先进性和实用性兼顾，可供基层兽医、养兔场技术人员、养兔户及宠物兔医生使用，也可作为农业院校畜牧兽医专业师生的参考用书。

图书在版编目（CIP）数据

兔病速诊快治彩色图谱 / 任克良，曹亮主编．北京：化学工业出版社，2025. 8. -- ISBN 978-7-122-48348-5

Ⅰ. S858.291-64

中国国家版本馆 CIP 数据核字第 2025GN6203 号

责任编辑：曹家鸿　刘　军　邵桂林　　装帧设计：王晓宇

责任校对：边　涛

出版发行：化学工业出版社

（北京市东城区青年湖南街 13 号　邮政编码 100011）

印　　装：盛大（天津）印刷有限公司

880mm×1230mm　1/32　印张 7　字数 184 千字

2025 年 11 月北京第 1 版第 1 次印刷

购书咨询：010-64518888

售后服务：010-64518899

网　　址：http：//www.cip.com.cn

凡购买本书，如有缺损质量问题，本社销售中心负责调换。

定　　价：49.80 元

本书编写人员

主　编　任克良　曹　亮

参　编　詹海杰　党文庆　刘华栋
　　　　王国艳　赵瑞生　黄淑芳

PREFACE

前言

我国是世界养兔大国，家兔年存栏量和出栏量位居世界首位。近年来，随着兔业科学技术的进步和社会专业化分工的细化，我国家兔生产方式正在向规模化、标准化和智能化方向发展。现代家兔生产过程中饲养管理、疫病防控等环节稍有不当，就可能会引起家兔群发性疾病的发生，导致兔病大面积流行，造成严重的经济损失，为此我们编写了《兔病速诊快治彩色图谱》一书，旨在为兔业生产健康可持续发展提供技术支持。

兔病防控是一项系统工程，本书内容涉及兔病发生规律和综合防控措施、兔病快速诊断技术、兔病快速诊断思路及类症鉴别、兔病治疗技术和家兔主要疾病防控技术。家兔的疾病种类较多，但危害家兔生产的主要疾病不是很多，本书对家兔常见多发病进行详细介绍，每种病包括发病原因（病原）、流行特点（发生特点）、临床症状、剖检变化、诊断要点、预防和治疗措施等，每种病附有典型临床症状、病理剖检变化等彩色照片。

需要特别说明的是，本书所列的药物及其使用剂量仅供读者参考，不可照搬，具体用药时须根据执业兽医提供的最佳治疗方案进行。在生产实际中，所用药物名称、常用名与实际商品名称有差异，药物浓度也有所不同，建议读者在使用每一种药物之前，须根据家兔的生产目的确定是否可用，同时参阅药物的产品说明确认药物用量、用药方法、所需用药时间及禁忌等，并遵守用药安全注意事项。

在本书出版之际，对秦应和、谷子林、鲍国连、刘汉中、李福昌、陈宝江、王芳、刘燕、索勋等兔业界同仁和本单位兔与特养团队全体人员的大力支持表示感谢！本书中的大部分图片是作者在科研、临诊实践中积累的，有些则由国内外学者或教学、研究单位提供，在此一并表示感谢!

由于作者的水平有限，书中难免有疏漏之处，恳请广大读者、同仁批评指正，以便再版时改进。

任克良　曹亮

2025年1月

CONTENTS

目录

第一章 兔病发生规律和综合防控措施

家兔体型较小，抗病力差，一旦患病往往来不及治疗或治疗费用高，因此养兔生产实践中应严格遵循“预防为主，防重于治”的原则。针对兔病发生基本规律，采取综合防控技术措施，保障兔群健康，降低病死率，最终达到提高养兔经济效益的目的。

第一节　兔病发生基本规律

一、兔病发生的原因

兔病是机体与外界致病因素相互作用而产生的损伤与抗损伤的复杂的斗争过程。在这个过程中，兔体对环境的适应能力降低，生产能力下降。

兔病发生的原因一般可分为外界致病因素和内部致病因素两大类。

（一）外界致病因素

外界致病因素是指家兔周围环境中的各种致病因素。

1. 生物性致病因素

包括各种病原微生物（细菌、病毒、真菌、螺旋体等）和寄生虫（原虫、蠕虫等），主要引起传染病、寄生虫病等。

2. 化学性致病因素

主要有强酸、强碱、重金属盐类、农药、化学毒物、氨气、一氧化碳、硫化氢等化学物质，可引起中毒性疾病。

3. 物理性致病因素

指炎热、寒冷、电流、光照、噪声、气压、湿度和放射线等诸多因素，有些可直接致病，有些可促使其他疾病的发生。如炎热而潮湿的环境容易中暑；高温可引起烧伤，强烈的阳光长时间照射可导致日射病；寒冷低温除可造成冻伤外，还能削弱家兔机体的抵抗力而促使感冒和肺炎的发生等。

4. 机械性致病因素

大多数情况下这种病因来自外界，如各种击打、碰撞、扭曲、刺戳等可引起挫伤、扭伤、创伤、关节脱位、骨折等。个别的机械力是来自体内，如体内的肿瘤、寄生虫、肾结石、毛球和其他异物等，可因其对局部组织器官造成的刺激、压迫和阻塞等而造成损害。

5. 其他因素

除上述各种致病因素外，机体正常生理活动所需的各种营养物质和机能代谢调节物质，如蛋白质、糖、脂肪、矿物质、维生素、氧气和水等，因供给不足或过量，或是体内产生不足或过多，也都能引起疾病。

此外，应激因素在疾病发生时的影响也日益受到重视。

（二）内部致病因素

兔病发生的内部因素主要是指兔体对外界致病因素的感受性和抵抗力。机体对致病因素的易感性和防御能力与机体的免疫状态、遗传特性、内分泌状态、年龄、性别和兔的品种等因素有关。

二、兔病的分类

根据兔病发生的原因可将兔病分为传染病、寄生虫病、普通病和遗传病四种。

（一）传染病

传染病是指由致病微生物（即病原微生物）侵入机体而引起的具有一定潜伏期和临床表现，并能够不断传播给其他个体的疾病。常见的传染病有病毒性传染病、细菌性传染病和真菌性传染病等三大类。

（二）寄生虫病

寄生虫病是由各种寄生虫侵入机体内部或侵害体表而引起的一类疾病。常见的有原虫病、蠕虫病和外寄生虫病等。

（三）普通病

普通病（非传染病）是由一般性致病因素引起的一类疾病。引起兔普通病常见的病因有创伤、低温、高温、化学毒物和营养缺乏等。临床上，常见的普通病有营养代谢病，中毒性疾病，内、外科及其他疾病等。

（四）遗传病

遗传病是指由于遗传物质变异而对动物个体造成有害影响，表现为身体结构缺陷或功能障碍，并且这种现象能按一定遗传方式传递给其后代的疾病。如短趾、八字腿、牛眼等。

三、兔病发生的特点

与其他动物相比，家兔的疾病发生、发展和疾病种类略有不同。

（一）发病率高

与其他动物相比，家兔体小、抗病力差，容易患病，一旦患病，如果治疗不及时死亡率很高。同时由于单个家兔经济价值较低，治疗往往得不偿失，因此在生产中要牢牢树立“预防为主，防重于治”的方针，同时及早发现，及时隔离治疗。

（二）消化道疾病发生率高

家兔拥有类似于牛、羊等反刍动物瘤胃功能的盲肠，其微生物区系易受饲养的影响。饲料配方、饲料种类、营养水平和环境等稍有变化，极易引起兔消化道疾病。因此在饲养过程中要保持环境相对稳定；饲养时坚持“定时、定质，更换饲料要逐步进行”的原则。同时，预防和治疗家兔疾病时抗生素选择使用不当，就会杀死或破坏兔肠道中的微生物和平衡，导致消化紊乱，引起消化道疾病的发生，因此，在防治兔病中要慎重选择抗生素的种类、给药途径和用药时间等。

（三）小兔怕冷，大兔耐寒怕热

仔兔体温调节发育不全，怕冷，兔舍要保持较高的温度。大兔耐寒怕热，高温季节要注意防暑降温。

（四）家兔抗应激能力差

饲料配方、饲喂量、环境因子（如温度、湿度、噪声等）等突然变化，对家兔均属应激范畴，此时极易导致家兔发生疾病，因此在家兔生产的各个环节要尽量减少各种应激，保障兔群健康。

（五）部分疾病在家兔多发

家兔特有的解剖特点会引起一些疾病，如创伤性脊椎骨折、脚皮炎等在兔群中发生率较高。生产中要避免让兔受惊，降低创伤性脊椎骨折的发生；选择脚毛丰满的个体作为种兔，保持兔舍干燥，笼地板材质选择使用竹板、塑料等，以减少脚皮炎的发生。

第二节　兔病综合防制技术

兔场的疾病防控是一项系统工程，必须从兔场场址的选择、兔舍建筑、笼具建设、环境控制、饲料生产或选购，到加强饲养管理、推广“全进全出制”饲养方式和制定科学防疫程序等各个环节入手并做好相关工作，兔群健康才能有保障，才能降低兔病发生率，达到提高经济效益的目的。

一、加强饲养管理

加强饲养管理包括合理的兔场布局、科学的兔舍建设，创造良好的生活环境（图1-1～图1-5）；合理配制饲粮，保证饲料质量，更换饲料逐步进行；按照家兔不同的生理阶段实行科学的饲养管理；加强选种，制定科学繁育计划，降低遗传性疾病发病率和培育健康兔群。

图1-1 建在地势较高处的兔场

图1-2 联排兔舍（带有湿帘）

图1-3 密闭式环境控制兔舍

图1-4 “品”字形兔笼

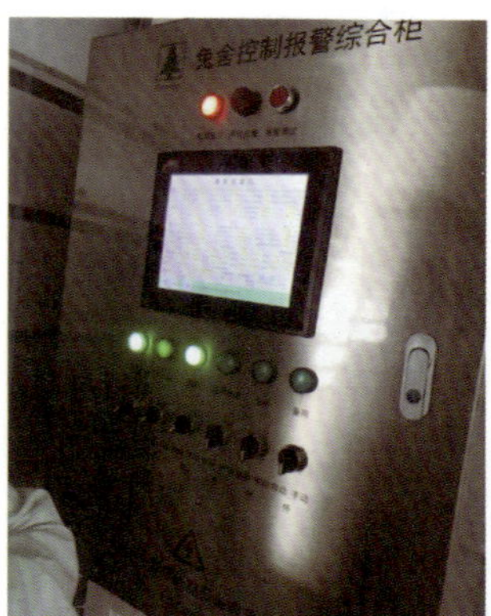

图1-5 兔舍环境控制系统

二、坚持自繁自养

坚持自繁自养一方面可以降低引种费用，同时也可避免因引种导致的疾病发生。真菌病是我国目前兔业生产中发病率较高的疾病之一，据调研，该病主要由引种导致。兔群必须引种时，要对引种场进行调研，确认该场无重大疾病时方可引种。

三、采用“全进全出制”

家兔的“全进全出制”是指一栋兔舍内饲养同一批次、同一日龄的家兔，全部兔子采用统一的饲料、统一的管理，同一天出售或屠宰。每次出栏后对兔舍、兔笼等进行全面彻底的消毒，可以极大地减少兔群疾病的发生和流行，是规模兔场做好兔病防控必须采取的一种饲养模式。

四、建立卫生防疫制度

人员进入场区要消毒（图1-6）；场内谢绝参观，禁止其他闲杂人员和有害动物进入场内 ；搞好兔场环境卫生，定期清洁消毒；杀虫灭鼠防兽，消灭传染媒介。

五、严格执行消毒制度

消毒是预防兔病的重要一环。其目的是消灭散布于外界环境中的病原微生物和寄生虫，防止疾病的发生和流行。在消毒时要根据病原体的特性、被消毒物体的性能和经济价值等因素，合理地选择消毒剂和消毒方法。火焰消毒是兔场较为常用的一种方法（图1-7）。

六、制定科学合理的免疫程序

免疫接种是预防和控制家兔传染病十分重要的措施。免疫接种就是用人工的方法，把疫苗或菌苗等注入家兔体内，从而激发兔体产生特异性抵抗力，避免传染病的发生和流行。

目前家兔常用的疫苗种类、使用方法、生产企业和批准文号见表1-1。

图1-6　兔场入口消毒间

图1-7　火焰消毒

表1-1　兔常用疫苗种类、使用方法、生产企业和批准文号

疫苗种类	预防的疾病	使用方法、剂量	生产企业	批准文号
兔病毒性出血症灭活疫苗	兔瘟	皮下注射。按说明使用	华派生物技术（集团）股份有限公司	兽药生字221016004
	兔瘟	皮下注射。按说明使用	山东华宏生物工程有限公司	兽药生字150106004
兔出血症病毒杆状病毒载体灭活疫苗（VP60株）	兔瘟	皮下注射。按说明使用	山东华宏生物工程有限公司	兽药生字150106043
	兔瘟	皮下注射。按说明使用	齐鲁动物保健品有限公司	兽药生字150256050
	兔瘟	皮下注射。按说明使用	贵州福斯特生物科技有限公司	兽药生字240056043

续表

疫苗种类	预防的疾病	使用方法、剂量	生产企业	批准文号
兔产气荚膜梭菌病（A型）灭活疫苗	魏氏梭菌病	皮下注射。按说明使用	青岛易邦生物工程有限公司	兽药生字150136001
兔中型艾美耳球虫、大型艾美耳球虫、肠艾美耳球虫三价活疫苗（PMeGX株 PMaSD株 PInGX株）	肠球虫病	经口免疫。25～55日龄的兔，1头份/只。免疫后14日开始产生免疫力，免疫期为2个月	佛山市正典生物科技有限公司	兽药生字190466067
兔病毒性出血症、多杀性巴氏杆菌病二联灭活疫苗	兔瘟、多杀性巴氏杆菌病	皮下注射。按说明使用	华派生物技术（集团）股份有限公司	兽药生字221016028
兔出血症病毒杆状病毒载体、多杀性巴氏杆菌病二联灭活疫苗	兔瘟、多杀性巴氏杆菌病	皮下注射。按说明使用	齐鲁动物保健品有限公司	兽药生字150256069
兔病毒性出血症、多杀性巴氏杆菌病、产气荚膜梭菌病（A型）三联灭活疫苗	兔瘟、多杀性巴氏杆菌病和魏氏梭菌病	皮下注射。按说明使用	齐鲁动物保健品有限公司	兽药生字150256026

七、做好药物预防及驱虫

对兔群应用药物预防疾病是重要的防疫措施之一，尤其在某些疫病流行季节之前或流行初期，应用安全、低廉、有效的药物，加入饲料、饮水或添加剂中进行群体预防和治疗，可以收到显著的效果。

八、加强饲料质量和饮水卫生检查

俗话说“病从口入”，饲料、饮水卫生的好坏与家兔的健康密切相关，应严格按照饲养管理的原则和标准实施，饲料从采购、采集、加工调制到饲料保存、利用等各个环节，要加强质量和卫生检查与控制。严禁饲喂发霉、腐败、变质、冰冻饲料，保证饮水清洁而不被污染。

（任克良　曹亮）

第二章

兔病快速诊断技术

兔病快速诊断就是根据临床诊断、流行病学调查、剖检病理学诊断和实验室检测等结果，经综合分析、判定，迅速做出正确的诊断。

第一节　兔病临床诊断技术

临床诊断就是利用人的感觉器官或借助一些简单的诊断器材（如体温计、听诊器等）直接对病兔进行检查。对于家兔某些具有特征性症状表现的典型病例，经过仔细的临床检查，一般不难作出诊断。

一、问诊

问诊是以询问的方式向饲养管理人员或防疫员等调查了解与发病有关的情况和经过，一般在其他检查之前进行，也可贯穿于其他检查过程之中。

1.病史

包括既往病史和现有病史。了解患兔以往的健康状况，以前是否发生过类似疾病，如何处治，治疗效果；本次疾病发生的时间、发病经过、主要表现，采取过什么措施，用什么药物及治疗效果如何等。

2.周围兔场家兔或本场其他兔群的健康状况

了解同一兔群中有多少兔先后或同时发生过类似疾病，邻舍及附近场、区域兔群最近是否也有类似疾病发生等。

3.饲养管理及预防用药情况

主要了解饲料的种类、来源、质量、饲喂量及最近是否有变化，饲养人员是否有顶班现象，场舍的卫生状况，管理制度；接种疫苗的种类、来源、接种时间和接种方法，以及其他预防药物的使用情况等。

问诊所掌握的情况，要实事求是地记录下来，不能随意更改。

二、视诊

视诊主要是用肉眼直接观察病兔目前的状态和各种异常现象。通过视诊可以发现许多很有意义的症状，为进一步诊断检查提供线索。

视诊要关注兔的体形外貌、体格发育、营养状况、精神状态、运动姿势及被毛、皮肤和可视黏膜的变化等；还要注意某些生理活动是否正常，如有无喘气、咳嗽、流涎及异常的采食、咀嚼、吞咽和排泄动作等；要特别关注粪便和尿液的性状、数量等（图2-1）。

三、触诊

触诊是用手触摸按压检查部位进行疾病诊断的一种方法。通过触诊可以判断被检器官和组织的状态，确定病变的位置、形态、大小、质地、温度、敏感性和移动性等。

通过浅部触诊检查体表温度、湿度，皮肤及皮下组织厚度、弹性、硬度，肌肉紧张性及局部肿物的性状等。深部触诊常用于体腔内器官的检查，如家兔妊娠检查的方法，触摸腹部（图2-2），查看有无肿块、硬结等。

图2-1　正常的兔粪球

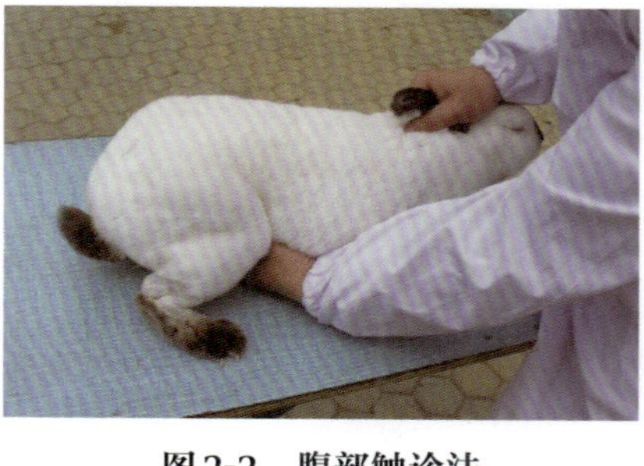

图2-2　腹部触诊法

四、听诊

听诊是通过听觉辨别患病动物及其体内某些器官活动过程中所产生的各种声音，根据声音及其性质的变化推断体内器官功能状态和病理变化的一种诊断方法。临床上常用于心脏、肺和胃肠的检查，如听诊心脏的搏动音，可知其频率、强度、节律及有无杂音；听诊肺部可知呼吸数、呼吸节律、肺泡呼吸音的强弱及是否有啰音和摩擦音等；听诊腹部可知胃肠是否蠕动及蠕动的强弱等。

五、叩诊

叩诊是对患病家兔体表某一部位进行叩击，根据所产生声音的特性来推断叩击部位组织器官有无病理变化的一种诊断方法，可用于胸、腹腔脏器的检查。叩诊时所产生声音的性质主要取决于叩诊部位有无气体或液体，以及其量的多少，还与叩诊部位组织的厚度、弹性等有关。如叩击腹部有鼓音，则提示胃肠严重臌气。

六、嗅诊

嗅诊是利用嗅觉辨别患病动物的排泄物、分泌物、呼出气体以及兔舍和饲料等的气味，从而推断疾病的方法。嗅诊在兽医临床诊断检查中有时具有重要意义，如当患兔呼出气体有烂苹果味（酮味），可能患妊娠毒血症；患兔腹泻时排出的恶臭水样粪便，提示患魏氏梭菌病等。

第二节　兔病流行病学诊断技术

流行病学诊断就是通过问诊、座谈、查阅病历、现场观察和临床检查等方式取得第一手资料。

一、疾病的发生情况

了解最初发病的时间和兔舍情况，传播蔓延速度和范围，发病数量、性别、年龄、症状表现，发病率和死亡率以及剖检变化等。

如仅为母兔发病尤其是怀孕妊娠、哺乳及假妊娠的可能为妊娠毒血症；外生殖器有病变，且多为繁殖兔（包括母兔、公兔）应考虑兔密螺旋体病、外生殖道炎症等；发病死亡率高，年龄多在3月龄以上，可能是兔瘟；7日龄以上的仔兔发病可能是2型兔瘟；3月内死亡的兔可能为球虫病；断奶前后兔，腹泻的多为大肠杆菌病、魏氏梭菌病等。

二、病因调查

了解本场或本地过去是否发生过类似疾病，流行情况如何，是否作过确诊，采取过何种防治措施，效果如何。调查本次发病前是否引进种兔，新购种兔进场是否检疫和隔离；饲料原料、饲料配方及饲养管理最近是否有较大改变，包括饲料的种类、来源、贮存、调制、饲喂方式等，同时注意饲养人员是否更换；饲料质量是否合格，是否发霉变质；如果是购买的饲料，了解厂家的饲料配方、原料是否变化；当地气候是否突变，兔舍的温度、湿度和通风情况如何，附近有无工矿废水和毒气排放；兔场的鼠害情况和卫生状况好坏；兔场是否养狗、猫等动物；最近是否进行过杀虫、灭鼠或消毒工作，用过什么药物等；收兔、收皮、收毛等商贩是否进入过兔场、兔舍等。

三、预防免疫、用药情况

了解本场兔群常用什么药物和疫苗进行疾病预防，用量多少，如何使用；饲料中使用过哪些添加剂，什么时候开始使用，使用了多长时间等。常见的有兔瘟免疫程序不当或疫苗问题导致兔瘟发生，未进行小试就大面积使用厂家推荐的饲料添加剂导致消化道疾病或中毒性疾病发生。

四、疾病的发展变化和防治效果

了解病兔的初期表现与中、后期表现，病程时间，是否使用过药物进行防治，药物用量，用药时间，效果如何等。

第三节　兔病理学诊断技术

根据临床诊断尚不能确诊的疾病，必须对病兔或尸体进行解剖，根据剖检特点，再结合临床症状、流行病学特点，对疾病做出正确诊断。

一、剖检

对死亡的兔尸或病兔进行解剖检查，通过对病死兔的内脏器官、组织病变进行观察，以便了解疾病所在的部位、性质，为明确诊断提供依据。剖检时间越早越好，夏季不超过2小时为宜。剖检最好在专门的剖检室或兽医室进行，便于消毒和清洗。如现场剖检，应选择远离兔舍和水源的场所进行（图2-3）。

了解家兔正常脏器对识别病理变化十分重要。家兔正常脏器见图2-4～图2-18。

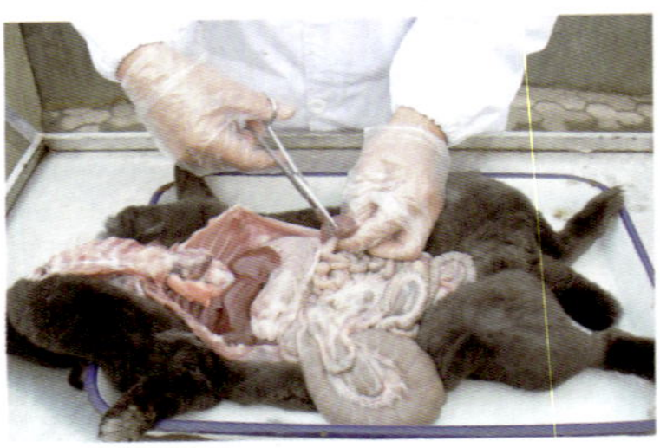

图2-3　剖检病兔

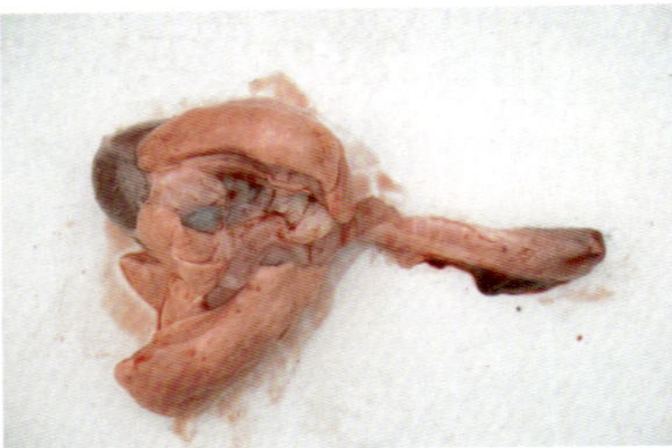

图2-4　正常的家兔肺脏

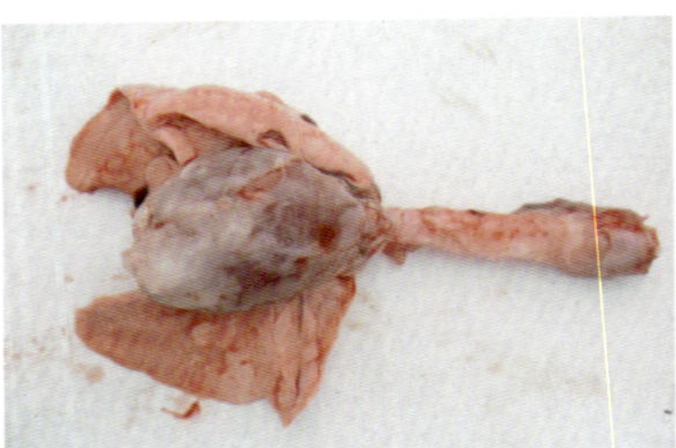

图2-5　正常的兔心脏与肺脏

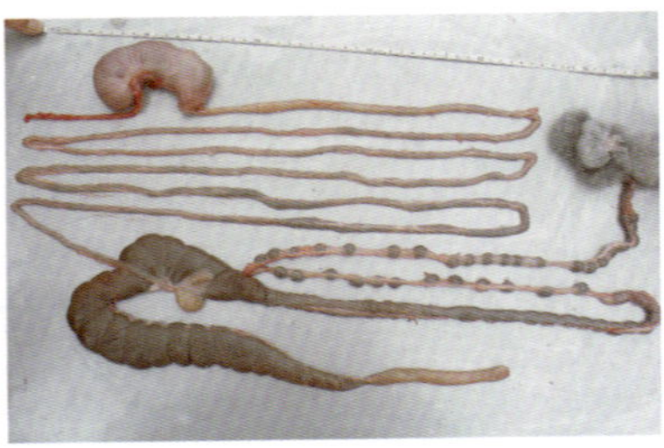

图2-6　正常的兔消化系统

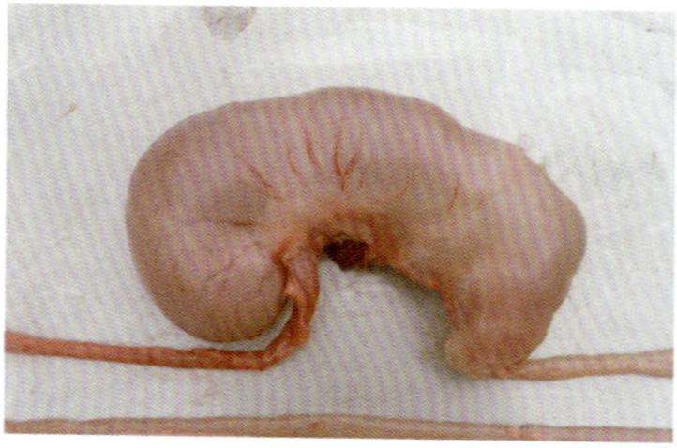

图2-7　正常的兔胃

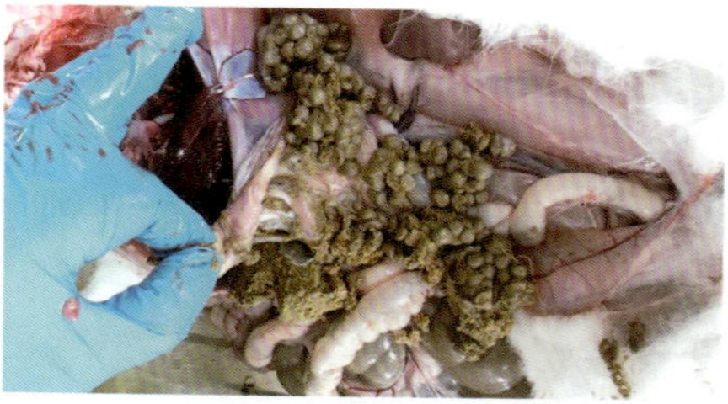

图2-8　兔胃中透明的粪球为家兔食入的软粪粒

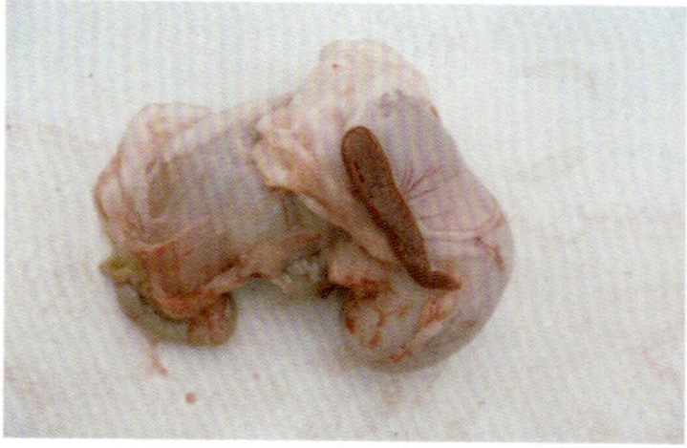

图2-9　正常的兔脾脏

图2-10　正常的兔盲肠

图2-11　正常的兔圆小囊

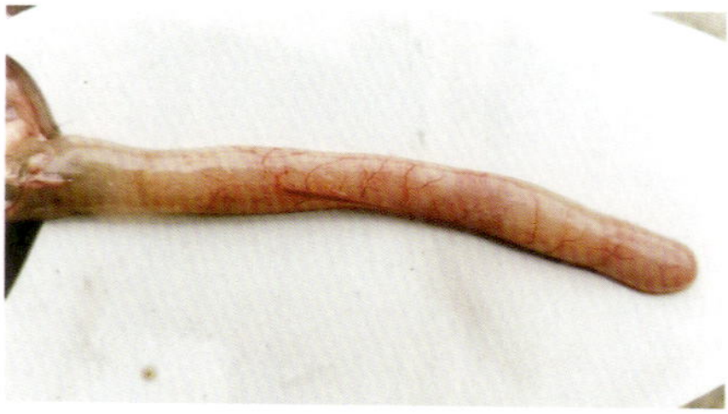

图2-12　正常的兔蚓突

图2-13　正常的兔肝脏、胆囊

图2-14　正常的兔肾脏

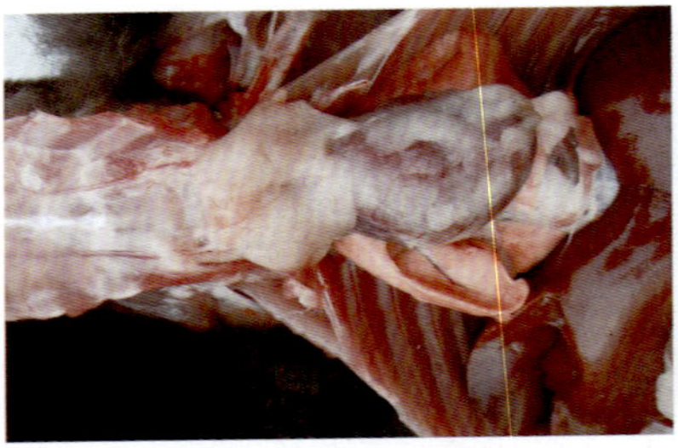

图2-15　正常的兔胸腺

图2-16　正常的兔肠系膜淋巴结

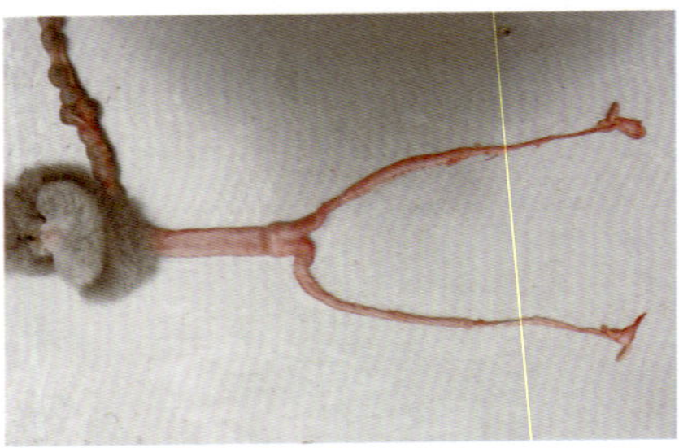

图2-17　母兔生殖系统

图2-18　公兔生殖系统

二、家兔外部、内脏器官病变提示疾病种类

1. 外部检查

在剥皮之前检查兔尸体的外部状态。检查内容包括品种、性别、年龄、毛色、特征、体态、营养状况以及被毛、皮肤、天然孔、可视黏膜等，注意有无异常，同时注意尸体变化（尸冷、尸僵、有无腐败等），以判定死亡的时间。家兔外部、皮下及上呼吸道异常、病变提示的疾病种类见表2-1。

2. 内脏器官检查

外部检查后即对兔内脏器官形态、大小、病变等进行检查，其病变提示的疾病种类见表2-2 ~ 表2-5。

表2-1　家兔外部、皮下及上呼吸道异常、病变提示的疾病种类

<table>
<tr><th>检查部位</th><th>检查内容</th><th>提示疾病的种类</th></tr>
<tr><td rowspan="4">外部</td><td rowspan="4">品种、性别、年龄、毛色、特征、体态、营养状况以及被毛、皮肤、天然孔，可视黏膜等</td><td>若体表脱毛、结痂提示疥螨病、皮肤毛癣菌</td></tr>
<tr><td>体毛污染提示由球虫病、大肠杆菌病、魏氏梭菌病等引起的腹泻</td></tr>
<tr><td>脚趾有灰白色结痂提示疥癣病</td></tr>
<tr><td>耳内有痂皮，提示痒螨病</td></tr>
<tr><td rowspan="8">皮下</td><td rowspan="8">有无出血、水肿、炎性渗出、化脓、坏死、色泽等</td><td>皮下脓肿提示葡萄球菌病</td></tr>
<tr><td>皮下出血提示兔病毒性出血症</td></tr>
<tr><td>皮下组织出血性浆液性浸润提示兔链球菌病</td></tr>
<tr><td>皮下水肿，可提示黏液瘤病</td></tr>
<tr><td>颈前淋巴结肿大或水肿提示李氏杆菌病</td></tr>
<tr><td>皮下化脓病灶提示葡萄球菌病、兔痘、多杀性巴氏杆菌病</td></tr>
<tr><td>乳房和腹部皮下结缔组织化脓，脓汁呈乳白色或淡黄色油状，则提示化脓性乳腺炎</td></tr>
<tr><td>皮下脂肪、肌肉及黏膜黄染提示肝片吸虫病</td></tr>
<tr><td rowspan="7">上呼吸道</td><td rowspan="7">鼻腔、喉头黏膜及气管环间是否有炎性分泌物、充血和出血</td><td>鼻腔内有白色黏稠的分泌物提示巴氏杆菌病、波氏杆菌病等</td></tr>
<tr><td>鼻腔流出泡沫血样提示病毒性出血症或2型兔瘟</td></tr>
<tr><td>鼻腔出血提示中毒、中暑、兔病毒性出血症等</td></tr>
<tr><td>鼻腔流浆液性或脓性分泌物则提示巴氏杆菌病、波氏杆菌病、李氏杆菌病、兔痘、铜绿假单胞菌病等</td></tr>
<tr><td>喉头、气管黏膜出血，呈现出血环，腔内积有血样泡沫提示兔病毒性出血症</td></tr>
<tr><td>喉炎、支气管炎、斑疹则提示兔痘</td></tr>
<tr><td>打喷嚏、流鼻涕、呼吸困难提示巴氏杆菌病、波氏杆菌病、克雷伯氏菌病等</td></tr>
</table>

表2-2　兔胸腔及脏器病变提示的疾病种类

检查部位	检查内容	提示疾病种类
胸腔、肺	胸腔积液、色泽、胸膜，肺是否充血、出血、变性、出现坏死灶等	胸膜与肺、心包粘连、化脓或纤维性渗出提示巴氏杆菌病、葡萄球菌病、波氏杆菌病
		肺呈暗红或紫色，肿大，粟粒大小出血点，质度柔韧，切面暗红色提示兔病毒性出血症
		肺炎则提示巴氏杆菌病、葡萄球菌病、波氏杆菌病
		纤维性化脓性肺炎提示巴氏杆菌病、葡萄球菌病
		肺表面光滑、水肿、有暗红色实变区，切开有液体流出，有大小不等脓灶，有乳白色黏稠脓汁，则提示波氏杆菌病
		肺充血肿大，片状实变区提示野兔热
		肺部有淡褐色至灰色坚实结节，具干酪样中心和纤维组织包囊提示兔结核病。肺上有斑疹，灰白色小结节提示兔痘
		胸腔内充满脓疱，提示兔巴氏杆菌、波氏杆菌、葡萄球菌病等
		浆液或纤维素性渗出提示沙门氏菌病
		胸腔内积有血样液体提示铜绿假单胞菌病
心、心包	心包、心肌是否充血、出血、变性、出现坏死灶等	心包积液、心肌出血提示巴氏杆菌病
		心包液呈血样液体提示兔铜绿假单胞菌病、魏氏梭菌病等
		心包液呈棕褐色，心外膜有纤维素渗出提示葡萄球菌病、巴氏杆菌病
		心脏血管怒张，呈树枝状提示魏氏梭菌病
		心肌暗红，外膜有出血点，心脏扩张，心脏内充满血块，心室菲薄，质软提示兔病毒性出血症
		心肌有小坏死灶提示大肠杆菌病
		心包炎提示坏死杆菌病
		心肌有白色条纹，提示泰泽氏病
		心包呈淡褐色至灰色，有坚实结节，具干酪样中心和纤维组织包囊，提示结核病

表2-3　兔腹腔、肝、胆、脾、肾病变提示的疾病种类

检查部位	检查内容	提示疾病种类
腹腔脏器	腹水、纤维素性渗出、寄生虫结节，脏器色泽、质地和是否出现肿胀、充血、出血、化脓灶、坏死、粘连等	腹水透明、增多提示肝球虫病
		腹腔积有血样液体提示兔绿脓杆菌病
		腹腔有纤维素或浆液性渗出提示兔葡萄球虫病、巴氏杆菌病、沙门氏杆菌病
		腹腔有葡萄状透明囊附着于脏器或游离于腹腔的为豆状囊尾蚴病
		肝脏表面有灰白色淡黄色结节，当结节为针尖大小时提示沙门氏菌病、巴氏杆菌病、野兔热等
		当肝脏结节为绿豆大时则提示肝球虫病
		肝肿大、硬化，胆管扩张提示肝球虫病、肝片吸虫病
		肝质脆，肝实质是淡黄色，细胞间质增宽提示病毒性出血症
		胆囊上有小结节提示兔痘
		胆囊若扩张，黏膜水肿提示大肠杆菌病
		脾肿大，有大小不等的灰白色结节，切开结节有脓或干酪样物，提示伪结核病、沙门氏菌病、结核病
		脾肿大、淤血提示兔病毒性出血症、巴氏杆菌病
		脾坏死、脓肿提示坏死杆菌病
		脾中度肿大，斑疹，灶性结节和小坏死区提示兔痘
肾	大小、质地、形状、充血、出血等	肾充血、出血提示兔病毒性出血症
		肾有结节提示结核病
		肉芽肿性肾炎、肾表面凹凸不平提示兔脑炎原虫病
		局部肿大突出、似鱼肉样病变，则提示肾母细胞瘤、淋巴肉瘤等
		肾肿大或萎缩，用手揉捏有石头样感觉，提示肾结石

表2-4 兔胃、肠病变提示的疾病种类

检查部位	检查内容	提示疾病种类
胃	出血、溃疡等	胃黏膜脱落，浆膜有大小不一的黑色溃疡斑提示魏氏梭菌病
		胃膨大，充满气体和液体，提示大肠杆菌病
		胃黏膜出血、表面附黏液提示兔病毒性出血症
		霉菌毒素中毒
肠道	水肿、充血、出血、结节等	肠黏膜（尤其是结肠）弥漫性出血、充血提示魏氏梭菌病
		回肠后段，结肠前段黏膜充血、出血提示泰泽氏病
		肠黏膜充血、出血，黏膜下层水肿提示沙门氏菌病
		十二指肠充满气体和混有胆汁的黏液状液体，空肠充满半透明胶样液体，回肠内容物呈黏液样半固体，结肠扩张，有透明胶样液体，浆膜和黏膜充血或有出血斑点，直肠有胶冻样液体则提示大肠杆菌病
		肠道呈出血性肠炎，提示兔链球菌病
		肠黏膜充血，呈暗红色，表面附有大量黏液，浆膜充血、出血提示兔病毒性出血症、球虫病
		小肠、结肠扩张，黏膜有出血斑点提示仔兔轮状病毒
		小肠黏膜有许多灰色小结节提示肠球虫病
		肠道浆膜面稍突起、坚实，病变区大小不等，黏膜溃疡提示结核病
盲肠	水肿、充血、出血、结节等	蚓突肥厚，圆小囊肿大变硬，浆膜下有许多灰白色小结节，单个或成片存在提示兔伪结核病
		盲肠、结肠腔内有水样褐色内容物提示泰泽氏病
		盲肠壁水肿、增厚、充血，浆膜出血提示大肠杆菌、泰泽氏病

表2-5　兔的膀胱、生殖器、脑病变提示的疾病种类

检查部位	检查内容	提示疾病种类
膀胱	尿色、扩张等	积有茶色尿提示魏氏梭菌病
		膀胱扩张、充满尿液提示球虫病、葡萄球菌病
		蛋白尿提示脑炎原虫病
生殖器	肿大、充血、蓄脓、溃疡等	子宫肿大、充血，有粟粒样坏死结节提示沙门氏菌病
		子宫呈灰白色，宫内蓄脓提示葡萄球菌病、巴氏杆菌病
		阴茎溃疡，周围皮肤皲裂、红肿、结节等提示梅毒病
		阴囊、阴唇水肿，出现丘疹、痘疱、痂皮提示兔痘
脑	充血、出血等	脑膜、脊髓膜和脑室内脉络丛血管明显扩张充血提示兔病毒性出血症

通过临床症状、剖检难以确诊的疾病，应进一步作实验室检查。无实验室的可将病料送至具有检测家兔疾病资质的大专院校、科研单位等实验室进行检测诊断。

（任克良　曹亮　詹海杰　党文庆）

第三章

兔病快速诊断思路及类症鉴别

生产中家兔一旦发病，除个别疾病可迅速确诊外，多数兔病很难及时做出诊断，家兔疾病很多，临床无特征性表现或剖检特征不明显，同时许多不同疾病表现相同或相似症状，且同一种疾病又与其他疾病有许多共性表现。为此，本章将系统地介绍兔病诊断思路，对一些相似的疾病进行临床、剖检和实验室鉴别，目的是迅速确诊疾病，以便进行有针对性的治疗和预防。

第一节　兔病临床诊断思路及类症鉴别

以临床表现为线索，然后再根据其他诊断方法如流行病学、病理变化、实验室检查等来确诊疾病。

一、急性死亡

病兔不表现明显症状迅速死亡（图3-1）。

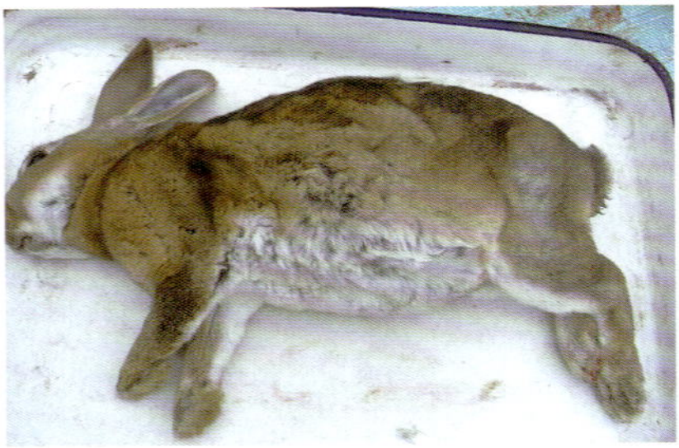

图3-1　兔死亡迅速

（一）急性传染病

病程短，症状不典型，病理变化不明显，早期诊断多数需借助于实验室微生物学诊断。

1.兔病毒性出血症（兔瘟、2型兔瘟）

病因　未作免疫或免疫程序、疫苗质量有问题，导致免疫失败，感染兔瘟病毒（包括2型兔瘟）。

症状和病变　（1）兔瘟：青年兔、成年兔的发病率、死亡率高。月龄越小，发病越少。具有流行性。最急性无任何症状，突然倒地抽搐，尖叫数声，数分钟内死亡；急性体温达41℃以上，食欲减退，饮水增多，病程12～48 h。死前表现呼吸急促，兴奋，挣扎，狂奔，啃咬兔笼，全身颤抖，体温突然下降。有的尖叫几声后死亡，有的鼻孔流出泡沫状血液，肛门周围和粪球被少量淡黄色胶样物沾污。剖检见气管呈“出血环”，肺充血、有鲜红出血点，肾、胸腺、淋巴结等有明显出血点（图3-2）。

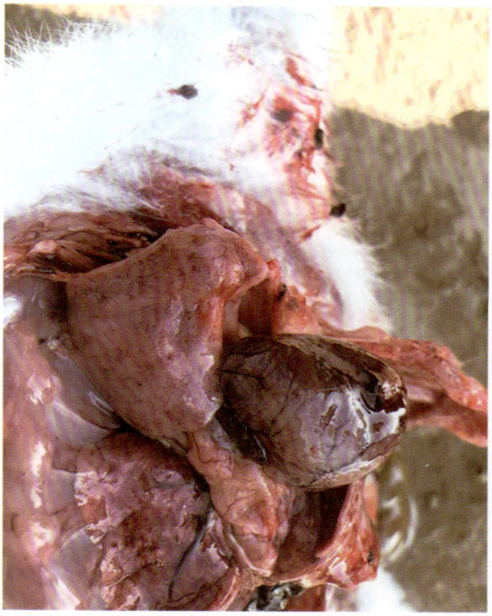

图3-2　病兔肺、胸腺等器官有出血点

（2）2型兔瘟：感染宿主范围更广，包括家兔和欧洲野兔。7日龄以上的仔兔、幼兔、后备兔和成年兔发病。兔群中死亡突然增多，死前表现短暂的兴奋，临死前抽搐、角弓反张，有的见鼻孔流出血样液体。剖检以实质器官出血、淤血为主要特征。

2.急性巴氏杆菌病（兔出血性败血症）

病原　多杀性巴氏杆菌。

症状和病变　呈散发性流行，无明显年龄界限。流行初期，有的病例不显症状而突然倒毙。精神萎靡，不食，呼吸急促，体温达41℃以上，鼻腔流出浆液性、脓性鼻液。死前体温下降，四肢抽搐。病程短的24 h内死亡，长的1～3天死亡。可继发于其他任何一型巴氏杆菌病。全身性出血、充血和坏死变化。

3.魏氏梭菌病

病原　主要为A型产气荚膜梭菌。

症状和病变　发病不分年龄。发病前多有饲料配方、气候突变，有长期饲喂抗生素等应激史。水泻后当天或次日死亡。粪便

图3-3　兔拉黑褐色稀粪

有特殊腥臭味，呈黑褐色或黄绿色（图3-3）。轻摇兔体可听到“咣、咣”的拍水声。抗生素治疗无效。胃黏膜有出血斑点和溃疡斑点。小肠壁充血、出血，肠腔充满含气泡的稀薄内容物。盲肠浆膜有横行条纹状出血，内容物呈黑色或黑褐色。

4. 大肠杆菌病

病原　埃希氏大肠杆菌。

症状和病变　主要侵害断奶前后仔、幼兔。以下痢、流涎为主。最急性的未见任何症状突然死亡，急性的1～2天内死亡。剖检见胃肠炎，肠道尤其是小肠内有含气泡的黏液样分泌物并含较多气体。有改变饲料配方、气候骤变、改变笼位等应激史。

5. 泰泽氏病

病原　毛样芽孢杆菌。

症状和病变　6～12周龄幼兔较易发病。发病急，以严重的水泻和后肢沾有粪便为特征。10～48 h内死亡。剖检见坏死性盲肠炎、结肠炎，回肠后段与盲肠、结肠前段浆膜明显出血，肝坏死灶形成及出现坏死性心肌炎。

6. 野兔热

病原　土拉热弗朗西斯菌。

症状和病变　急性病例不显任何症状迅速死亡，仅有个别病例于临死时表现精神萎靡，食欲缺乏，运动失调。主要症状为鼻炎、发热、浅表淋巴结肿大和化脓。尸检可见淋巴结、肝脏和肾脏肿大与化脓坏死结节形成。

7. 沙门氏菌病

病原　鼠伤寒沙门氏菌和肠炎沙门氏菌。

症状和病变　个别兔不显症状突然死亡。以发热、腹泻和母兔流产为主要症状。主要侵害幼兔和怀孕母兔。幼兔多表现急性腹泻，粪便带有黏液，体温升高，不食，渴欲增强，很快死亡。剖检见内脏充血、出血，淋巴结肿大，肠壁有灰白色结节，肝有小坏死灶，脾肿大等。孕兔流产后常引发死亡，流产的胎儿多数已发育完全。

8. 仔兔急性肠炎（黄尿病）

病因　仔兔食入患乳腺炎母兔的乳汁或产箱污浊感染金黄色葡萄球菌而引起。

症状和病变　一般全窝发生或相继发生。病仔兔肛门四周和后肢被稀粪污染，昏睡，不食，死亡率高。剖检见出血性胃肠炎病变。膀胱极度扩张并充满淡黄色尿液，氨臭味极浓。

9. 传染性鼻炎

病原　多杀性巴氏杆菌、支气管败血波氏杆菌、金黄色葡萄球菌或铜绿假单胞菌等。

症状和病变　怀孕后期的患兔仰头张口呼吸困难而突然死亡。剖检可见肺部有大小不一、数量不等的脓疱，或胸腔有脓疱，或脓胸，使肺部与胸膜或与胸壁发生粘连。

（二）中毒性疾病

有误食染毒饲料或用药错误病史，群发，体温不高。残剩饲料和胃内容物中可检出相应的毒物。

1. 亚硝酸盐中毒

病因　采食堆积发热的青饲料、蔬菜或饲料中硝酸盐含量过高而发病。

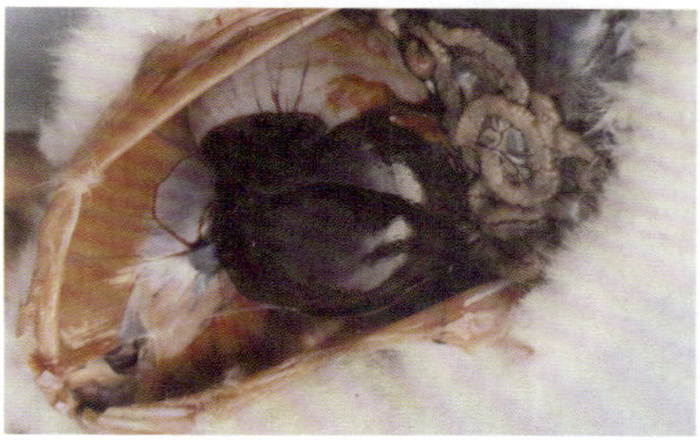

图3-4　病兔血液呈酱油色、器官晦暗

症状和病变　急性多在采食后20 min到数小时发病。呼吸困难，口流白沫，磨牙，腹痛，耳、鼻青紫。剖检见内脏器官晦暗，血液呈酱油色（图3-4），不凝固。

2.氢氰酸中毒

病因 采食了高粱、玉米、豆类、木薯等的幼苗或再生苗，或桃、杏、李叶及其核仁；食入被氰化物污染的饲料或水。

症状和病变 发病急，病初兴奋不安，流涎，呕吐，腹痛，胀气和下痢等。行走摇摆，呼吸困难，结膜鲜红，瞳孔散大。心力衰竭，倒地抽搐而死。剖检见血液鲜红，凝固不良。尸僵不全，尸体鲜红，不易腐败。胃内容物有苦杏仁味。胃肠黏膜充血、出血。肺充血、水肿等。

3.农药中毒

病因 常用农药包括有机磷农药（敌百虫、二嗪农等）、有机氯农药和菊酯类农药等。兔子吃了刚喷过上述农药的野草、青饲料或用其治疗兔外寄生虫时用药不当均可引起中毒。

症状和病变 有接触农药史。有机磷农药中毒以流涎、腹痛、腹泻和神经症状为主要症状（图3-5）。呼吸急促，呼出气体有大蒜味。剖检见出血性胃肠炎、浆液出血性肺炎和实质器官变性肿大等。有机氯农药中毒以精神兴奋、共济失调、麻痹为主要症状。菊酯类农药中毒先发生后肢麻痹，继而四肢全部瘫痪。

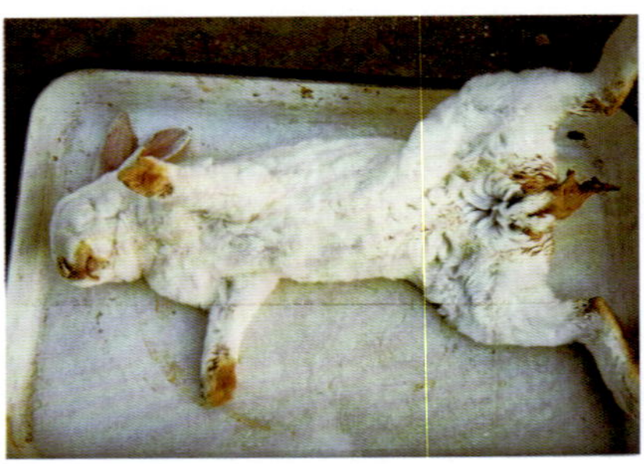

图3-5 病兔水样腹泻

4.马杜拉霉素中毒

病因 马杜拉霉素又称加福、抗球王、抗球皇、杜球等，属聚醚类离子载体抗生素，主要用于家禽球虫病。马杜拉霉素用于预防兔球虫病，预防剂量与中毒剂量十分接近，使用该药易引起中毒。

症状和病变 中毒后24 h迅速死亡。青年兔、泌乳母兔先发病，精神不振，食欲废绝，反应迟钝，嗜睡，体温正常，排尿困难，粪球变小，四肢发软，嘴着地，似翻跟头动作，数小时后死亡。剖检见心包腔与腹腔积液，胃黏膜脱落，肝淤血、肿大，肾变性色黄等。

5. 肉毒梭菌素中毒

病因　使用变质鱼粉或肉骨粉，产生肉毒梭菌素引发本病。

症状和病变　急性患病兔在数小时内死亡。肌肉弛缓，瘫痪，呼吸困难。

6. 痢特灵中毒

病因　痢特灵的预防剂量与中毒剂量十分接近，剂量稍高或搅拌不均匀均可引起中毒。

症状和病变　给予超量药物后不久即出现全身剧烈颤抖，流涎，迅速死亡。

7. 灭鼠药中毒

病因　灭鼠药包括磷化锌、安妥、灭鼠灵、氟乙酰胺、敌鼠等。由于误食了被灭鼠药污染的饲料、饮水引起。在兔舍任意放置毒饵而未加强管理可造成家兔误食。

症状和病变　灭鼠药种类不同，发病时间、症状、病变各异（图3-6）。

图3-6　氟乙酰胺中毒兔精神沉郁、嗜睡

8. 阿莫西林中毒

病因　使用阿莫西林导致中毒。

症状和病变　中毒当天病兔即表现食欲下降，随后拒食，精神沉郁，之后腹泻，出现死亡（图3-7）。肺、心脏出血。胃黏膜脱落、有出血斑点和溃疡斑点，胃内容物呈液体状，肠道内充满血液样内容物。盲肠、结肠浆膜有弥漫性充血、出血（图3-8）。

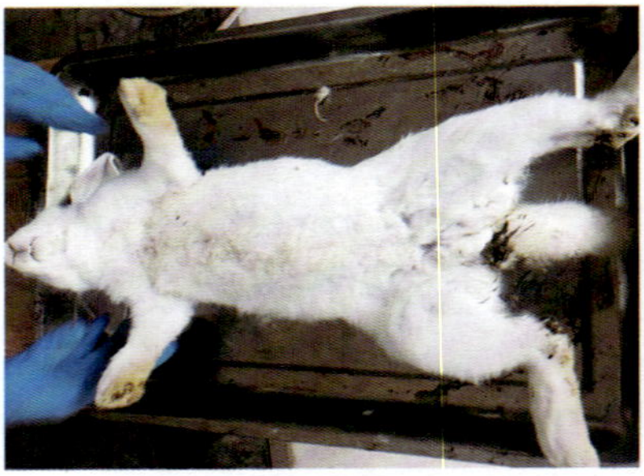

图3-7 阿莫西林中毒死亡兔

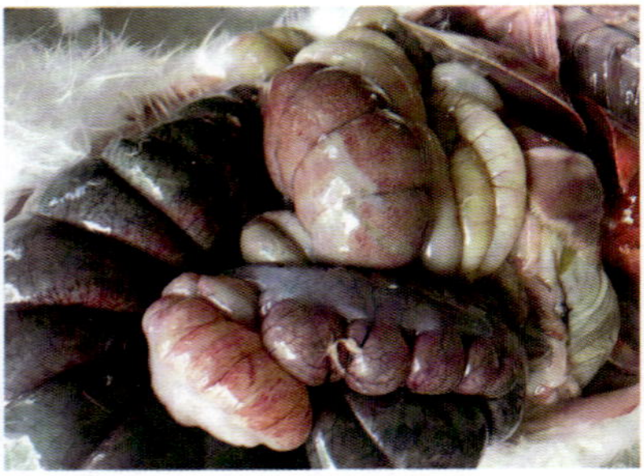

图3-8 大肠极度扩张，呈弥漫性出血

（三）中暑

病因 热应激所致。

症状和病变 呼吸困难，口鼻流血样带泡沫液体和神经症状为主要症状，迅速死亡。

（四）仔兔冻死

病因 在寒冷的冬春季节，兔舍气温过低，仔兔因吊乳离窝而死亡。

症状和病变 远离其他仔兔或在产箱外，身体冰凉。

（五）妊娠毒血症

病因 妊娠后期营养不足，尤其是碳水化合物缺乏易引发本病。经产母兔发病率高于初产兔，肥胖、子宫肿瘤兔易发。

症状和病变 妊娠母兔、产后母兔和假妊娠母兔均可发生。重症的迅速死亡。顽固性拒食是本病的主要症状。呼出气体带有丙酮味，精神沉郁，反应迟钝，运动失调，四肢无力向外张开。胸腹贴于地面，呈匍匐状。

（六）意外事故

病因 大腿肌内注射药物时，保定不当，针头刺破大动脉，引起大出血，迅速死亡。灌药不当引起异物性肺炎。

症状和病变 大腿肌肉内积有大量血液。鼻腔流出白色脓汁，肺炎病变。

（七）胃破裂

病因　急性胃肠炎或管理不当从高层笼位摔下。

症状和病变　散发，多在12 h内死亡。尸检可见胃大弯处有破裂口。

（八）肠套叠

病因　家兔采食冰冻饲料、冰雪块，受寒，感冒，受惊，肠道异物或肿瘤等刺激，导致一段肠管套入相连的另一段肠管内。个别兔瘟病例也可引起本病。

症状和病变　突然死亡，死亡前可见剧烈腹痛症状，表现不安，起卧，打滚，呼吸困难，脉搏加快，并迅速继发胃肠臌气。触诊时可感到腹肌紧张，套叠段肠管硬实、敏感、疼痛。剖检见肠套叠（图3-9）。套叠部前段臌气、充满食糜。

图3-9　肠套叠

二、腹泻

（一）粪便稀、不成形，性质未变

病因　饲喂精料过多或饲料中精料含量过高、粗纤维含量低。兔舍温度过低。

症状和病变　粪便稀薄，但性质未变。降低精料比例，增加饲料中粗纤维含量并提高兔舍温度，腹泻症状会消失。

（二）以腹泻为主要症状的传染病

1.大肠杆菌病

病原　埃希氏大肠杆菌。

症状和病变 断奶前后仔、幼兔多发。以下痢、流涎为主。开始粪球周围包裹皮冻样黏液（图3-10），随后黏液呈淡黄色，后期粪便呈黄色水样。剖检见小肠内有淡黄色带气泡黏液。成年兔盲肠、结肠黏膜极度水肿。有改变饲料配方等应激史。

2.魏氏梭菌病

病原 主要以A型产气荚膜梭菌为主。

症状和病变 突然发病，粪便呈黑褐色或黄绿色水样，有特殊腥臭味（图3-11）。发病当天或次日死亡。抗生素治疗无效。解剖见胃黏膜有出血斑点和溃疡斑点。盲肠浆膜有横行条纹状出血。

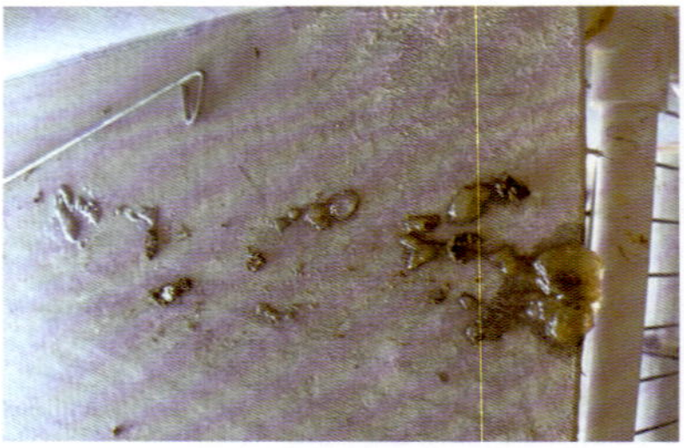

图3-10 病初排出皮冻样黏液

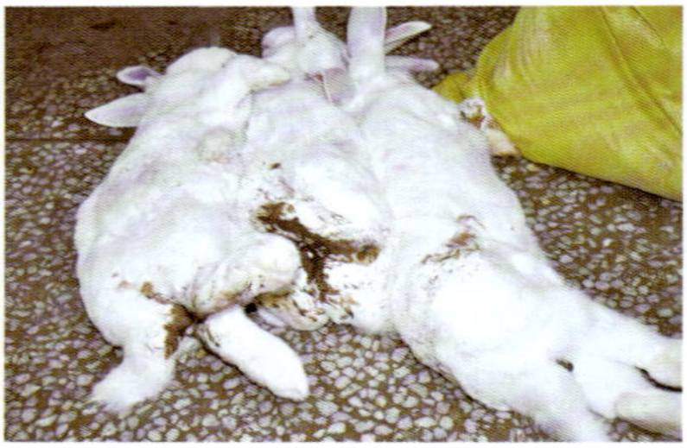

图3-11 黑褐色粪便沾污尾部被毛

3.泰泽氏病

病原 毛样芽孢杆菌。

症状和病变 6～12周龄幼兔较易发病。发病急，以严重的水泻和后肢沾有粪便为特征（图3-12）。10～48 h内死亡。剖检见坏死性盲肠结肠炎，回肠后段与盲结肠前段浆膜明显出血、肝坏死灶形成及坏死性心肌炎（图3-13、图3-14）。

图3-12 兔后肢沾有粪便

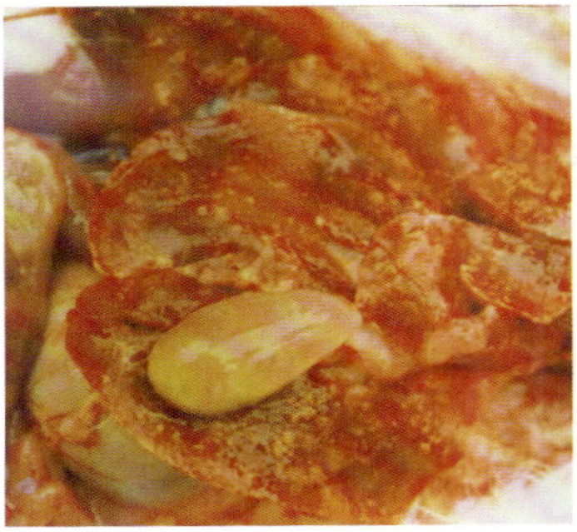

图3-13　肝表面和实质均见许多斑点状灰黄色坏死灶

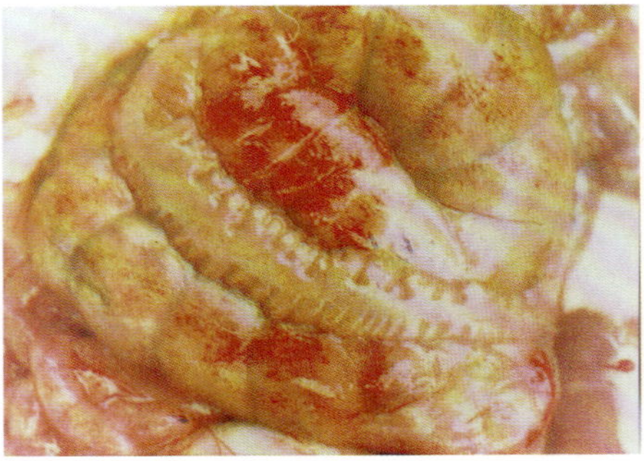

图3-14　结肠浆膜出血

4. 仔兔黄尿病

病因　仔兔吮吸了患乳腺炎母兔的乳汁或因环境污染等而发病。

症状和病变　一般仔兔全窝同时或相继发病，肛门周围被毛潮湿、腥臭，病程2～3天。尸检可见肠黏膜充血和出血，膀胱内充满黄色尿液。

5. 仔兔轮状病毒病

病原　轮状病毒。

症状和病变　2～6周龄仔兔突然发病，粪便呈水样、无恶臭。出现下痢后2天内死亡。

6. 铜绿假单胞菌病

病原　铜绿假单胞菌。

症状和病变　以出血性肠炎及肺炎为特征。突然拒食，呼吸困难，出现血样下痢。多数胃内有血样液体，肠道尤其是十二指肠、空肠黏膜出血，肠腔内充满血样液体（图3-15）。

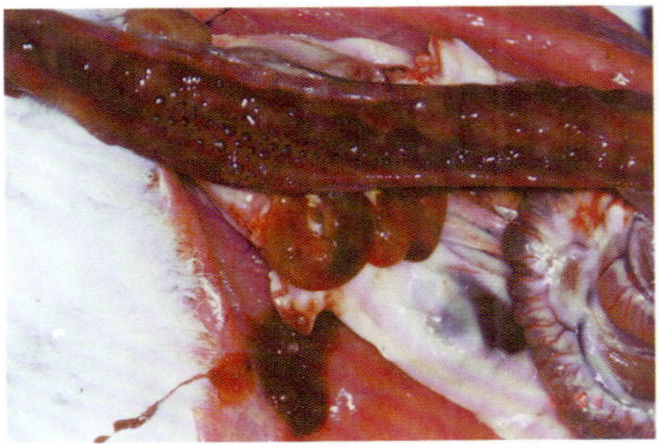

图3-15　肠腔内充满血液液体

7.沙门氏菌病

病原 鼠伤寒沙门氏菌和肠炎沙门氏菌。

症状和病变 以发热、腹泻和母兔流产为主要症状。主要侵害幼兔和怀孕母兔。幼兔多表现急性腹泻，粪便带有黏液，体温升高，不食，渴欲增强，很快死亡。

8.链球菌病

病原 C型链球菌。

症状和病变 体温升高，拒食，精神沉郁，呼吸困难，间歇性下痢，最后死亡。剖检见皮下浆液性炎，脾肿大，出血性肠炎，实质器官变性等。

9.脑炎原虫病

病原 脑炎原虫。

症状和病变 有的有脑炎和肾炎症状。肉芽肿、非化脓性脑炎是本病的特征性病变。

（三）伴有腹泻的传染病

1.伪结核病

病原 伪结核耶尔新氏杆菌。

症状和病变 逐渐消瘦，常无明显临床症状。部分病兔先发热，便秘，而后出现腹泻。尸检可见内脏器官和淋巴结有粟粒到黄豆大或串状干酪结节。

2.巴氏杆菌病

病原 多杀性巴氏杆菌。

症状和病变 早期有鼻液，歪颈，呼吸困难，仅在后期出现腹泻。

3.克雷伯氏菌病

病原 克雷伯氏菌。

症状和病变 主要侵害仔兔。粪便呈水样，流鼻液，打喷嚏，发热，呼吸困难。尸检可见肺淤血和水肿，肠黏膜充血或出血。

4.球虫病

病原 艾美尔属的多种球虫。

症状和病变　断奶至3月龄幼兔易感，死亡率高。主要表现腹泻、消瘦、贫血，部分兔有共济失调等神经症状。剖检肝、肠特征病变。粪便检查发现大量球虫卵囊。

5.霉变饲料中毒

病因　家兔采食了发霉饲料，由霉菌毒素导致发病。

症状和病变　有饲喂霉变饲料史。病初食欲减退，后期废食，消化紊乱，先便秘继而排稀便，粪便带黏液或血。慢性中毒，精神沉郁，不食，腹围膨大。母兔表现流产症状。

6.有机磷农药中毒

病因　有误食喷洒农药或拌药饲料的病史或外用有机磷农药的病史。

症状和病变　全身症状严重。排出有大蒜味的血便。

7.菌群失调症

病因　多数由长期持续使用抗生素或突然改变饲养管理等引起。

症状和病变　起初粪便呈褐色糊状，而后发生剧烈水泻。病兔极度消瘦。

三、呼吸异常

（一）严重昏迷的急性呼吸困难

1.急性胃过度负荷（胃扩张）

病因　食物发酵形成气体（膨胀），过食。

症状和病变　实质性胃扩张，由于胃内气体向前挤，胸腔变狭，致使呼吸困难（图3-16）。

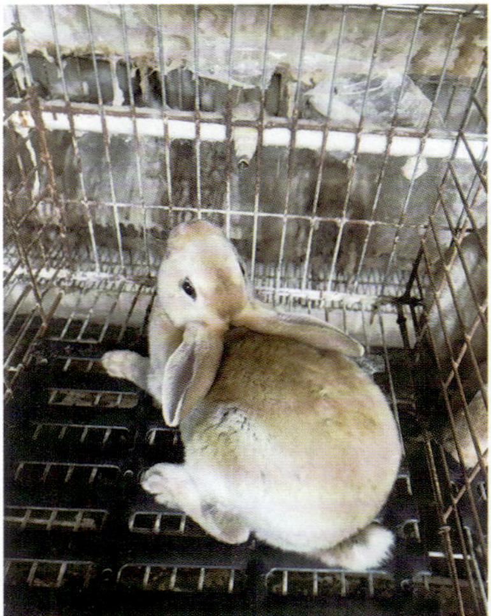

图3-16　兔呼吸困难

2. 胃阻塞

病因 毛球所致。

症状和病变 毛球或毛块堵塞幽门部导致食物不能向后移行，使胃呈膨大状。

3. 中暑（热射病）

病因 在高温（约30 ℃）和高湿（约85%）时发生。

症状和病变 肺叶发红，呼吸道有泡沫状黏液，皮肤发红。

4. 肺炎

病因 多杀性巴氏杆菌、支气管败血波氏杆菌等感染。

症状和病变 兔呼吸急促，呼吸姿势异常（图3-17）。肋胸膜和脏胸膜变厚呈红灰色，胸腔、肺内有脓包和化脓性纤维素性渗出物（图3-18）。肺灰红色、发硬，其中有脓疱。心包炎。

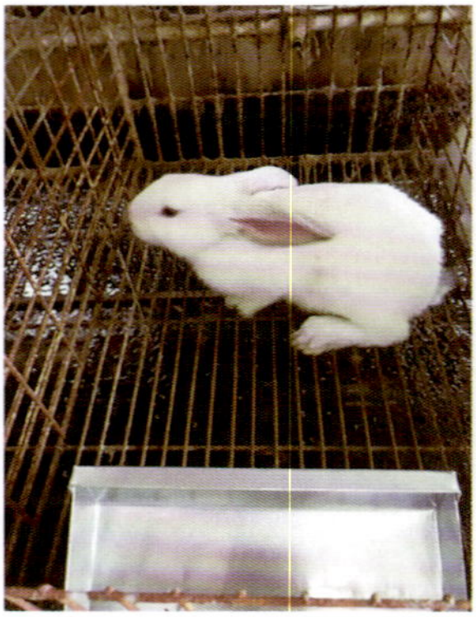

图3-17 呼吸姿势异常

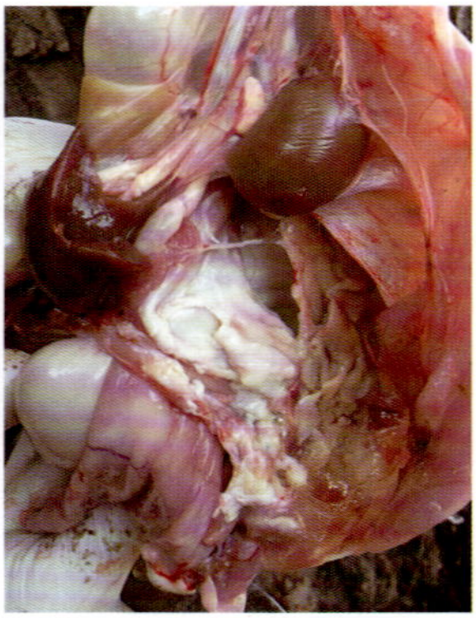

图3-18 胸腔积脓

（二）流鼻涕、打喷嚏、鼻塞（无呼吸障碍）

1. 感冒

病因 低温，黏膜局部刺激，灰尘，氨气。

症状和病变 浆液性、黏液性鼻腔分泌物。

2. 传染性鼻炎

病原 多杀性巴氏杆菌、支气管败血波氏杆菌、金黄色葡萄球菌、铜绿假单胞菌等。

症状和病变　脓性分泌物或鼻黏膜潮红，鼻窦化脓；呼吸姿势异常，精神萎靡（图3-19～图3-21）。

图3-19　呼吸急促、精神萎靡

图3-20　流鼻涕且仰天呼吸

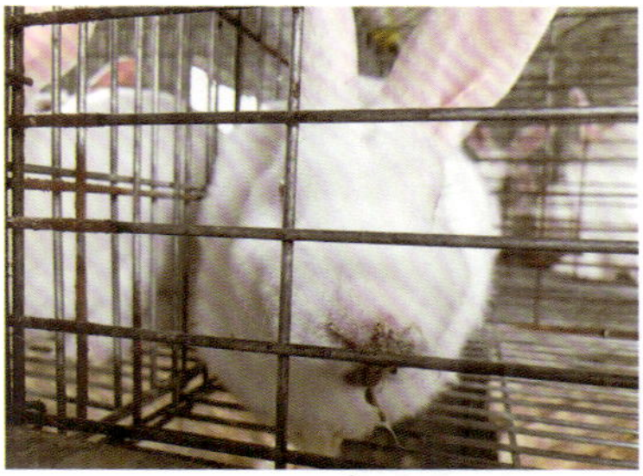

图3-21　鼻腔内有脓性分泌物

四、消瘦

（一）营养缺乏

病因　仅喂青草或干草。饲料中能量、蛋白质不足或饲喂量少。

症状和病变　无异常表现，采食正常，仅表现消瘦。无病理变化。

（二）消化器官的寄生虫

1.肝球虫病

病原　斯氏艾美尔球虫。

病变　肝有麦粒至黄豆大的白色病灶。镜检可发现粪便中有球虫卵囊。

2.肠球虫病

病因　肠球虫引起。

症状和病变　肠卡他性炎症。肠黏膜呈淡灰色，可见小的灰白色结节（内含卵囊）。

3. 栓尾线虫病

病因 栓尾线虫感染。

症状和病变 患兔频频用嘴啃咬肛门处。可见粪球、肛门有白色线头样虫体。胃肠卡他，剖检可见盲肠内有虫体。

4. 豆状囊尾蚴病

病因 由豆状带绦虫的中绦期幼虫豆状囊尾蚴寄生于兔的肝脏、肠系膜和网膜等引起。

症状和病变 消瘦，贫血。急性发作的患兔突然死亡。剖检见囊尾蚴寄生在肠系膜、网膜、肝表面等处，数量不等，状似小水泡或葡萄串。有些肝实质中见弯曲的纤维化组织（图3-22）。

5. 肝片吸虫病

病因 肝片吸虫通过中间宿主（锥实螺、蚂蚁）感染。

症状和病变 消瘦，精神委顿，食欲缺乏，衰弱，贫血和黄疸等。肝脏胆管明显增粗，呈灰白色索状或结节状（图3-23），突出于肝脏表面，胆囊增大，粪便中有虫卵。

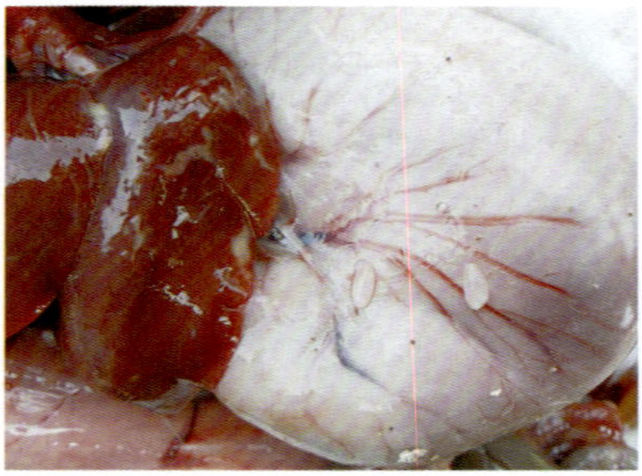

图3-22 肝脏有条纹状结缔组织增生

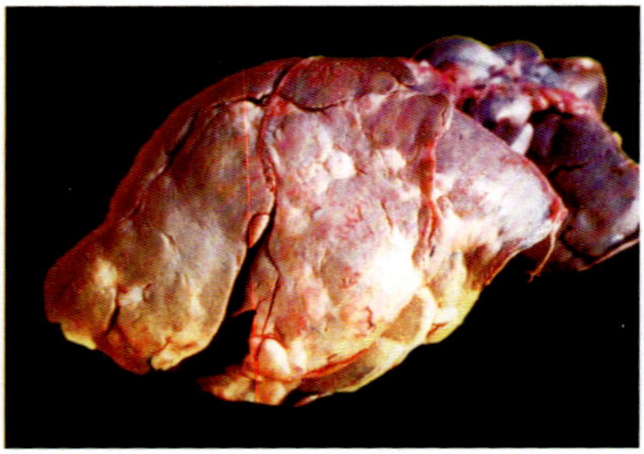

图3-23 肝表面有灰白色结节和条索

（三）慢性传染性疾病

1. 伪结核病

病因 啮齿动物的伪结核耶尔新氏杆菌通过其他患病动物的排泄物及小鼠和大鼠而感染。

症状和病变 主要表现腹泻、消瘦，经3～4周死亡。剖检见脾脏增大，有粟粒状灰白色病灶。有时在盲肠蚓突、圆小囊、肠系膜淋巴结、肝和肺上也有相同病变。

2.野兔热

病因　通过其他兔或有关动物的粪便感染土拉热弗朗西斯菌。

症状和病变　剖检见淋巴结、肝、脾、肾肿大与化脓坏死结节形成（图3-24）。

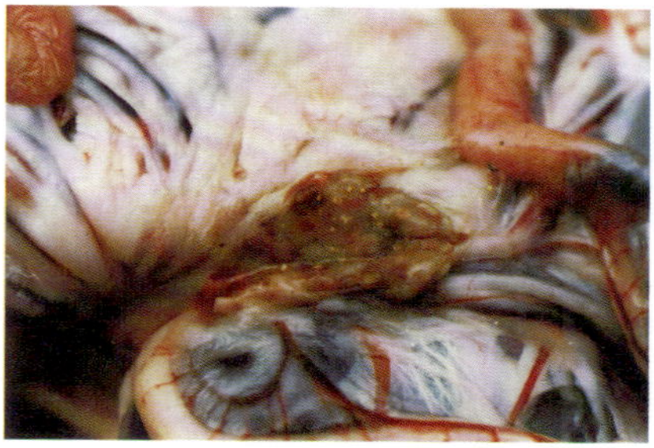

图3-24　淋巴结充血、出血、肿大

3.脓肿

病原　金黄色葡萄球菌。

症状和病变　在体淋巴结或内脏中有脓肿（颈、肩、皮肤、膝部、肠系膜等）。

4.单独器官的感染

病因　慢性子宫内膜炎（在怀孕或产仔后感染）。

症状和病变　子宫增大，含脓性内容物，胚胎腐败。

5.感染性关节炎

病原　多杀性巴氏杆菌、金黄色葡萄球菌。

症状和病变　关节肿大（膝、肩等关节），活动受限。

（四）慢性器官疾病

1.肾纤维变性

病因　兔脑炎原虫感染、中毒等。

症状和病变　通常两肾变硬，呈淡褐色，表面粗糙。

2.肾和动脉钙化

病因　钙代谢障碍，维生素D过剩，饲料中的磷酸盐过多。

症状和病变　主要动脉（主动脉、颈动脉、股动脉）有灰白色钙沉着，肾呈淡褐色、呈硬条状的皮质。

（五）肿瘤

1.白血病

病因　胚胎发育期白血病病毒感染。

症状和病变 肝、脾、淋巴结肿大，肝有灰白色瘤状物。

2.成肾细胞瘤

病因 未知，仅个别病例。

症状和病变 肾上有单个肿瘤或囊肿（一般在肾的上部）。

3.子宫癌

病因 发病原因不清，与年龄有关，仅发生在老母兔。

症状和病变 在子宫和肺上有肿瘤。

（六）螨病

病因 疥螨、痒螨等感染。

症状和病变 家兔奇痒，采食下降，消瘦，治疗不及时会因消瘦、衰竭而死。

（七）毛癣菌病

病原 须毛癣菌、小孢霉等感染。

症状和病变 患病部位覆盖一层灰白色糠麸状痂皮。家兔采食下降，逐渐消瘦，皮毛质量下降。

（八）溃疡性脚皮炎

病因 脚毛稀疏、笼底板高低不平或采用铁丝笼底、兔舍潮湿、体重过大等均可引起本病。

症状和病变 跖骨部底面或掌骨部侧面皮肤上覆盖干燥硬痂或大小不等的局限性溃疡。患兔四肢频频交换负重。

五、眼病

（一）眼睑和结膜病变

1.结膜炎（泪眼）

病因 兔舍空气污浊（氨气、硫化氢、粉尘等浓度高）、刺激，引起局部感染；兔痘感染。

症状和病变 浆液性分泌物，结膜潮红，角膜有泪。结膜充血、红肿，通常无脓性分泌物，外界因素消除后很快痊愈的为异物性结膜炎；皮肤出现豆疹的为兔痘。

2.化脓性结膜炎

病因　传染性鼻炎（巴氏杆菌等感染），兔痘，兔密螺旋体病或弓形虫病。

症状和病变　灰白色（脓性）结膜分泌物，黏膜潮红。眼睑中度肿胀，结膜发红，有浆液性、黏液性或黏脓性分泌物。伴随有传染性鼻炎、中耳炎等症状的为巴氏杆菌病。伴有皮肤豆疹的为兔痘。伴有母兔外生殖和肛门皮肤及黏膜发生炎症、结节和溃疡；公兔阴囊水肿，皮肤呈糠麸样，阴茎水肿，龟头肿大的为兔密螺旋体病。突然不食，体温升高和呼吸加快，有浆液性或浆液脓性眼垢和鼻漏的为急性弓形虫病。

3.结膜炎（角膜混浊粗糙）

病因　饲料中维生素A缺乏。

症状和病变　角膜表面呈模糊的白斑式白带，角膜混浊粗糙而干燥，球结膜的边缘部分有色素沉着。无传染性，具群发性。

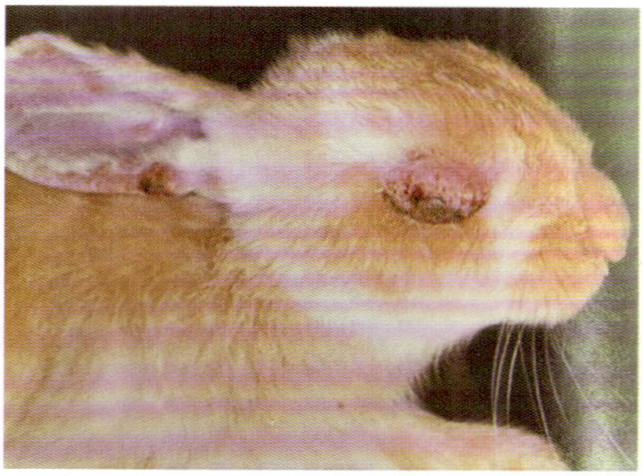

图3-25　眼睑肿胀

4.黏液瘤病

病因　黏液瘤病毒感染。

症状和病变　眼睑肿胀（图3-25），化脓性结膜炎。伴有皮肤肿瘤和皮下显著水肿，尤其是颜面部和其他天然孔周围的水肿。

5.毛癣菌病

病因　主要是须毛癣菌和小孢霉等感染。

症状和病变　眼睛周围脱毛、充血，起白色痂皮，形成“眼镜”，出现结膜炎（图3-26）。

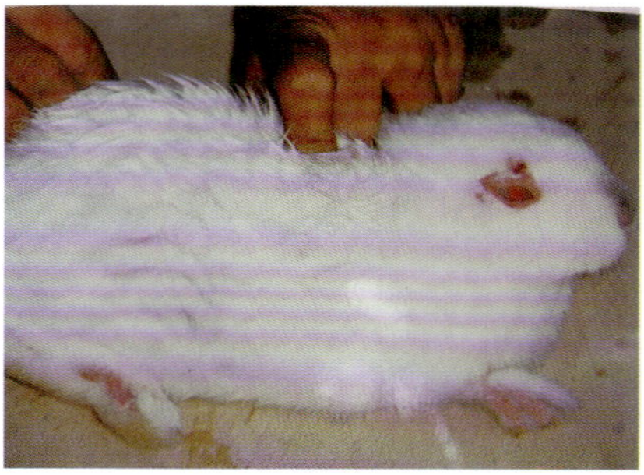

图3-26　眼圈脱毛、有痂皮

耳部、嘴周、身体其他部位均可出现相同病变。

6.螨病

病因 疥螨感染。

症状和病变 眼睑有鳞屑和痂皮。伴有脚趾、耳部、嘴周等部结痂。

7.结膜黄染，机体消瘦

病因 球虫病、肝片吸虫病引起。

症状和病变 若肝表面有白色或淡黄色结节病灶，为球虫病；肝脏胆管明显增粗，呈灰白色索状或结节状，突出于肝脏表面为肝片吸虫病。

8.结膜发绀

病因 急性巴氏杆菌病。

症状和病变 各器官出现充血、出血和坏死变化。

（二）眼球病变

1.角膜混浊

病因 感染和外伤。

症状和病变 灰白色角膜混浊，局部或弥散性，有时有溃疡。

2.晶状体混浊

病因 遗传性（一般与青光眼伴发）。

症状和病变 灰白色晶状体（部分或全部）。

3.牛眼（青光眼）

病因 遗传性，维生素A代谢异常。

症状和病变 由于眼房液增加，使角膜突出（一般带有晶状体混浊）和增大像牛眼一样圆睁而突出。

4.眼球炎

病因 感染大肠杆菌。

症状和病变 眼球发炎、肿胀，眼前房积脓，单侧失明，眼球突出于眼眶外。内脏具有大肠杆菌病病变。

5.外伤

症状和病变 角膜或虹膜出血，角膜缺损。

治疗　局部治疗。

6. 小眼、无眼球

病因　遗传性。

症状和病变　眼较小或无眼球。

六、耳病

1. 垂耳

病因　遗传性。抓兔提耳造成下垂。

症状和病变　耳朵从基部垂向前外侧，或耳朵超重而呈现下垂。耳软骨受伤引起下垂。

2. 耳部痂皮

病因　螨病、毛癣菌病。

症状和病变　耳廓、耳边缘覆盖鳞片状痂皮，耳边缘呈锯齿状，用伊维菌素治疗有效的为螨病。耳根周围、耳廓脱毛、充血，有白色皮屑，其他如鼻周围、面部等有类似病变的为毛癣菌病。

3. 中耳炎（化脓性）

病因　痒螨、巴氏杆菌感染。

症状和病变　甩头，触耳兔极力反抗，耳壳内结痂，有较多干燥分泌物的为痒螨病。耳根肿胀，耳道有黏稠分泌物，斜颈、神经症状并伴有传染性鼻炎、化脓性结膜炎的为巴氏杆菌病。

4. 黏液瘤病

病因　黏液瘤病毒感染。

症状和病变　耳根和耳廓有软生面团样肿胀。

5. 耳红肿

病因　冻伤。

症状和病变　轻者局部肿胀、发红、疼痛，稍温热；中度局部出现充满透明液体的水疱，水疱破溃后，形成溃疡；重度组织坏死、干枯、皱缩、分离脱落。

6.耳血肿

病因 多由耳郭受机械性损伤造成血管破裂所致，如抓兔提耳等操作不当。

症状和病变 耳郭局部隆起，中心软，无触痛，但有灼热感和弹性（图3-27）。肿块中有红色或黄红色液体（图3-28）。

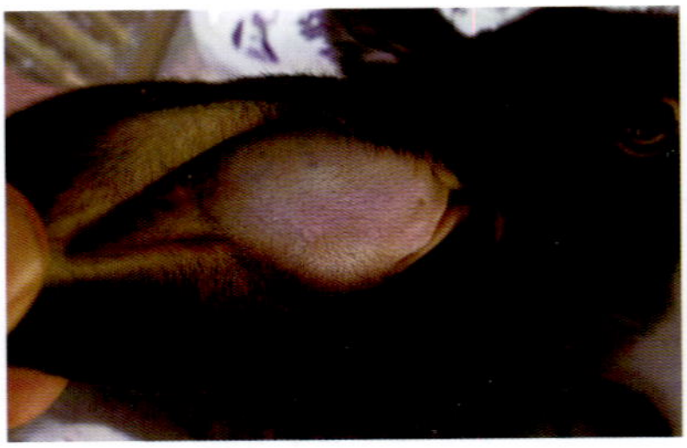

图3-27 耳郭内侧皮下形成明显的肿块

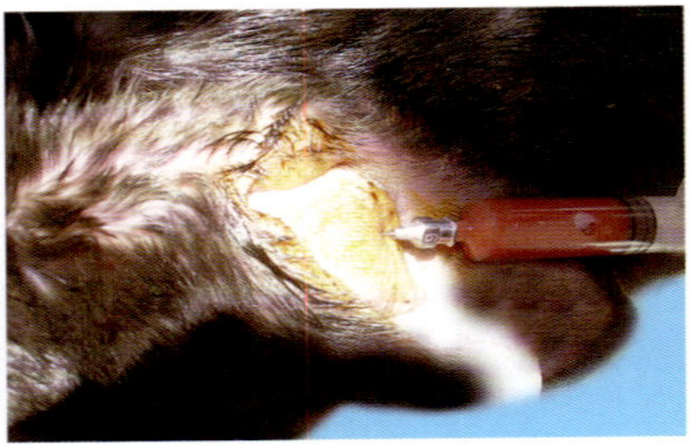

图3-28 肿块内有红色液体

7.耳边缘卷曲

病因 维生素A中毒。

症状和病变 耳朵变软，部分下垂，远端卷曲。具群发性。

8.耳郭红点

病因 蚊虫叮咬。

症状和病变 耳郭散在出血点。患兔瘙痒不安。

9.耳呈黑紫色、冰凉

病因 重症后期。

症状和病变 精神极度沉郁，迅速死亡。

七、流口水

1.传染性水疱性口炎

病因 水疱性口炎病毒感染。

症状和病变 嘴唇、口腔、牙龈黏膜上有白色小泡或溃疡，大量流口水。断奶后1～2周兔多发，有饲喂粗糙或带刺饲料史。具传染性。治疗不及时，死亡率高。

2. 坏死杆菌病

病因　坏死梭杆菌感染，常与水疱性口炎伴发。

症状和病变　嘴周围污秽，痂皮样皮炎，黏膜溃疡，病变组织发出恶臭气味。口周围、下颌与颈部皮肤坏死（图3-29）。

3. 口腔乳头状瘤

病因　乳头瘤病毒感染。

症状和病变　口腔和牙龈黏膜有肥厚的瘤状物（图3-30）。

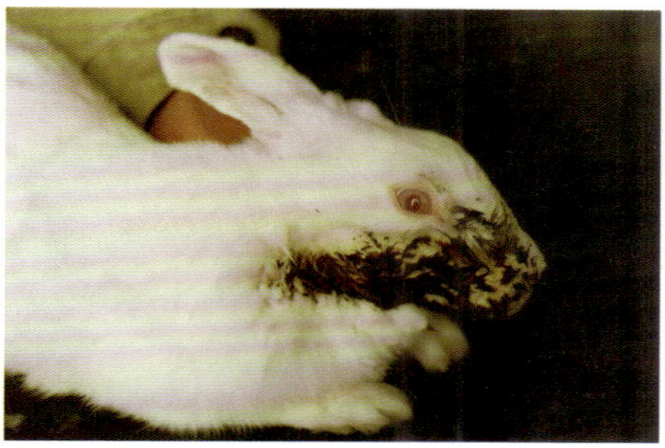

图3-29　口周围、下颌与颈部皮肤坏死

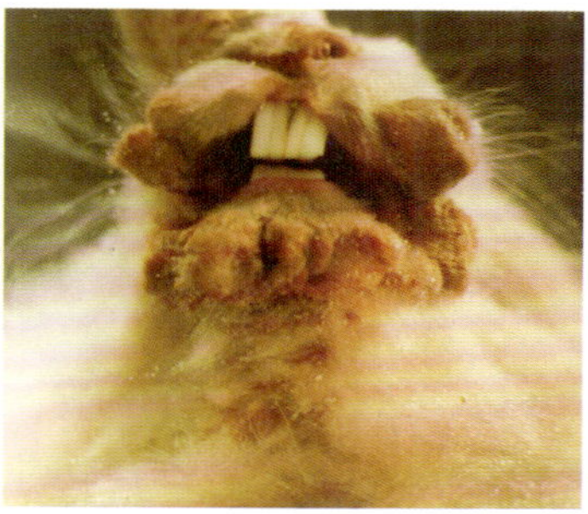

图3-30　口腔乳头状瘤

4. 牙龈炎

病因　牙龈感染（金黄色葡萄球菌等）。

症状和病变　牙龈肿胀发红，脓肿形成，颌部增厚，形成瘘管。

5. 牙齿生长异常

病因　遗传原因、饲养管理不当所致。

症状和病变　上颌或下颌变短，门齿伸出，臼齿不规则。

6. 大肠杆菌病

病因　埃希氏大肠杆菌感染。

症状和病变　四肢发冷，扎堆，磨牙，流涎（图3-21）。具传染性。剖检见小肠内充满气体和淡黄色黏液。病初排出黄色明胶样黏液和附着有该黏液的干粪。随后出现黄色水样稀粪或白色

图3-31 兔怕冷并扎堆

泡沫。

7.中毒性疾病

病因 食盐、亚硝酸盐、氢氰酸、霉菌毒素、菜籽饼、有机磷和灭鼠药等中毒。

症状和病变 流涎，腹泻，呼吸困难，出现神经症状，最后死亡。

八、兴奋

1.发情（成熟母兔）

病因 无。正常生理现象。

症状和病变 阴门肿胀、湿润，尿频。啃咬兔笼、食具。

2.恐惧

病因 生人、猫、犬等的恐吓。突然的响声。

症状和病变 哺乳母兔咬食仔兔。乱窜，跺脚。

3.缺镁（幼兔）

病因 牧草或农作物副产品钾、氮含量过多，影响镁的吸收，使用其作为兔饲料易诱发本病。

症状和病变 脱毛，被毛结构、光泽发生改变，小脑损伤。还有抽搐、惊厥等症状。血清镁含量降低是本病的临诊病理学特点。

4.麻痹性震颤

病因 X-连锁隐性基因的遗传性疾病。

症状和病变 幼兔多发，出生后7天就开始出现震颤。身体震颤，引起四肢痉挛性麻痹，伴有排尿失禁和褥疮溃疡，脑细胞变性。

5.癫痫

病因 隐性遗传所致。视觉、听觉受刺激引起癫痫发作。

症状和病变 突然发作，随后失去知觉，每次持续3～4 min，可完全恢复正常。

6. 脑炎

病因　兔脑炎原虫、刚地弓形虫、李氏杆菌等感染。

症状和病变　脑内有肉芽肿。

7. 中毒病

病因　杀虫剂（毒杀芬、二硝基酚等）中毒。

症状和病变　无特异性症状和病变。

8. 兔瘟、2型兔瘟

病因　兔瘟病毒感染。

症状和病变　临死前短暂性兴奋，迅速死亡。全身实质器官出血、水肿等。传统兔瘟青年兔、成兔易发；2型兔瘟各种年龄的兔均可发病。

九、虚脱

急性循环衰竭（常不久即死亡），昏迷，浅呼吸，皮肤发绀。

1. 心脏衰竭（热射病）

病因　高温、高湿或太阳直射所致。

症状和病变　血管和器官充血。

2. 妊娠毒血症

病因　代谢中毒。

症状和病变　怀孕或泌乳母兔易发病，一般在腹腔内有大量脂肪沉积，形成脂肪肝，胎儿出生时或出生后子宫增大。

3. 中毒

病因　硝酸盐中毒或误食有毒植物等。

症状和病变　胃肠出血。

十、母兔屡配不孕

多次连续配种但不能受孕。

（一）母兔疾病

1. 生殖系统发育不全

病因　激素失调，卵巢、子宫发育不全。

症状和病变 卵巢发育不全。卵巢上没有卵泡形成。子宫较小。

2. 母兔肥胖

病因 脂肪包裹着卵巢或输卵管，造成排卵困难。

症状和病变 卵巢被大量脂肪包埋着。

3. 阴道炎

病因 兔密螺旋体、坏死杆菌、黏液瘤病毒感染。

症状和病变 皮肤溃疡或痂皮，阴门缺陷，有时有结膜炎。

4. 子宫内膜炎

病因 产仔感染链球菌、大肠杆菌、巴氏杆菌后子宫发炎。

症状和病变 阴道有分泌物，化脓性子宫炎。

5. 子宫溃疡

病因 偶发于2年以上的老母兔。

症状和病变 子宫壁增厚，子宫壁和黏膜上有假膜或包囊。

6. 子宫腺癌

病因 尚不清楚。

症状和病变 子宫黏膜有一个或数个大小不等的肿瘤，呈圆形，色淡红或灰红，质地坚硬。后期可在肺、肾等器官看到转移性肿瘤。多发生于4岁以上的老龄兔。

7. 李氏杆菌病

病因 李氏杆菌感染。

症状和病变 发生流产之后长期不孕。子宫内积有大量脓性渗出物，子宫壁增厚，有坏死灶。

（二）公兔疾病

1. 睾丸发育不全

病因 先天缺陷。

症状和病变 睾丸小，隐睾（图3-32）。

图3-32 隐睾

2. 交配器官炎症

病因　兔密螺旋体、坏死杆菌感染。

症状和病变　交配器官（阴茎、包皮）的皮肤上形成痂皮，有时有结膜炎。

3. 黏液瘤病

病原　黏液瘤病毒感染。

症状和病变　阴茎肿胀。

十一、流产

母兔怀孕中止，排出未足月的胎儿。

1. 机械性流产

病因　粗暴捕捉或摸胎方法不当。

症状和病变　流产常在粗暴捕捉或摸胎后不久发生，无其他症状。

2. 受惊

病因　鞭炮声或猫犬窜入兔舍使兔受惊，腹部肌肉收缩造成流产。

症状和病变　受惊后流产。

3. 营养代谢病

病因　维生素A、维生素E或微量元素（锌、锰等）缺乏引起流产。

症状和病变　幼兔生长发育迟滞、母兔繁殖力下降及流产为主要症状。维生素E缺乏以肌肉无力和萎缩为主要症状。

4. 中毒病

病因　误食毒物或染毒饲料。

症状和病变　除流产症状外，不同毒物还有其他症状。

5. 妊娠毒血症

病因　原因尚不清楚，与营养失调和运动不足有关。

症状和病变　妊娠母兔在产前4～5天发病。以肌肉痉挛、共济失调、呼吸困难为主要症状。死亡前发生流产。乳腺分泌旺盛，卵巢黄体增大。肝、肾、心脏苍白，脂肪变性。脑垂体变大，肾上腺及甲状腺变小、苍白。

6. 药物性流产

病因 妊娠期使用缩宫药、大量泻药或麻醉剂，或采食大量含有类似雌激素作用物质的植物性饲料，如苜蓿、三叶草等。

症状和病变 流产，通常无其他症状。

7. 细菌性流产

病因 兔密螺旋体、沙门氏菌、李氏杆菌或流产布鲁氏菌或马耳他布鲁氏菌等感染。

症状和病变 母兔阴唇、肛门皮肤红肿，有小结节、溃疡和痂皮，偶发流产的为密螺旋体病；患沙门氏菌病，怀孕25天后流产，胎儿多已成型，流产后死亡，子宫肿大，浆膜、黏膜充血，并有化脓性子宫炎；患李氏杆菌病还有明显的神经症状，患兔胸腔、腹腔和心包有积液；患布鲁氏病表现为流产、子宫炎，从阴道内流出大量分泌物，甚至脓性或血样分泌物。

8. 病毒性流产

病因 兔痘病毒感染。

症状和病变 皮肤痘疹，流产。子宫布满白色结节。

9. 习惯性流产

病因 原因不详。

症状和病变 妊娠后随时发生流产，也无其他临床症状。

10. 霉菌性流产

病因 采食霉变饲料引起。

症状和病变 肝脏肿大、硬化，子宫黏膜充血。流产多呈暴发性，不同怀孕时期的母兔均可发生。

十二、检查似怀孕但迟迟不产

1. 异位妊娠

病因 原发性极为少见，继发性多见，一般多因输卵管破裂或孕兔子宫破裂使胚囊进入腹腔造成。

症状和病变　剖检时可见胎儿附着于胃小弯的浆膜上、盆腔部或腹壁，胎儿大小不一，有成形的，有未成形的，胎儿外部常有一层较薄的膜或脂肪包裹着（图3-33）。

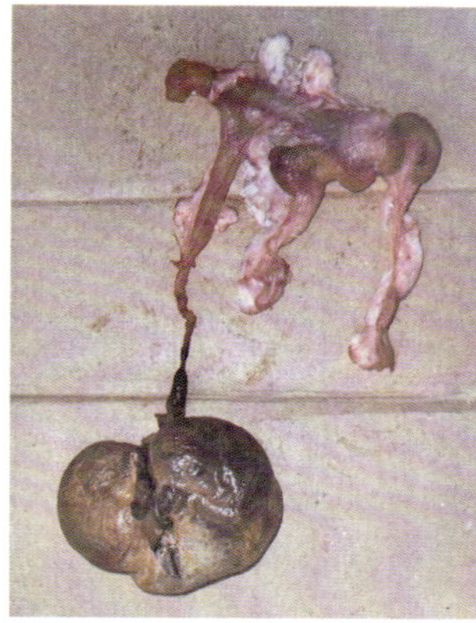

图3-33　胎儿外部裹有薄膜和脂肪

2. 子宫脓肿

病因　巴氏杆菌、金黄色葡萄球菌等感染。

症状和病变　子宫内有大小不等脓肿，触诊似胎儿。区别：胎儿大小比较均匀一致，触摸似肉状物；脓肿大小不一致，触摸有波动感。

3. 胎儿被吸收、木乃伊化、液化、死亡

病因　营养过剩或供应不足，维生素A缺乏，李氏杆菌、鼠伤寒沙门氏杆菌等感染，子宫腺癌。

症状和病变　营养过剩或不足和维生素A缺乏引起胎儿吸收、死胎。李氏杆菌病可引起流产或胎儿干化。沙门氏杆菌病引起流产外，还可引起胎儿木乃伊化、腐烂或液化。子宫腺癌可引起受胎率下降，窝产仔数减少，死胎增多，母兔弃仔，难产，异位妊娠和胎儿在子宫内被吸收等。

4. 胎儿数量少但大

病因　遗传因素或配种方法不当，一胎只产1～3只胎儿，怀孕期延长，甚至达35天。

症状和病变　产出的胎儿数量少，但体重大，长出绒毛。

十三、皮肤病变和毛皮损伤

（一）脱毛

1. 脱毛或完全无毛

病因　遗传缺陷导致先天无毛，磨损等。

图3-34 鼻上部皮肤脱毛

症状和病变 仔、幼兔全秃，有家族性。固定部位如鼻端等脱毛（图3-34）。

2. 毛癣菌病

病因 须发癣菌、小孢子菌等感染。

症状和病变 大面积扩散性脱毛，通常从头开始，初期在嘴和耳周围有环状脱毛。

3. 食毛症

病因 营养不平衡，兔舍内拥挤。

症状和病变 被毛被自己或其他兔吃掉，无毛处无痂皮。

4. 营养性脱毛

病因 营养缺乏。

症状和病变 以成年兔和老年兔多发。皮肤无异常，大腿和肩胛部有断毛。毛茬整齐，似剪刀剪去一样。病料作真菌和螨检查呈阴性。

5. 锌或镁缺乏

病因 饲料中缺乏锌或镁。

症状和病变 锌缺乏时兔生长发育停滞，部分被毛脱落，皮肤出现鳞片。口周围肿胀、溃疡和疼痛，下颌和颈部被毛变成湿擀毡。镁缺乏时兔被毛无光泽，背部、四肢和尾巴脱毛。剖检见有的肾脏有出血斑。

6. 中毒

病因 药物、重金属中毒。

症状和病变 全身脱毛。

7.B族维生素缺乏症

病因　维生素B_6、泛酸、烟酸、生物素缺乏。

症状和病变　有皮肤粗糙及鳞屑、皮炎和脱毛症状。

8.脚皮炎

病因　体重较大，脚毛稀疏，笼地板粗糙不平，兔舍潮湿，神经过敏。

症状和病变　趾部脱毛或有溃疡、痂皮。

9.皮肤过敏

病因　对光敏感，或对青霉素、螺旋霉素过敏。

症状和病变　死毛和粗毛脱落，皮肤发红，偶尔有少量出血。

10.季节性换毛

属正常生理现象。仅发生于成年兔，在春、秋两季发生，皮肤无病变。

11.妊娠母兔拉毛

属正常生理现象，母兔分娩前后1～2天有拉毛做窝现象。

（二）寄生虫感染

兔瘙痒，不安，摇头，消瘦。

1.头和皮肤疥癣

病因　疥螨（兔疥螨和足螨）寄生。

症状和病变　蔓延全身的脱毛和皮屑。皮屑镜检发现螨虫。

2.耳癣

病因　足螨、痒螨寄生。

症状和病变　耳上、耳内有皮屑和痂皮。皮屑镜检可查出螨虫。

3.蜱、蚤、虱病

病因　蜱、蚤、虱寄生。

症状和病变　不安、消瘦，甚至昏迷。无特异病变，有擦伤，有时黏膜苍白（贫血）。体表发现兔虱、蚤或蜱。

（三）皮肤发炎（皮炎）

兔体表上皮脱落，出现湿疹、痂皮、脓疱，皮肤溃疡，皮肤疼痛。

1.脓肿

病因 金黄色葡萄球菌、铜绿假单胞菌等感染。

症状和病变 乳白色酪状或乳油状脓液为金黄色葡萄球菌感染。脓液呈淡绿色或灰褐色黏液状，有特殊气味的为绿脓假单胞菌感染。

2.兔痘

病因 兔痘病毒感染。

症状和病变 皮肤痘疹病变（图3-35）。表现为红斑、丘疹、坏死和出血。

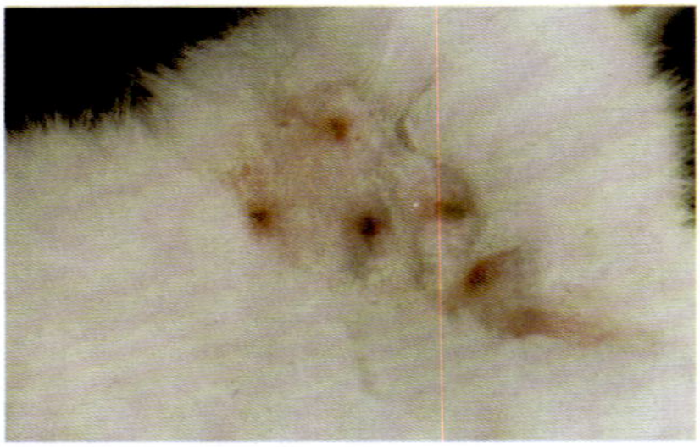

图3-35 皮肤痘疹

3.污染性皮炎

病因 毒气，污秽的褥草，粪尿污染，瘫痪，坏死杆菌病，水疱性口炎。

症状和病变 下腹和大腿内侧的毛污染，脱毛，皮肤发红，上皮缺损，形成分泌物和痂皮，有时嘴上也有病变。

4.密螺旋体病

病因 兔密螺旋体感染。

症状和病变 阴道和包皮上有带痂皮的溃疡。

5.跗关节疼痛

病因 后脚化脓性炎症（金黄色葡萄球菌、坏死杆菌、假单胞菌等感染）。

症状和病变 后脚趾部肿胀，形成化脓性瘘管，皮肤污染。

6.急性剧烈疼痛

病因 被兔笼刮伤或咬斗。

症状和病变 出血性损伤，皮肤不污秽。

7.湿性皮炎

病因　下颌、颈下、肛门或后肢皮肤长期潮湿，继发细菌感染而造成。

症状和病变　患部皮肤发炎（图3-36）。脱毛、糜烂、溃疡甚至组织坏死等。可继发各种细菌感染，常为铜绿假单胞菌感染，将被毛染为绿色（图3-37）。坏死杆菌也可感染。感染可因脓毒败血症而死亡。

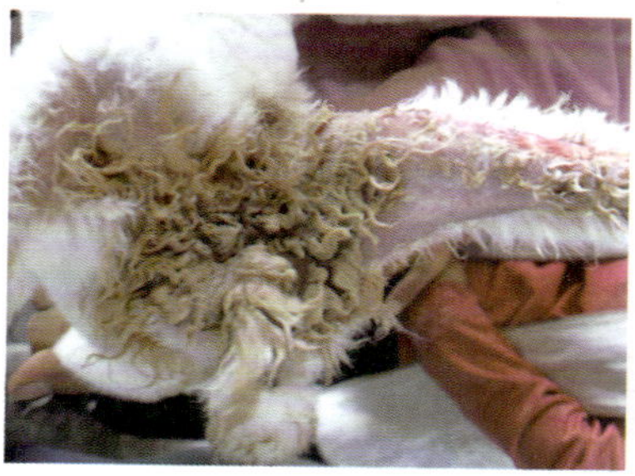

图3-36　湿性皮炎

图3-37　皮肤感染铜绿假单胞菌

（四）皮肤肿瘤

1.黏液瘤病

病因　黏液瘤病毒感染（流行性）。

症状和病变　在耳、头、眼睑、嘴、肛门和生殖道等处有生面团样硬度的肿胀。

2.纤维瘤病

病因　纤维瘤病毒局部感染。

症状和病变　多于腿、面部、脚等部皮下形成坚实圆形的硬结节（肿瘤）（图3-38），松弛地附着于皮下或

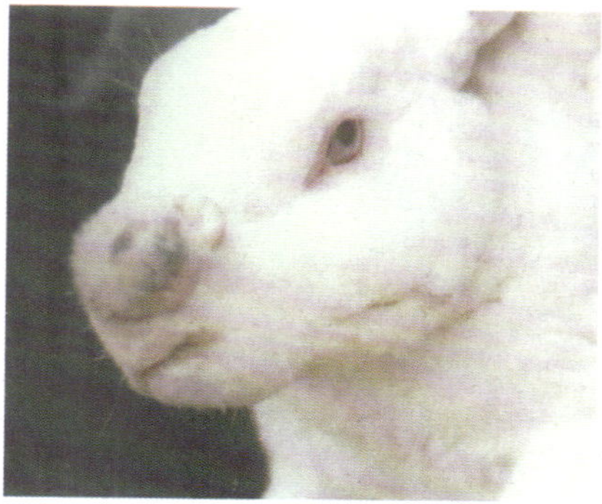

图3-38　鼻孔上方形成圆块状纤维瘤

黏膜下结缔组织，具有滑动性。

3.乳头状瘤病

病因 乳头状瘤病毒感染（地方流行性）。

症状和病变 在皮肤和黏膜（口腔）上有独立的疣状肿胀。

十四、异食症

除采食正常饲料外，还喜欢采食异物，如食毛、食仔等。

1.吞食仔兔

病因 饲粮营养不平衡。产仔前后供水不足或受到惊扰，产箱、垫草或仔兔带有异味。发生死胎时，死仔未及时取出等。

症状和病变 刚生下或产后数天的仔兔全部或部分被吃掉，初产母兔多发。

2.食毛症

病因 饲粮中缺钙、磷及维生素或含硫氨基酸，兔笼狭小、拥挤。

症状和病变 食毛兔易发生毛球病，触诊胃内或肠内有块状毛球。剖检见胃内容物混有毛或形成毛球。

3.食足癖

病因 饲料营养不平衡，患寄生虫病，内分泌失调。

症状和病变 不断啃食脚趾尤其后脚趾，伤口经久不愈。严重的露出趾节骨，有的感染化脓或坏死。

4.啃咬笼具

病因 饲料硬度不够或长期饲喂粉料。

症状和病变 不断啃咬笼地板、产箱、食具等。

十五、斜颈

1.巴氏杆菌病

病原 多杀性巴氏杆菌。

症状和病变 歪脖，触压耳部敏感，外耳道有化脓性渗出物，化脓性中耳炎。患有传染性鼻炎、结膜炎的兔群易发。

2.脑炎原虫病

病原　兔脑炎原虫。

症状和病变　歪脖，触压耳根不敏感，有翻滚等异常运动。剖检见肾表面有凹陷病灶，脑实质内有肉芽肿，脑和肾脏中可发现兔脑炎微孢子虫。

3.李氏杆菌病

病原　产单核细胞李氏杆菌。

症状和病变　间歇性神经症状，如嚼肌痉挛，全身震颤，眼球突出，头颈偏向一侧（图3-39），做转圈运动等。病理变化为鼻炎、化脓坏死性子宫内膜炎、单核细胞性脑炎和肝、心、肾、脾等内脏坏死灶形成。血中单核细胞增多可确诊。

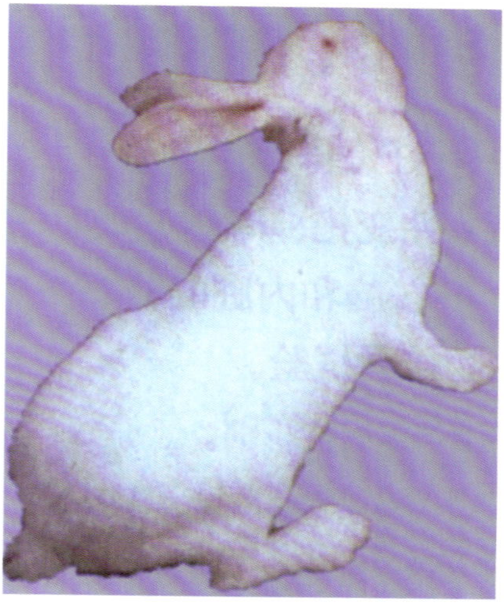

图3-39　兔头颈偏向一侧

4.耳螨病

病原　痒螨。

症状和病变　外耳及耳道局部脱毛、结痂，奇痒。皮屑中查出痒螨。

5.维生素A缺乏

病因　缺青饲料或饲料中维生素A含量不足。

症状和病变　以畏光、流泪、角膜混浊和溃疡为特征，有部分病兔头偏向一侧转圈，左右摇摆，倒地或无力回顾，缩头，角弓反张，腿麻痹。

6.维生素E缺乏症

病因　饲料中维生素E含量不足或不饱和脂肪酸过高，或患肝脏疾病引发。

症状和病变　以肌肉无力、萎缩为主要症状。后期出现歪颈、转圈、共济失调、俯卧等症状。剖检肌肉外观极度苍白，坏死肌纤维有钙化。

7. 药物中毒

病因 三氯杀螨醇、链霉素中毒。

症状和病变 有用三氯杀螨醇涂擦耳郭史。除歪颈外，没有其他症状，一般不引起死亡。使用链霉素剂量过大或使用时间过长，病兔有听力丧失、歪颈、失明等症状。

8. 脊柱侧弯

病因 脊柱侧弯引起歪颈，多数为先天性畸形。

症状和病变 脊柱中脊椎缺失、减少，或额外的半脊椎单位与肋骨合并或分叉等。歪颈是脊柱侧弯的表现。

十六、跛行

（一）单肢跛行

不对称，活动或负重时跛行。

1. 腿骨骨折

病因 意外事故，如笼底制作不规范，腿陷入夹缝中折断。

症状和病变 骨折区肿胀，完全骨折的骨折点以下的骨头呈游离状。

2. 髋关节或膝关节脱臼（脱位）

病因 意外事故、铁丝网笼底导致内损伤。

症状和病变 关节下端骨头位置异常，关节活动受限。

3. 肌肉或肌腱损伤

病因 尖锐物体导致损伤。

症状和病变 肿胀，有时有血污伤口，疼痛。

4. 关节炎

病因 一般是感染巴氏杆菌或葡萄球菌。

症状和病变 关节肿胀，活动受限。破溃后流出白色脓汁，可引起败血症。

（二）两前肢或两后肢跛行

对称，截瘫，两侧四肢麻痹。

1.创伤性脊椎骨折

病因　捕捉不当、保定方法不当、受惊乱窜或从高处跌落以及长途运输等原因均可使腰椎骨折、腰荐脱位。

症状和病变　脊椎某段受损断裂，局部有充血、出血、水肿和炎症等变化，膀胱因积尿而充盈。后躯完全或部分突然麻痹，患兔拖着后肢行走。臀部被粪尿污染。

2.脊髓病

病因　李氏杆菌、脑炎原虫、刚地弓形虫、巴氏杆菌等感染。

症状和病变　在显微镜下可见到脊髓和其他器官的炎性病灶。若单核白细胞显著增加为感染李氏杆菌。剖检见肾表面有白色小点或大小不等的凹陷状病灶则为感染脑炎原虫病。剖检见坏死性淋巴结炎、肺炎、肝炎、脾炎、心肌炎和肠炎等变化则为感染弓形虫病。伴有斜颈、鼻炎等症状则为感染巴氏杆菌病。

3.脊髓空洞症（共济失调）

病因　先天性脊髓缺陷。

症状和病变　显微镜下可见到脊髓缺陷。1月龄兔多发，有同胞发病的特点。

4.产后瘫痪

病因　血钙降低。

症状和病变　母兔分娩前后突然发病瘫痪（图3-40），多发生于产后2～3周。血钙含量明显降低。

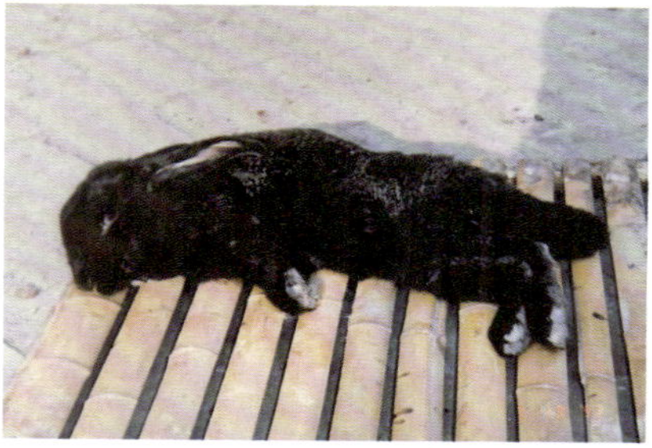

图3-40　兔产后瘫痪

5.脚皮炎

病因　体重大，脚毛稀疏，笼底制作不规范，环境潮湿等。

症状和病变　患兔呈踩高

跷步样，脚底面有白色溃疡，干裂，有的继发葡萄球菌感染形成脓肿。

十七、肛门、阴部有脱出物

1.脱肛

病因 慢性便秘、长期腹泻、直肠炎及其他使兔经常努责的疾病是引起本病的主要原因。

症状和病变 病初见少量直肠黏膜外翻，呈球状，为粉红或鲜红色，但常能自行恢复。如果进一步发展，黏膜坏死、结痂 。

2.直肠脱

病因 同脱肛。

症状和病变 直肠后段脱出于肛门外，脱肛若进一步发展，脱出部不能自行恢复，且增多变大，使全层脱出成为直肠脱，多呈棒状，引起水肿淤血，呈暗红色或青紫色，易出血。

3.阴道脱

病因 过度努责或阴道组织松弛，体质虚弱，运动不足及剧烈腹泻均可引起本病。

症状和病变 阴道壁一部分或全部脱出于阴门外，笼底有血迹，后肢、尾部沾有血液，阴门外有呈球形红色组织（阴道）脱出，淤血、水肿。脱出时间较长时则发炎或坏死。

4.子宫脱

病因 过度努责或阴道组织松弛，体质虚弱可引起本病。

症状和病变 子宫一部分翻转形成套叠，或全部翻转脱出于阴门外。脱出物很像肠管，但其表面有许多横褶。

5.膀胱脱

病因 家兔受惊，剧烈努责，腹壁肌肉发生强烈收缩，腹内压增高均会引起本病。

症状和病变 见卵黄大或鸡蛋大膀胱，表面沾有血液、兔毛或污物等，内充满尿液，占据阴道或突出于阴户之外。

十八、便秘

粪便干、小、硬、少，甚至停止排便。

1.粪便干硬

病因　斯氏艾美耳球虫感染。

器官病变　在肝上有黄豆大小的病灶。

2.肝功能失调

病因　脂肪肝。

器官病变　肝略增大、呈土黄色。

3.霉菌毒素中毒

病因　饲料霉变，尤其是草粉、小麦麸霉变。

器官病变　盲肠内容物干燥、呈块状，黏膜菲薄有出血斑。

4.饲粮配比不合理、饲料不卫生

病因　缺乏青饲料、多汁饲料或缺水。饲料中混有泥沙、兔毛也可引起。

器官病变　结肠和直肠内充满干硬球状粪便，前部肠管积气。

5.毛球病

病因　食入兔毛。

器官病变　胃内有毛球堵塞幽门部。

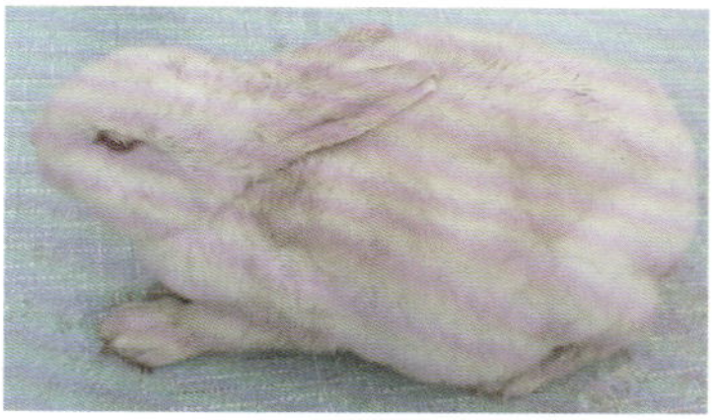

图3-41　腹部臌胀

十九、臌胀

1.胃扩张

病因　采食大量难消化、易发酵或膨胀的饲草料，如苜蓿。

症状和病变　兔腹部膨胀（图3-41），腹痛剧烈，触诊胃体积增大，剖检见胃极度扩张（图3-42）。

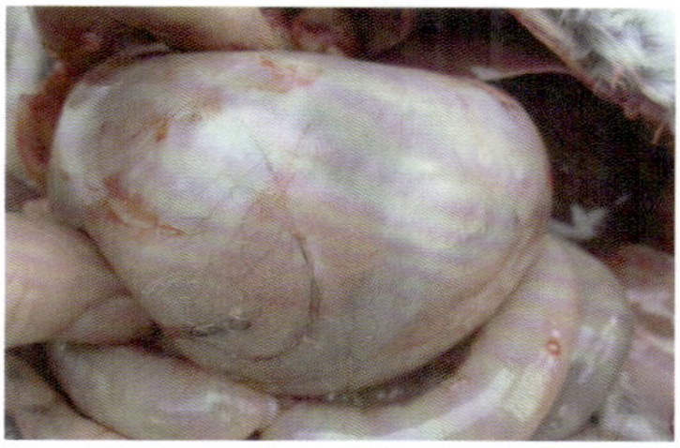

图3-42　胃扩张

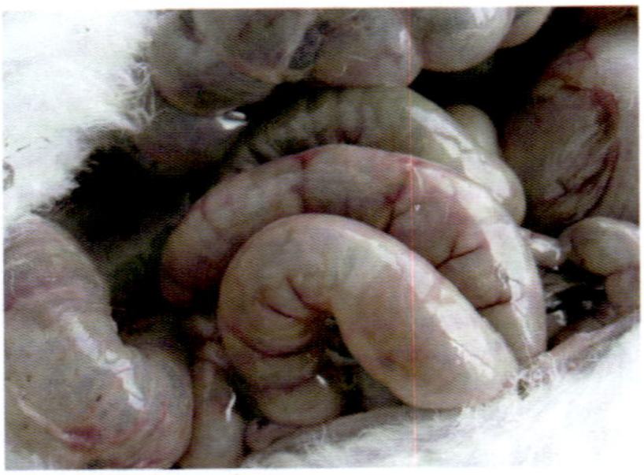

图3-43 肠内充满气体、液体

2.肠臌气

病因 采食易发酵的饲草料。

症状和病变 腹壁紧张，腹部上方增大明显，叩诊呈鼓音。结膜发绀，呼吸困难。剖检见肠内充满气体、液体（图3-43）。

3.肠便秘

病因 肠运动和分泌机能紊乱。长期饲喂干饲料，饮水不足（无水或水质差等），青饲料缺乏，饲料中混有大量土、沙等。其他发热性疾病也可引起。

症状和病变 排粪少，粪球小而硬，腹痛，触诊可摸到肠管内有串珠状坚硬的粪便。

4.毛球病

病因 饲料营养不平衡，如缺乏蛋氨酸、缺镁、粗纤维不足，导致家兔食毛行为。

症状和病变 采食下降，严重者腹痛，触诊可摸到胃内或肠道内有圆形的毛球。

5.大肠杆菌病

病原 埃希氏大肠杆菌。

症状和病变 以下痢、流涎为主。小肠内含较多气体引起腹胀。

6.魏氏梭菌病

病原 主要以A型产气荚膜梭菌为主。

症状和病变 腹围增大，盲肠充满液体和气体，轻摇兔体可听到“咣、咣”的拍水声。水泻粪便有特殊腥臭味。

7.盲肠、结肠秘结

病因 采食霉变饲料，霉菌毒素、遗传因素等导致后肠消化机能紊乱，引起本病。

症状和病变　用手触摸腹内，感觉有较硬的粪便，病程拖延时间较长，患兔呈犬坐姿势，呼吸加快。最后身体衰竭导致死亡。剖检见盲肠内容物干燥或呈块状，肠壁菲薄（图3-44）。盲肠蚓突内有较硬的内容物（图3-45）。

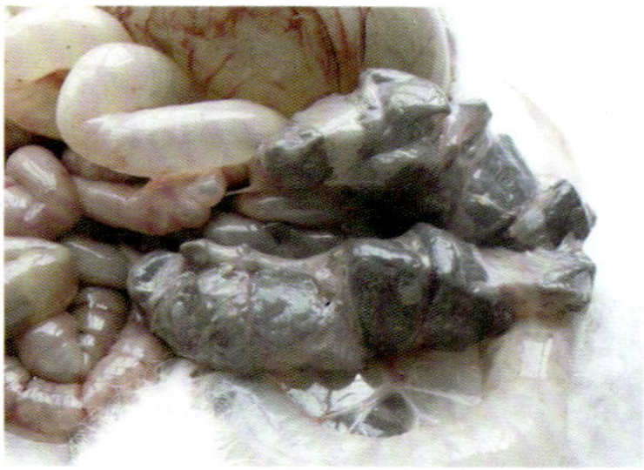

图3-44　大肠内容物干燥、呈块状

图3-45　盲肠内硬块状内容物

8. 腹腔、子宫脓肿

病因　感染葡萄球菌或巴氏杆菌，引起腹腔或子宫积有数量多或较大脓肿。

症状和病变　触摸腹腔或子宫内有一个或数个大小不等的脓肿，压迫肿块有波动感。一般采食正常。

9. 肿瘤

病因　病因不详。

症状和病变　触摸腹腔有一个或数个大小不等的脓块，压迫肿块质地实在。腹胀程度视肿瘤大小而定。一般无明显的消化紊乱症状。

10. 妊娠后期腹围大

原因　母兔管理不当偷配导致怀孕，后期腹围增大。

症状　触摸腹部怀孕，可分辨出胎儿头、躯干。

11. 腹水

病因　心脏和肝脏疾病引起。李氏杆菌病和弓形体病所致。

症状和病变　腹部冲击触诊有击水声。腹腔穿刺有大量腹水流出。

12. 泰泽氏菌病

病原 毛样芽孢杆菌。

症状和病变 腹围增大，盲肠肿大并充满液体。以严重的水泻和后肢沾有粪便为特征。剖检见坏死性盲肠结肠炎，回肠后段与盲结肠前段浆膜明显出血，肝坏死灶形成及坏死性心肌炎。

二十、痉挛

1. 哺乳挛痉（产后搐搦症）

病因 血钙过少，特别是高泌乳量的母兔，钙随乳汁大量丧失。

症状和病变 在哺乳母兔中，皮肤和黏膜呈淡蓝色（发绀）。

2. 麻痹性震颤、脊髓空洞症

病因 前者属x-连锁隐性基因遗传性疾病，后者有家族性发生特点。

症状和病变 麻痹性震颤一周龄左右出现震颤，全身肌肉紧张，腱反射过大。肢体发展为痉挛性麻痹，伴发排尿失禁和褥疮溃疡。靠显微镜能见到脑细胞变性；脊髓空洞症：后肢僵硬，举止不对称，一肢痉挛性麻痹，另一肢仅轻微跛行，膀胱和内脏功能失常。

3. 中毒

病因 硝酸钾、毒杀酚、滴滴涕（DDT）、有毒植物、食盐、有机磷、痢特灵等中毒。

症状和病变 除具有中毒性一般症状外，一般无其他特异症状，胃肠器官出血。

4. 伪狂犬病

病因 病毒感染，传染源为潜伏感染的兔群。

症状和病变 大脑中细胞浸润，神经元变性，只有镜检才能见到。

5. 脑（脊）膜感染

病因 李氏杆菌、巴氏杆菌、兔脑炎原虫或刚地弓形虫感染。

症状和病变　脑（脊）膜少量出血，有时脑内有灰白色微小病灶。

6. 破伤风（强直症）

病原　破伤风梭菌。

症状和病变　患兔不食，牙关紧闭，四肢强直，角弓反张，全身性痉挛，常急性死亡。

7. 球虫病

病原　艾美尔属的多种球虫。

症状和病变　精神不振，食欲减退或废绝，贫血，消瘦，腹胀，眼结膜苍白，腹泻。尿频或常呈排尿姿势。可见痉挛或麻痹、头后仰、抽搐等神经症状。剖检见肝、肠特征病变。

8. 兔瘟（包括2型兔瘟）

病原　兔病毒性出血症病毒。

症状和病变　病程短，死亡快。一般为倒地后全身颤抖，抽搐，尖叫而死。鼻孔流泡沫鼻液。尸检以内脏器官的出血和淤血为特征。

9. 镁缺乏症

病因　饲料中镁含量不足。

症状和病变　仔兔过度兴奋、惊厥和生长缓慢。成兔被毛粗乱、无光泽，局部脱毛，最后不进食。剖检肾、心和骨骼肌有变性。血清镁浓度低于3.2毫克/毫升。

10. 中暑

病因　天气闷热，兔舍潮湿且通风不良，笼内饲养密度大。

症状和病变　以体温上升、呼吸困难、结膜发绀、流血样鼻液和四肢呈现间歇性震颤或抽搐为主要症状。

二十一、尿液异常

1. 膀胱炎

病因　感染病菌等。

症状和病变　排尿次数增加，尿中带血或血块，尿痛，有氨臭味。

2.肾炎

病因 细菌性或病毒性感染；邻近器官的炎症蔓延（如膀胱炎、尿路感染等）；毒物中毒（如松节油、砷、汞等）；过敏性反应。

症状和病变 排尿次数增加，每次排尿量减少，甚至无尿。尿液呈红棕色或带血。眼睑、胸腹或四肢末端出现水肿。

3.肾母细胞瘤

病因 病因不详。

症状和病变 长期血尿，无疼痛感。

4.肝脏损伤性疾病

病因 豆状囊尾蚴病、肝片吸虫病、棘球蚴病或肝硬化等引起。

症状和病变 尿呈黄褐色。剖检见肝脏有弯曲的纤维化组织为豆状囊尾蚴病。肝脏胆管明显增粗，呈灰白色索状或结节状，突出于肝脏表面为肝片吸虫病。在肝脏形成豌豆至核桃大的囊泡，切开流出黄色液体，切面残留圆形腔洞，囊壁较厚，内膜上有白色颗粒样头节为棘球蚴病。肝变性，腹水增加为肝硬化。

5.乳糜尿

病因 腹腔结核病、肿瘤压迫引起乳糜尿，妊娠母兔易发病。

症状和病变 尿呈乳白色。有腹泻症状，剖检见肠道浆膜面有大小不一的干酪样坏死小结节的为结核病。

6.脓尿

病因 常见于泌尿道化脓性感染，脓汁混入尿中，使尿液混浊或呈脓汁样。常见疾病有肾盂肾炎、肾积脓。

症状和病变 剖检见肾盂肾炎、肾积脓。

第二节　兔病病理变化诊断思路与类症鉴别

对病兔、死兔的尸体进行剖检，观察器官、组织病变，是诊断疾病的常规方法。本节旨在针对相同或相似病理变化，鉴别引起这些病理变化的常见疾病。值得注意的是，诊断一种疾病，需在剖检的基础上，综合临床症状、流行特点，有的还需要做实验室检查，才能做出准确的判断。

一、多病变疾病

家兔常见的多病变疾病见表3-1。

表3-1　多病变疾病鉴别

疾病	病原	临床表现	器官病变
兔瘟	兔病毒性出血症病毒（包括2型兔瘟）	突然死亡。死前表现呼吸急促，兴奋，挣扎，狂奔，啃咬兔笼，全身颤抖，体温突然下降。有的尖叫几声后死亡。有的鼻孔流出泡沫状血液，肛门松弛，肛门周围或粪球被少量淡黄色胶样物沾污	气管与肺充血、出血，心外膜、胃肠浆膜、肾、胸腺、淋巴结等组织器官均明显出血，实质器官变性，脾淤血肿大等
急性巴氏杆菌病	多杀性巴氏杆菌	精神萎靡，不食，呼吸急促，体温达41℃以上，鼻腔流出浆液性、脓性鼻液。死前体温下降，四肢抽搐。24～72h内死亡。有的病例不显症状而突然倒毙	全身性出血、充血和坏死变化
李氏杆菌病	产单核细胞李氏杆菌	急性型：幼兔多发，精神萎靡，不食，体温升高到40℃以上。鼻炎、结膜炎，1～2天内死亡。 亚急性与慢性型：间歇性神经症状，如全身震颤，眼球突出，头颈偏向一侧，做转圈运动等	鼻炎、化脓坏死性子宫内膜炎、单核细胞性脑炎和肝、心、肾、脾等内脏坏死灶形成。血中单核细胞增多

续表

疾病	病原	临床表现	器官病变
野兔热	土拉热弗朗西斯菌	急性型：无症状死亡。 慢性型：发生鼻炎，鼻腔流出黏性或脓性分泌物，体温升高1～1.5℃，极度消瘦，最后衰竭而死	淋巴结、肝、脾、肾肿大，化脓坏死结节形成
沙门氏杆菌病	鼠伤寒沙门氏菌和肠炎沙门氏菌	幼兔多表现急性腹泻，粪便带有黏液，体温升高，不食，渴欲增强，很快死亡。 母兔：化脓性子宫内膜炎和流产，30天前后流产，胎儿多发育完全。有的流产后母兔死亡	内脏充血、出血，淋巴结肿大，肠壁有灰白色结节，肝有坏死灶，脾肿大等。母兔表现化脓性子宫内膜炎和流产
弓形虫病	刚地弓形虫	急性：仔兔多发，突然不吃，体温升高，呼吸加快，眼、鼻有浆液性或黏脓性分泌物，嗜睡，后期惊厥、后肢麻痹，2～9天死亡。 慢性：老龄兔多发。病程长，食欲缺乏，消瘦，后躯麻痹	坏死性淋巴结炎、肺炎、肝炎、脾炎、心肌炎和肠炎等变化（图3-46、图3-47）
兔痘	兔痘病毒	痘疱型：体温升高，不食，流鼻液，淋巴结（特别是腘淋巴结和腹股沟淋巴结）、扁桃体肿大。皮肤出现痘疹，表现为红斑、丘疹、坏死和出血。出现外生殖器炎、支气管肺炎、流产和神经症状。1～2周死亡。非痘疱型：多无典型痘疹变化	皮肤、口鼻黏膜及腹膜、内脏器官的痘疹病变。常见胸膜炎、肝坏死灶、脾肿大、睾丸水肿与出血以及肺和肾上腺的灰白色小结节

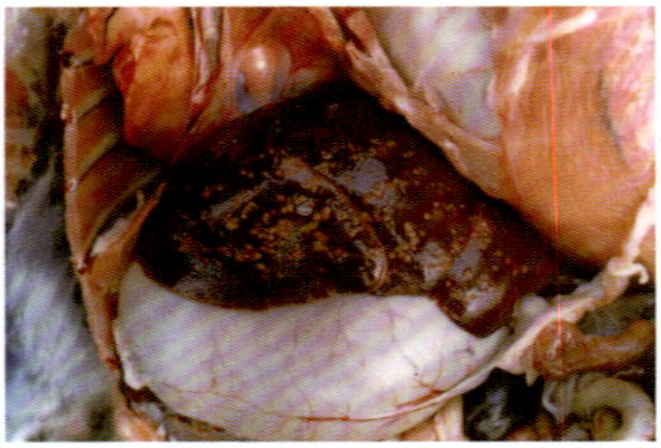

图3-46　肝脏散布大量坏死灶

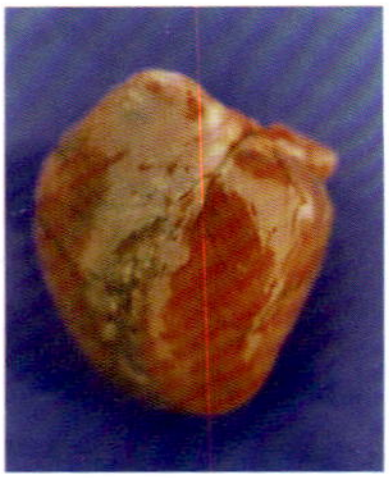

图3-47　心肌散在点状或条状黄白色坏死灶

二、皮下水肿、炎症

1.链球菌病

病原　C群β型溶血性链球菌。

症状和病变　临床以体温升高、不食、精神沉郁、呼吸困难、间歇性下痢和死亡为特征。剖检见皮下组织浆液出血性炎症、卡他出血性肠炎、脾肿大等败血性病变（图3-48）。

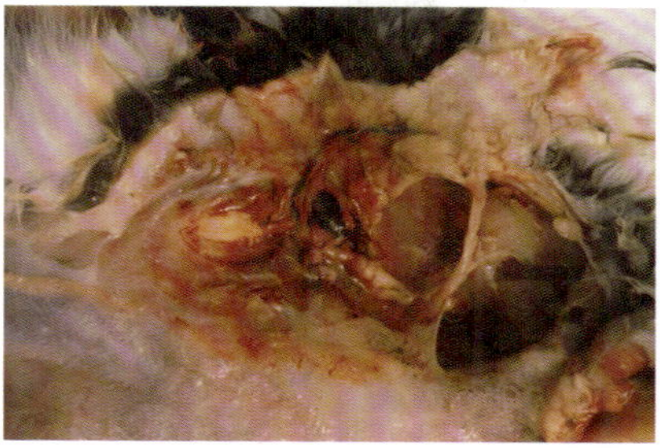

图3-48　皮下组织充血、出血与水肿

2.兔黏液瘤病

病原　黏液瘤病毒。

症状和病变　特征性病变是皮肤肿瘤和皮下显著水肿。

3.外伤、骨折

病因　受外界机械损伤引起。

症状和病变　剖检见受伤部位或骨折部位皮下水肿、淤血。

4.李氏杆菌病

病原　李氏杆菌。

症状和病变　皮下水肿。肝脏实质有散在或弥漫性针头大的淡黄色或灰白色坏死灶。心肌、肾、脾也有相似的病灶。

三、胸腔、腹腔积液

1.急性巴氏杆菌病

病原　多杀性巴氏杆菌。

症状和病变　胸、腹腔积有淡黄色积液。气管黏膜充血、出血、水肿，心外膜有出血斑点。肝变性，并有点状坏死灶。脾、淋巴结肿大和出血。肠道黏膜充血和出血。

2.铜绿假单胞菌病

病原　铜绿假单胞菌。

症状和病变 腹腔有大量液体。脾肿大，呈樱桃红色。肠腔内充满血样液体。临床表现为腹泻，拉出褐色稀便。

3.李氏杆菌病

病原 产单核细胞李氏杆菌。

症状和病变 胸腔、腹腔和心包有大量渗出物。

4.兔副伤寒病

病原 鼠伤寒沙门氏菌和肠炎沙门氏菌。

症状和病变 突然死亡的病例呈败血症变化，多数内脏器官充血和出血斑块，胸腔、腹腔内有大量浆液或纤维性渗出物。

5.弓形虫病

病原 刚地弓形虫。

症状和病变 急性多见于仔兔，以淋巴结、脾、肝、肺和心广泛性坏死、肿大为特征，肠道高度充血，多有扁豆大小的溃疡。胸腔、腹腔有淡黄色渗出液。

6.氟乙酰胺中毒

病因 氟乙酰胺又称敌蚜胺，俗称“闻到死”，是一种常用灭鼠药。家兔误食氟乙酰胺毒饵或被其污染的饲料、饮水。

症状和病变 病兔精神沉郁，嗜睡，瞳孔散大，呼吸心跳加快，大小便失禁，倒地抽搐死亡。剖检见心包腔及胸腔、腹腔有清亮液体积聚（图3-49、图3-50）。肝、肾等实质器官变性肿大，肺有细小出血点和气肿。

图3-49 胸腔和心包腔有大量清亮的液体

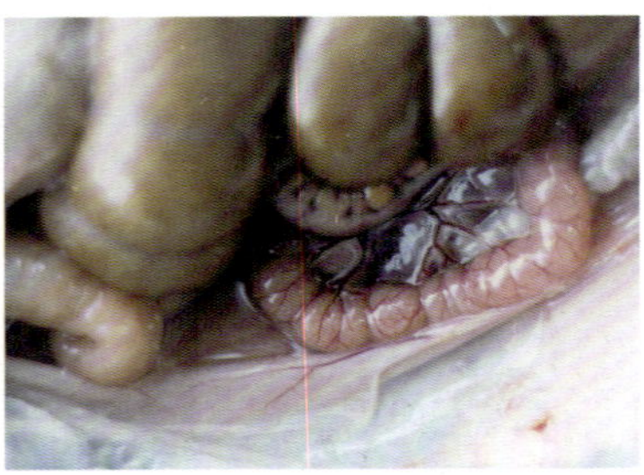

图3-50 腹腔有大量清亮的液体

7. 附红细胞体病

病原　附红细胞体。

症状和病变　病死兔血液稀薄，黏膜苍白，质膜黄白，腹腔积液，脾脏肿大，胸膜脂肪和肝脏黄染。

四、咽喉、气管病变

1. 兔瘟

病原　兔病毒性出血症病毒。

症状和病变　喉头和气管黏膜严重淤血，尤其是气管环最为明显，气管和支气管管腔内有泡沫状血液。其他器官以水肿、淤血、出血为特征。

2. 急性巴氏杆菌病

病原　多杀性巴氏杆菌。

症状和病变　精神萎靡，不食，呼吸急促，鼻腔流出浆液性、脓性鼻液。剖检见鼻、喉黏膜充血、出血，常水肿。除此，全身性表现出血、充血和坏死变化。

3. 传染性水疱性口炎

病原　水疱性口炎病毒。

症状和病变　临床症状为大量流涎。口腔黏膜、舌和唇黏膜有小水疱和小脓疱。咽、喉头部聚集有大量泡沫样的口水，唾液腺等口腔腺体肿大发红。

4. 兔痘

病原　兔痘病毒。

症状和病变　其特征是皮肤、口鼻黏膜及腹膜、内脏器官形成痘疹。可并发支气管炎、喉炎、鼻炎和胃肠炎。

五、肺部病变

1. 深部真菌病

病原　主要为烟曲霉，有时为黑曲霉。

症状和病变　多见于仔兔，常成窝发生。表现程度不等的消瘦和呼吸困难。剖检可见肺部有粟粒大的圆形结节。

2.肺炎球菌病

病原 肺炎双球菌。

症状和病变 成年兔、怀孕兔多发。剖检可见肺部有数量不等的脓肿和大片出血斑，或局部水肿。

3.巴氏杆菌病

病原 多杀性巴氏杆菌。

症状和病变 临床表现鼻炎，呼吸困难。胸腔积脓，肺脓肿。

4.波氏杆菌病

病原 支气管败血波氏杆菌。

症状和病变 临床表现为传染性鼻炎。肺和肝脏脓疱。

5.肺炎克雷伯氏菌病

病原 克雷伯氏菌。

症状和病变 青年兔、成兔表现食欲减退、渐进性消瘦，幼年兔以剧烈腹泻为特征。剖检可见肺部或其他器官、皮下、肌肉有脓肿，脓液呈灰白色或白色黏稠物。

6.葡萄球菌病

病原 金黄色葡萄球菌。

症状和病变 肺部发生脓肿。皮下、肌肉和内脏器官均可发生脓肿。一般脓肿常被结缔组织包围成囊状。

六、心脏病变

(一) 心包积液、积脓、心肌出血

1.巴氏杆菌病

病原 多杀性巴氏杆菌。

症状和病变 心包积有淡黄色液体，心肌可能有出血点。

2.葡萄球菌病

病原 金黄色葡萄球菌。

症状和病变 心包积有棕褐色液体或积脓，心外膜附有纤维素性附着物。皮下、肌肉和内脏器官均可发生脓肿。

3. 支气管败血波氏杆菌病

病原　支气管败血波氏杆菌，是家兔上呼吸道的常在性寄生菌。

症状和病变　临床症状为鼻炎、呼吸困难。肺部有脓疱。胸腔积脓，肺和心包粘连并有纤维素性附着物。

4. 铜绿假单胞菌病

病原　铜绿假单胞菌。

症状和病变　肺部、胸腔、皮下、肌肉、心包或其他器官形成脓疱，脓疱内的脓液呈淡绿色或灰褐色黏稠状。

5. 结核病

病原　结核分枝杆菌。

症状和病变　剖检可见器官上有淡灰色至灰色的大小不一的坚实结节，通常存在于肺脏、胸膜腔、心包、支气管淋巴结、肠系膜淋巴结、肾脏和肝脏（图3-51）。

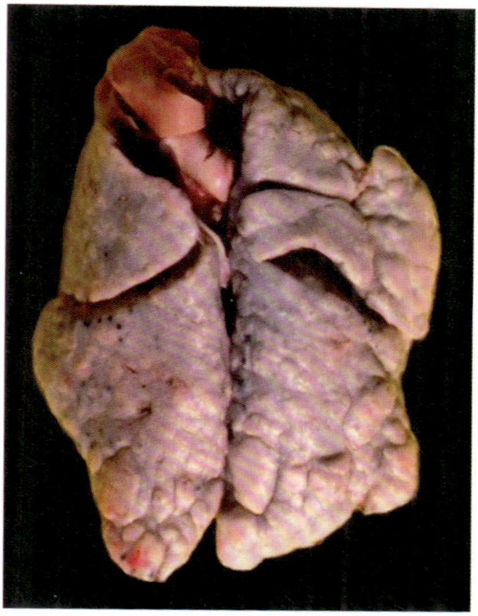

图3-51　肺表面散在大量大小不一结节

6. 兔瘟

病原　兔病毒性出血症病毒。

症状和病变　除心肌淤血，心脏及动静脉管有凝血块外，其他以全身器官淤血、出血、水肿为主要特征。

（二）心脏表面血管呈树枝状充血

魏氏梭菌病

病原　主要为A型产气荚膜梭菌。

症状和病变　心脏表面血管怒张，呈树枝状。胃黏膜有出血斑和黑色溃疡斑。盲肠浆膜有鲜红出血斑，肠腔内充满稀薄的粪便和大量气体。腹泻后迅速死亡，抗生素治疗无效。

（三）心肌有灰白色条纹或坏死灶

1. 泰泽氏菌

病原 毛样芽孢杆菌。

症状和病变 临床症状以发病急，严重的水泻和后肢沾有粪便为特征。剖检见坏死性盲肠结肠炎，回肠后段与盲肠前段浆膜明显出血。肝脏实质常有许多灰白色至灰红色坏死灶。心肌有灰白色至淡黄色条纹病灶，尤其是心尖附近（图3-52）。

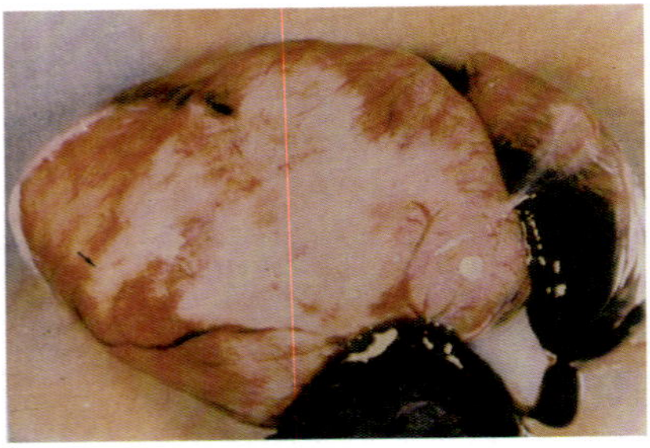

图3-52 心肌有大片灰白色坏死区

2. 兔瘟

病原 兔病毒性出血症病毒。

症状和病变 全身器官以淤血、出血、水肿为主要特征。少数病例心肌有灰白色坏死病灶。

七、肝脏病变

（一）肝脏有结节、坏死灶

1. 肝球虫病

病原 斯氏艾美尔球虫。

症状和病变 临床表现消瘦，黏膜苍白，有时有黄疸，被毛粗乱，失去光泽。可见肝脏表面和实质内有许多大小不一，形态不规则，一般不突出于表面的白色或淡黄色结节。

2. 沙门氏杆菌

病原 副伤寒沙门氏菌、肠炎沙门氏菌。

症状和病变 肝脏有弥漫性或散在性淡黄色针头至芝麻大的坏死灶。胆囊肿大，充满胆汁。

3. 巴氏杆菌病

病原 多杀性巴氏杆菌。

症状和病变 临床表现精神萎靡、不食，呼吸急促，体温升高，鼻腔流出浆液性、脓性分泌物。剖检见全身性出血、充血和坏死变化。肝脏表面散在大量灰黄色坏死灶。

4.野兔热

病原 土拉热弗朗西斯菌。

症状和病变 肝脏肿大，并有多发性坏死或粟粒状坏死灶（图3-53）。其他如淋巴结、肾、脾也有相似病变。

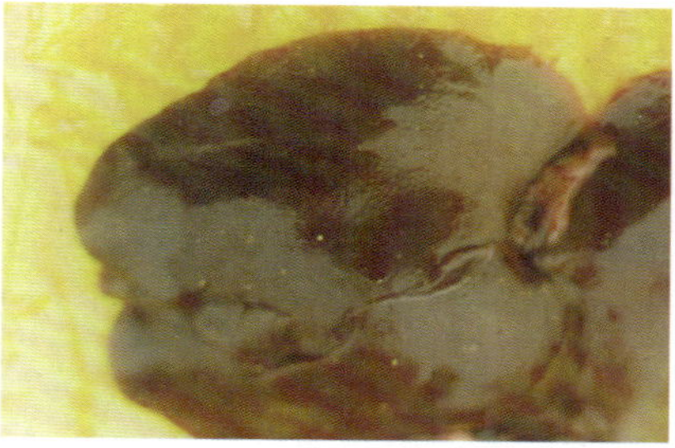

图3-53 肝表面散在针尖至粟粒大的坏死灶

5.李氏杆菌病

病原 李氏杆菌。

症状和病变 肝脏实质有散在或弥漫性针头大的淡黄色或灰白色坏死灶。心肌、肾、脾也有相似的病灶。淋巴结肿大或水肿。肺出血性梗死和水肿。

6.肝毛细线虫病

病原 肝毛细线虫。

症状和病变 肝脏形成不规则的带状黄色条纹或斑点状结节，局部肝组织硬化。无明显症状表现。

7.伪结核病

病原 伪结核耶尔新氏杆菌。

症状和病变 临床表现一般为逐渐消瘦，病程缓慢，极度消瘦后死亡。盲肠蚓突和圆小囊浆膜下发生乳脂样或干酪样粟粒大的结节，有的脾脏肿大数倍，呈紫红色。肝脏布满了凸出的小结节。

8.棘球蚴病

病原 细粒棘球绦虫的幼虫。

症状和病变 表现为消瘦、黄疸、消化紊乱，棘球蚴寄生于肺时，则表现喘息和咳嗽。严重者表现腹泻，迅速死亡。棘球蚴主要寄生于肝、肺实质器官。在肝脏形成豌豆至核桃大的囊泡。

（二）肝脏有脓疱

1.波氏杆菌病

病原 支气管败血波氏杆菌。

症状和病变 肺有大小不一的脓疱。有的肝脏形成如黄豆至蚕豆大的脓疱。

2.葡萄球菌病

病原 金黄色葡萄球菌。

症状和病变 患兔的皮下、心脏、肺、肝、脾等内脏器官以及睾丸、附睾和关节都可能形成脓肿，内脏脓肿常由结缔组织构成包膜。

（三）肝体积缩小、硬度增加

血吸虫病

病原 日本分体吸虫。

症状和病变 本病流行于南方各省。大量感染表现腹泻、便血、消瘦、贫血，严重病例出现腹水过多，最后死亡。剖检见肝和肠壁有灰白色或灰黄色虫卵结节，肝体积缩小、质地硬实。(图3-54)。

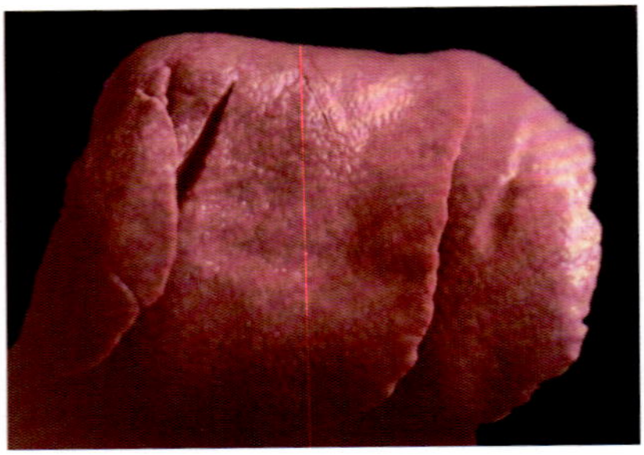

图3-54 肝质地硬实

（四）肝极度肿大，小叶间质增宽

兔瘟

病原 兔病毒性出血性病毒。

症状和病变 剖检见气管与肺充血、出血，心外膜、胃肠浆膜、淋巴结等组织器官均明显出血、实质器官变性，脾淤血肿大等。肝极度肿大，小叶间质增宽。

八、脾脏病变

（一）脾有坏死性结节

1.伪结核病

病原 伪结核耶尔新氏杆菌。

症状和病变 患兔表现腹泻、消瘦，经3～4周死亡。脾等内脏器官有粟粒状灰白色坏死结节形成；脾高度增大（图3-55）。

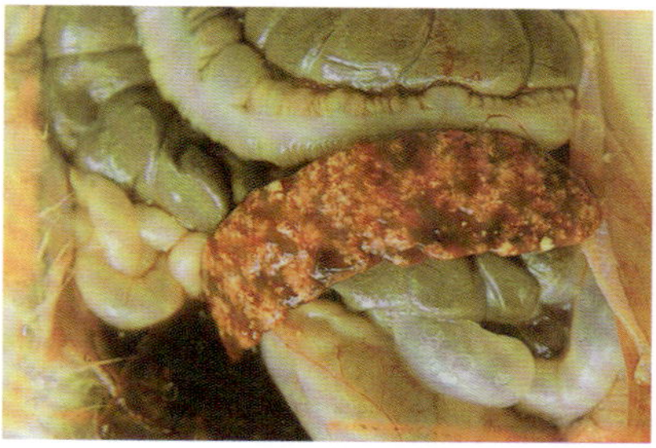

图3-55 脾高度增大且有密集的针头大至粟粒大的坏死结节

2.弓形虫病

病原 刚地弓形虫，寄生于细胞内。

症状和病变 以淋巴结、肺、肝、脾、心肌和肠等广泛坏死为特征，上述器官肿大，有许多坏死灶。

3.野兔热

病原 土拉热弗朗西斯菌。

症状和病变 剖检见淋巴结、肝、脾、肾肿大与化脓坏死结节形成。脾脏肿大，呈深红色，表面和切面有灰白色或乳白色粟粒至豌豆大的坏死灶（图3-56）。

图3-56 脾切面见大小不等的颗粒状灰黄色坏死灶

4.李氏杆菌病

病原 李氏杆菌。

症状和病变 突然发病死亡或表现间歇性神经症状，也可发生流产。病理变化为鼻炎（图3-57）、化脓坏死性子宫内膜炎、单核细胞性脑炎，肝、心、肾、脾等内脏形成坏死灶（图3-58）。

图3-57 兔鼻炎

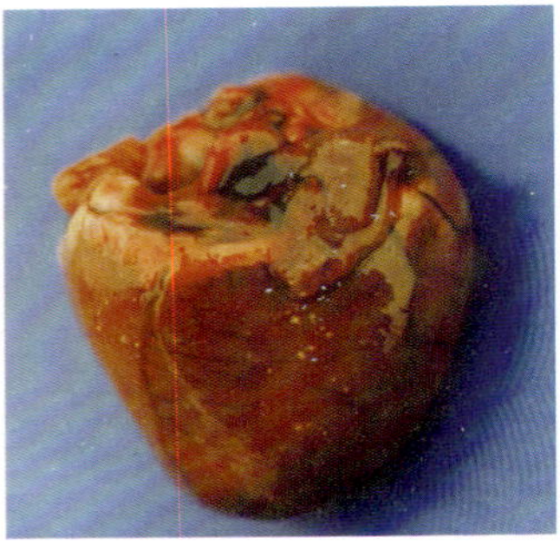

图3-58 心肌中见多发性坏死灶

5.兔痘

病原 兔痘病毒。

症状和病变 痘疱型兔痘见皮肤、口鼻黏膜及腹膜、内脏器官的痘疹病变。非痘疱型兔痘见胸膜炎、肝坏死灶、脾肿大、睾丸水肿与出血以及肺和肾上腺的灰白色小结节。

（二）脾肿大、淤血或出血

1.兔瘟（包括2型兔瘟）

病原 兔病毒性出血症病毒。

症状和病变 除脾淤血肿大外，其他内脏器官以水肿、淤血、出血为特征。

2.急性巴氏杆菌病

病原 多杀性巴氏杆菌。

症状和病变 剖检见全身性出血、充血和坏死变化。脾、淋巴结肿大和出血。

3.沙门氏菌病性流产

病原 鼠伤寒沙门氏菌。

症状和病变 多数脾脏肿大1～3倍，呈暗红色。流产的患兔，子宫肿大，浆膜和黏膜充血，并伴有化脓性子宫炎。

4.铜绿假单胞菌病

病原 铜绿假单胞菌。

症状和病变 临床表现为腹泻，拉出褐色稀便。脾脏肿大，呈樱桃红色。腹腔有多量液体。肠腔内充满血样液体。

5.溶血性链球菌病

病原 溶血性链球菌。

症状和病变 以体温升高、不食、精神沉郁、呼吸困难、间歇性下痢和死亡为特征。皮下组织呈出血性浆液性浸润，脾脏肿大，出血性肠炎，肝和肾脂肪变性。

九、胃出血、溃疡

1.兔瘟

病原 兔病毒性出血症病毒。

症状和病变 剖检见气管与肺充血、出血，心外膜、胃肠浆膜、肾、胸腺、淋巴结等组织器官均明显出血，实质器官变性，脾淤血肿大等。

2.急性巴氏杆菌病

病原 多杀性巴氏杆菌。

症状和病变 剖检见全身性出血、充血和坏死变化。脾、淋巴结肿大和出血。

3.魏氏梭菌病

病原 主要为A型产气荚膜梭菌。

症状和病变 腹泻后迅速死亡，抗生素治疗无效。胃黏膜有出血斑和黑色溃疡斑，胃幽门部出血（图3-59）。盲肠浆膜有鲜红出血斑，肠腔内充满稀薄的粪便和多量气体。

4.霉菌中毒

病因 霉菌毒素中毒。有饲喂发霉饲料史。

症状和病变 胃黏膜有出血斑和黑色溃疡斑。

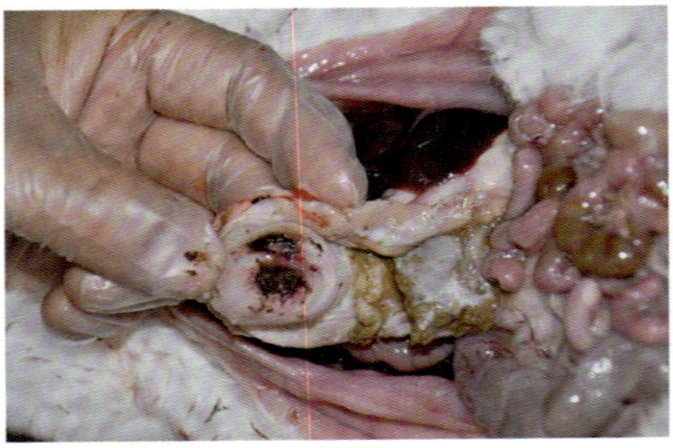

图3-59 胃幽门部出血

十、肠道病变

1.大肠杆菌病

病原 埃希氏大肠杆菌。

症状和病变 十二指肠充满气体及黏液状液体，多染有胆汁。空肠、回肠、盲肠充满半透明或淡黄色胶冻样液体，并混有气泡。

2.魏氏梭菌病

病原 主要为A型产气荚膜梭菌。

症状和病变 小肠内充满血样内容物。盲肠浆膜有鲜红出血斑，肠腔内充满稀薄的粪便和大量气体。胃黏膜有出血斑和黑色溃疡斑。腹泻后迅速死亡，抗生素治疗无效。

3.铜绿假单胞菌病

病原 铜绿假单胞菌。

症状和病变 患兔突然食量大减或拒食，精神委顿，呼吸困难，体温升高和血样下痢。十二指肠、空肠黏膜出血，肠腔内充满血样液体。大多数病例胃内也有血样液体。

4.球虫病

病原 艾美尔属的多种球虫。

症状和病变 十二指肠扩张、肥厚，黏膜发生卡他性炎症。小肠内充满气体和大量黏液，黏膜有时充血并出血。

5.泰泽氏菌

病原 毛样芽孢杆菌。

症状和病变 以严重下痢、脱水和迅速死亡为特征。回肠后段、盲肠和结肠前段的浆膜面充血，黏膜下层和浆膜下层常水肿、出血及纤维素渗出 。

6.沙门氏杆菌

病原 副伤寒沙门氏菌、肠炎沙门氏菌。

症状和病变 以败血症和急性死亡并伴有下痢为特征。小肠黏膜充血和出血，黏膜下层常水肿（图3-60）。空肠、回肠和盲肠黏膜有弥漫性或散在性、灰白色、粟粒大的坏死灶。

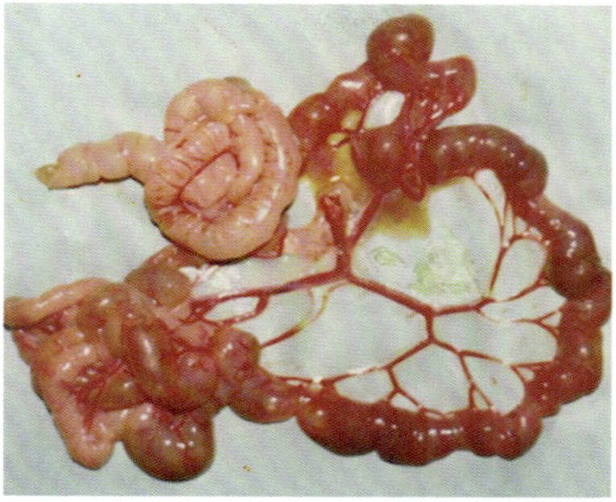

图3-60 小肠黏膜充血水肿

7.伪结核病

病原 伪结核耶尔新氏杆菌。

症状和病变 临床表现逐渐消瘦，病程缓慢，极度消瘦后死亡。盲肠蚓突和圆小囊浆膜下发生乳脂样或干酪样粟粒大的结节。有的脾脏肿大数倍。

8.霉菌饲料中毒

病因 霉菌分泌毒素所致。有饲喂霉变饲料史。

症状和病变 有些病例发生盲肠秘结，黏膜菲薄，有出血斑点。肝肿大，有出血和坏死灶，肺充血、淤血。

十一、蚓突病变

1.伪结核病

病原 伪结核耶尔新氏杆菌。

症状和病变 主要表现腹泻、消瘦，经3～4周死亡。剖检见盲肠蚓突、圆小囊、肠系膜淋巴结与脾等内脏器官有粟粒状灰白色坏死结节形成（图3-61）。

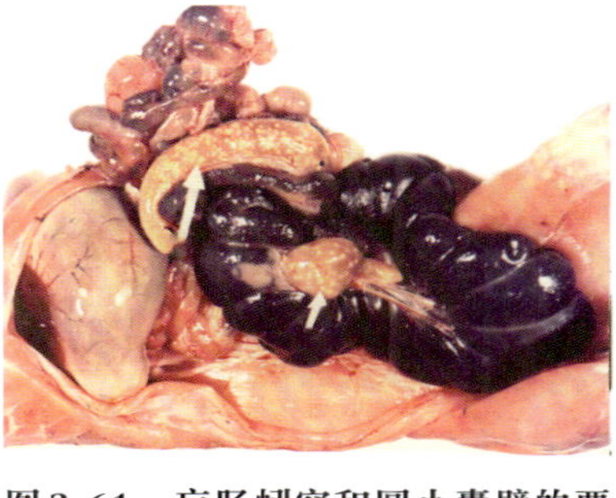

图3-61 盲肠蚓突和圆小囊壁的粟粒状坏死结节

2. 沙门氏杆菌病

病原 鼠伤寒沙门氏菌和肠炎沙门氏菌。

症状和病变 以败血症和急性死亡并伴有下痢为特征。剖检见内脏充血、出血，淋巴结肿大，肠壁有灰白色结节，肝有小坏死灶，脾肿大等。

十二、肾脏病变

（一）肾肿大、淤血、出血

1. 兔瘟（2型兔瘟）

病原 兔病毒性出血症病毒。

症状和病变 肾脏淤血、肿大，呈暗红色，皮质部有不规则的淤血区和灰黄色或灰白色区，肾表面呈花斑肾样。

2. 沙门氏杆菌性流产

病原 鼠伤寒沙门氏菌。

症状和病变 怀孕母兔主要表现为流产。肾脏有散在针头大的出血点。母兔表现化脓性子宫内膜炎和流产。

（二）肾上脓肿

1. 支气管败血波氏杆菌病

病原 支气管败血波氏杆菌。

症状和病变 患兔表现打喷嚏，鼻腔流出黏液性分泌物。肾表面见大小不等的脓肿。肺脏伴有大小不等、数量不一的白色脓疱。有些肝脏也见黄豆至蚕豆大小的脓肿。

2. 成肾细胞瘤

病因 病因不详。

症状和病变 触诊腹部可摸到肾肿瘤。肿瘤可发生于一侧肾脏，也可见于两侧。

3. 先天性囊肿肾

病因 常染色体隐性基因遗传。

症状和病变 肾皮质部有粟粒至黄豆大的囊泡，内含透明液体为先天性囊肿（图3-62）。

（三）肾结节、坏死灶

1.结核病

病原　结核分枝杆菌。

症状和病变　主要发生在成年兔，表现慢性消瘦和呼吸障碍。肺表面散在大量大小不等的结核结节。

2.野兔热

病原　土拉热弗朗西斯菌。

症状和病变　多发于春末夏初。有鼻炎、体温升高、消瘦、衰竭与血液白细胞增多等临诊症状。剖检见淋巴结、肝、脾、肾肿大与化脓坏死结节形成（图3-63）。

图3-62　肾囊肿

图3-63　肾表面见数个粟粒大的灰黄色坏死灶

3.伪结核病

病原　伪结核耶尔新氏杆菌。

症状和病变　患兔表现腹泻、消瘦，经3～4周死亡。剖检见盲肠蚓突、圆小囊、肠系膜淋巴结与脾、肾等内脏器官有粟粒状灰白色坏死结节形成。

（四）肾肿大或萎缩

尿石症

病因　饲喂高钙饲粮，饮水不足，维生素A缺乏，饲粮中精料比例过大，肾及尿路感染发炎等均可引起本病。

症状和病变 成兔、老龄兔多发。患兔仅采食青绿、多汁饲料。有排尿困难和弓腰等症状。肾肿大或萎缩，表面高低不平，颜色变淡，肾盂中有大小不等、不规则的石头样结石。

（五）肾表面凹陷

脑炎原虫病

病原 兔脑炎原虫。

症状和病变 秋冬季节多发，常无症状，有时可见脑炎和肾炎症状，如惊厥、颤抖、斜颈、麻痹、昏迷。常出现蛋白尿及腹泻。

十三、子宫病变

（一）子宫积脓

1. 巴氏杆菌病

病原 多杀性巴氏杆菌。

症状和病变 子宫扩张，子宫壁变薄，黏膜充血，内有黏稠的奶油样脓性分泌物。多伴有肺部脓肿等表现。

2. 葡萄球菌病

病原 金黄色葡萄球菌。

症状和病变 葡萄球菌除引起子宫积脓外，还可引起各种器官脓肿。

3. 布鲁氏病

病原 流产布鲁氏菌或马耳他布鲁氏菌。

症状和病变 临床表现为流产、子宫炎，从阴道内流出大量分泌物。体温升高。公兔的附睾和睾丸肿胀。剖检肝脏、脾脏、肺脏及腋淋巴结出现脓肿。母兔子宫内蓄脓，黏膜溃疡或坏死。

（二）子宫内有死亡胎儿

1. 沙门氏菌病

病原 鼠伤寒沙门氏菌。

症状和病变 子宫内有木乃伊或液化的胎儿。阴道黏膜充血，腔内有脓性分泌物。

2.李氏杆菌病

病原　产单核细胞李氏杆菌。

症状和病变　子宫内积有化脓性渗出物或暗红色液体。死亡的母兔，子宫内有变性胎儿存在或灰白色凝乳块状物。可见坏死性肝炎和心肌炎。

十四、睾丸病变

1.巴氏杆菌病

病原　多杀性巴氏杆菌。

症状和病变　一侧或两侧睾丸肿大，质地坚硬，有的伴有脓肿。

2.兔密螺旋体病

病原　兔密螺旋体。

症状和病变　公兔阴囊水肿，皮肤呈糠麸样。阴茎水肿，龟头肿大。睾丸也会发生病变。

3.类鼻疽

病原　伪鼻疽单胞菌。

症状和病变　睾丸红肿、发热。睾丸和附睾组织有干酪样坏死。

4.布鲁氏病

病原　流产布鲁氏菌或马耳他布鲁氏菌。

症状和病变　公兔附睾和睾丸肿胀。体温升高。有时会出现脊椎炎，造成后肢麻痹。

十五、膀胱病变

1.球虫病

病原　艾美尔属的多种球虫。

症状和病变　除肝、肠有特征病变外，膀胱扩张，充满尿液。

2.魏氏梭菌病

病原　A型产气荚膜梭菌。

症状和病变 剖检胃黏膜有出血斑点和溃疡斑点。小肠壁充血、出血，肠腔充满含气泡的稀薄内容物。盲肠浆膜有横行条纹状出血。膀胱积有蓝色或茶色尿液。

3. 脑炎原虫病

病原 兔脑炎原虫。

症状和病变 出现蛋白尿。剖检见肾表面有白色小点或大小不等的凹陷状病灶。病变严重时，肾表面呈颗粒状或高低不平。

十六、脑部病变

1. 兔瘟（2型兔瘟）

病原 兔病毒性出血症病毒。

症状和病变 脑和脑膜血管淤血，有神经症状的兔更显著。松果体部和脑下垂体部有凝血块。其他器官淤血、出血、水肿。

2. 李氏杆菌病

病原 李氏杆菌。

症状和病变 有神经症状的病例，脑膜和脑组织充血或水肿。

3. 脑炎原虫病

病原 兔脑炎原虫。

症状和病变 肾脏病变、肉芽肿性脑炎、非化脓性脑炎是本病的特征病变。

十七、淋巴结病变

1. 野兔热

病原 土拉热弗朗西斯菌。

症状和病变 临床表现高度消瘦和衰竭，体温升高。淋巴结肿胀发硬，鼻腔发炎。剖检淋巴结显著肿大，呈红色，可能有针尖大的灰白色干酪样的坏死点。

2. 坏死杆菌病

病原 坏死杆菌。

症状和病变 淋巴结尤其是颌下淋巴结肿大，并有干酪样坏死灶。

3. 兔痘

病原　兔痘病毒。

症状和病变　早期淋巴结尤其是腘淋巴结和腹股沟淋巴结肿大并变硬。临床表现为腹泻及一侧或两侧眼睑炎。

4. 伪结核病

病原　伪结核耶尔新氏杆菌。

症状和病变　主要表现腹泻、消瘦。剖检见盲肠蚓突、圆小囊、肠系膜淋巴结与脾等内脏器官有粟粒状灰白色坏死结节形成。

5. 结核病

病原　结核分枝杆菌。

症状和病变　病初常无明显症状，随后出现咳嗽，喘气，呼吸困难，消瘦等症状。剖检见支气管、肠系膜、纵隔、圆小囊等淋巴结、肺等脏器有结核结节形成，结节常发生干酪样坏死。

6. 李氏杆菌病

病原　李氏杆菌。

症状和病变　病理变化为鼻炎、化脓坏死性子宫内膜炎、单核细胞性脑炎和肝、心、肾、脾等内脏坏死灶形成。淋巴结尤其是肠系膜淋巴结和颈部淋巴结肿大或水肿。

7. 布鲁氏病

病原　流产布鲁氏菌或马耳他布鲁氏菌。

症状和病变　剖检肝脏、脾脏、肺脏及腋淋巴结出现脓肿。母兔子宫内蓄脓，黏膜溃疡或坏死。临床表现为流产、子宫炎。

十八、凝血不良

1. 氢氰酸中毒

病因　采食高粱、玉米、豆类、木薯等的幼苗或再生苗，或采食桃、杏、李的树叶及其核仁。食入被氰化物污染饲料或饮水。

症状和病变　剖检见血液鲜红，凝固不良（图3-64）。尸僵不全，尸体鲜红，不易腐败。

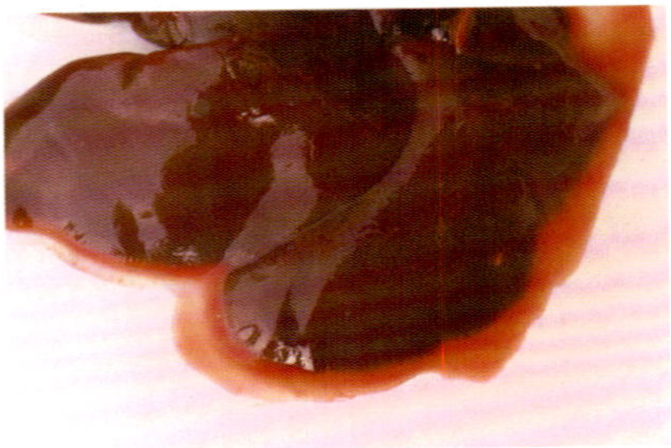

图3-64　血液颜色鲜红不易凝固

2.硝酸盐和亚硝酸盐中毒

病因　家兔采食堆积发热的青饲料、蔬菜或饲料中硝酸盐含量过高而引起发病。

症状和病变　呼吸困难，口流白沫，磨牙，腹痛，可视黏膜发绀，迅速死亡。剖检见内脏器官呈黑色，血液呈酱油色，不凝固。

3.敌鼠中毒

病因　由于误食了被敌鼠污染的饲料、饮水引起。在兔舍随意放置毒饵而未加强管理可造成家兔误食。

症状和病变　剖检见全身组织器官明显淤血、出血和渗出，且色暗红、有出血点，体腔有液体渗出，血液凝固不良。

4.兔炭疽

病原　炭疽杆菌。

症状和病变　病死兔尸僵不全，颈、胸、腹及臀部水肿，切开水肿部流出微黄色白色胶冻样水肿液，血液凝固不良，呈煤焦油状。

十九、肌肉呈灰白色病变

1.维生素E缺乏症

病因　饲料中维生素E含量不足。饲料中含过量不饱和脂肪酸，酸败产生过氧化物，促进维生素E的氧化。兔患肝脏疾病，如球虫病。

症状和病变　剖检见骨骼肌、心肌颜色变淡或苍白。患兔表现强直、进行性肌肉无力。不爱运动，喜卧地，运动障碍，步态不稳，食欲减退甚至废绝。

2.胆碱缺乏症状

病因　蛋白质缺乏或质量较差导致本病。

症状和病变　进行性肌营养不良、肌无力。剖检见脂肪肝和肝硬化，腿肌萎缩，呈灰白色。

二十、黄染

（一）脂肪、肌肉、肾盂黄染

1.肝片吸虫病

病原　肝片吸虫。

症状和病变　剖检见肝脏胆管明显增粗，呈灰白色索状或结节状，突出于肝脏表面。严重感染时，可导致肝硬化，甚至会造成阻塞性黄疸。背部、臀部深部肌肉和肾盂黄染。

2.肝球虫病

病原　斯氏艾美尔球虫。

症状和病变　可见肝脏表面和实质内有许多白色或淡黄色结节，沿小胆管分布。严重感染的可引起肌肉和肾盂黄染。

（二）仅脂肪黄染

黄脂症

病因　具有遗传性。

症状和病变　黄脂纯合子家兔的肝脏缺乏叶黄素代谢所必需的酶，所以饲料中胡萝卜素类色素群在体内不断贮藏，造成黄脂。解剖仅见脂肪为黄色，颜色从淡黄到橘黄。颜色深浅是由饲料中胡萝卜素类色素群含量不同导致。

二十一、骨骼病变

1.放线菌病

病原　主要是牛放线菌。

症状和病变　本菌可侵袭下颌骨、鼻骨、足、附关节、腰椎骨，造成骨髓炎。周围软组织也形成化脓性炎症。下颌骨或其他部位骨骼肿胀，采食困难。

2.野兔热

病原　土拉热弗朗西斯菌。

症状和病变 剖检见淋巴结、肝、脾、肾肿大与化脓坏死结节形成。有的骨髓出现局部坏死灶。

二十二、脓肿病灶、肿块

1. 葡萄球菌病

病原 金黄色葡萄球菌。

症状和病变 皮下、肌肉和内脏器官均可发生脓肿。

2. 巴氏杆菌病

病原 多杀性巴氏杆菌。

症状和病变 临床表现为鼻炎。主要部位肺部和胸腔，表现为胸腔积脓，肺脓肿。

3. 波氏杆菌病

病原 支气管败血波氏杆菌。

症状和病变 临床表现为传染性鼻炎。主要病变为肺和肝脏脓疱，肾偶发，其他器官很少。

4. 铜绿假单胞菌病

病原 铜绿假单胞菌。

症状和病变 临床表现为腹泻，拉出褐色稀便。脓灶包膜及脓液呈黄绿色、蓝绿色或棕色（图3-65），有特殊气味。伴有出血性肠炎。

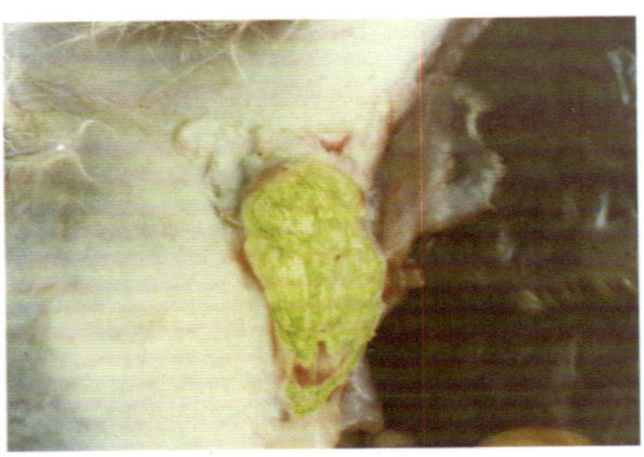

图3-65 脓肿脓液呈黄绿色

5. 坏死杆菌病

病原 坏死杆菌。

症状和病变 多数在口腔黏膜、齿龈、舌面、颈部和胸前皮下、肌肉坏死。淋巴结尤其是颌下淋巴结肿大，并有干酪样坏死病灶。坏死组织具有特殊臭味。

6. 肺炎克雷伯氏菌病

病原 克雷伯氏菌。

症状和病变 可见肺部或其他器官、皮下、肌肉有脓肿，脓液呈灰白色或白色。

7. 棒状杆菌病

病原　鼠棒状杆菌和化脓鼠棒状杆菌。

症状和病变　剖检见肺部和肾脏有小脓肿病灶。切开脓肿后流出淡黄色干酪样脓液。

8. 放线菌病

病原　主要是牛放线菌。

症状和病变　本菌可侵袭下颌骨、鼻骨、足、附关节、腰椎骨，造成骨髓炎。脓肿的脓汁无特殊的臭味，呈黏液样。脓汁内含干酪样颗粒，称为“硫黄颗粒”，手捏有颗粒感。

9. 连续多头蚴病

病原　连续多头蚴。

症状和病变　多数虫体包囊寄生于皮下或肌间结缔组织，其直径可达40～50毫米，有的可达网球大小，呈现相对自由活动的软肿特征。

10. 肿瘤病（子宫腺癌、成肾细胞瘤、淋巴肉瘤）

病因　病因不详，或与遗传等多种因素有关。

症状和病变　子宫腺癌剖检见子宫黏膜有一个或数个大小不等的肿瘤。瘤体多呈圆形，色淡红或灰红，质地坚实，后期在肺、肾等其他脏器可看到转移性的肿瘤；成肾细胞瘤肿瘤发生于一侧肾脏，也可见于两侧，呈圆形或结节状突出于肾皮质表面，质地均匀，有包膜，切面色灰红或灰白，均匀致密；淋巴肉瘤多处淋巴结肿大、色灰白，消化道的淋巴滤泡和淋巴结明显肿大。

对于临床症状、病理解剖尚不能进行鉴别的疾病，必须进行实验室诊断，内容包括细菌学检查、病毒鉴别、寄生虫检测和毒物检测等。该部分详见相关书籍。

（曹亮）

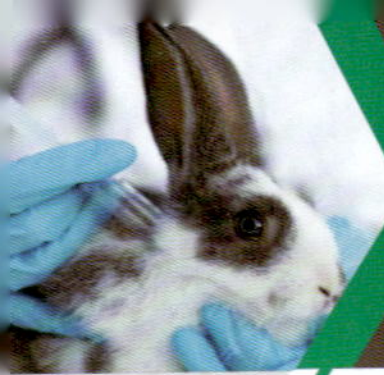

第四章 兔病治疗技术

第一节 家兔保定方法

治疗时，首先要对家兔进行保定，保定家兔的方法主要有以下几种。

一、徒手保定法

方法一：一手连同两耳将颈肩部皮肤大把抓起，另一手托起或抓住臀部皮肤和尾部即可（图4-1），并可使腹部向上，适合于眼、腹、乳房、四肢等部位疾病的诊治。

方法二：保定者抓住兔的颈部背侧及背部皮肤，将其放在检查台上或桌子上，两手抱住兔头，拇指、食指固定住耳根部，其余三指压住前肢，即可达到保定的目的（图4-2）。适用于静脉注射、采血等操作。

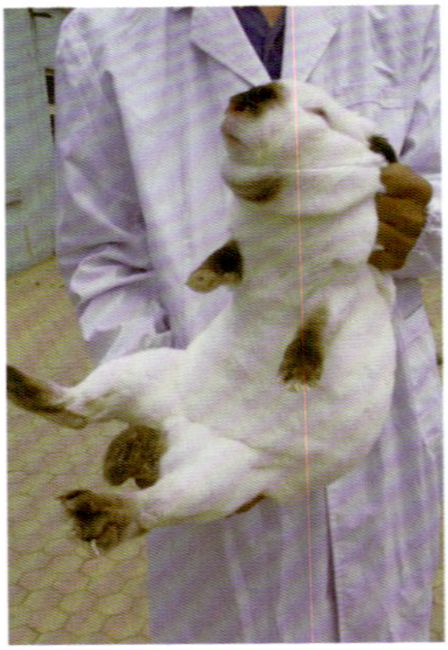

图4-1 家兔徒手保定法一

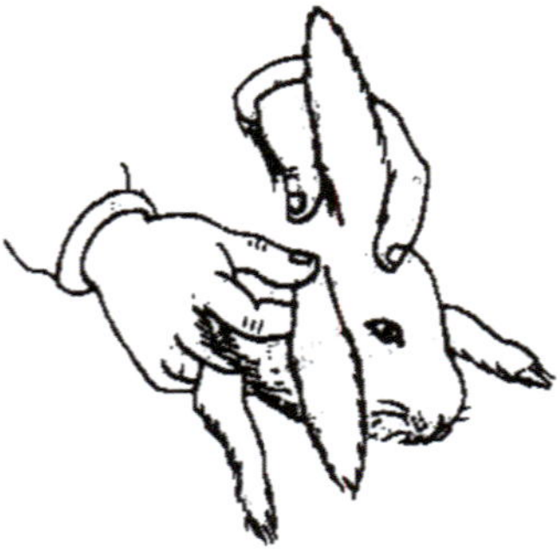

图4-2 家兔徒手保定法二

二、手术台保定

将兔四肢分开，仰卧于手术台上，然后分别固定头和四肢（图4-3）。适用于兔的阉割术、乳房疾病治疗和剖宫产等腹部手术。

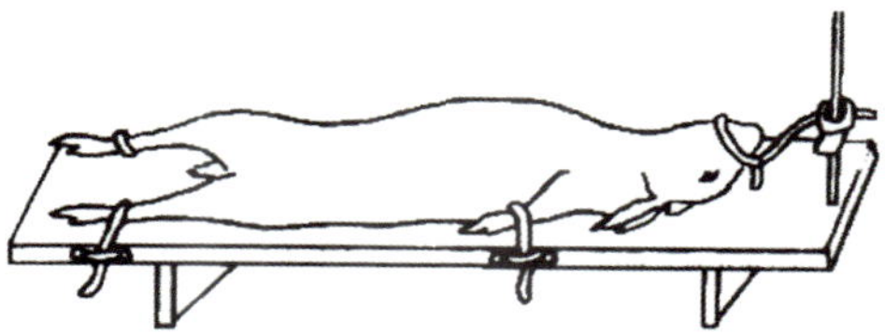

图4-3　兔的手术台保定

三、保定盒、保定箱保定

1.保定盒保定

保定时，开启后盖，将兔头向内放入，待兔头从前端内套中伸出后，调节内套使之正好卡住兔头不能缩回筒内为宜，装好后盖（图4-4）。

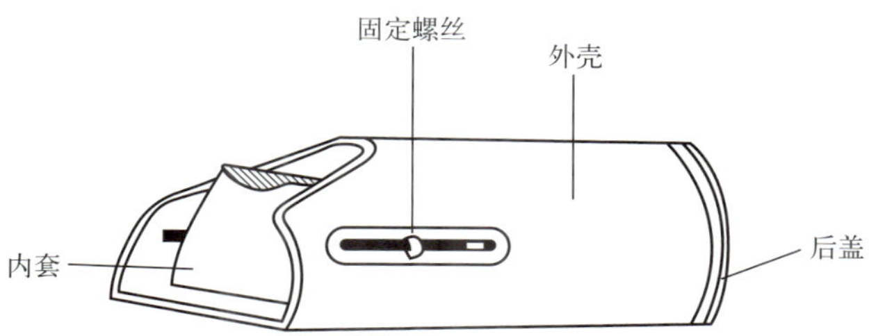

图4-4　兔保定盒结构

2.保定箱保定

保定箱分箱体和箱盖两部分，箱盖上挖有一个半圆形缺口，将兔放入箱内，拉出兔头，盖上箱盖，使兔头卡在箱外（图4-5）。此法适用于治疗头部疾病、耳静脉输液、灌药等。

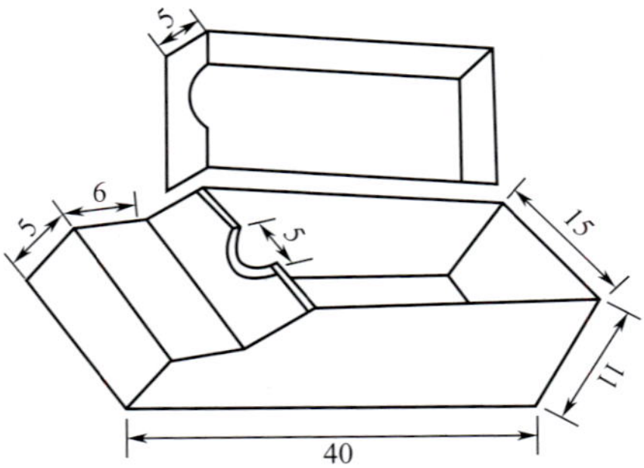

图4-5 保定箱（单位：厘米）

四、化学保定法

主要是应用镇静剂和肌松剂，如静松灵、戊巴比妥钠等使家兔安静，无力挣扎，剂量按说明使用。

第二节 兔给药方法

根据家兔的疾病种类，采用适宜的给药方法，可以提高治疗效果。

一、口服给药

1.自由采食法

适用于毒性小、适口性好、无不良异味的药物，或兔患病较轻、尚有食欲或饮欲时。

（1）方法 把药混于饲料或饮水中。混于饮水中的药物应易溶于水。

（2）注意事项 药物必须均匀地混于饲料或饮水中。本法多用于大群预防性给药或驱虫。

2.灌服法

适用于药量小、有异味的片（丸）剂药物，或食欲废绝的病兔。

（1）方法　片剂药物要先研成粉状，把药物放入药匙内，一手抓住耳部及颈部皮肤把兔提起，另一手用药匙从一侧口角把药放入嘴内，取出药匙，让兔自由咀嚼后再把兔放下（图4-6）。如果药量较多，药物放入嘴内后再灌少量饮水。如果是水剂可用注射器（针头取掉）从口角一侧慢慢把药挤进口腔。

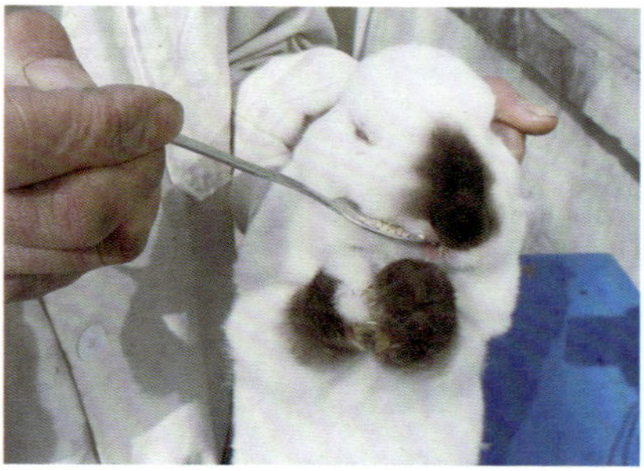

图4-6　灌服用药

（2）注意事项　服药时要观察兔吞咽与否，不能强行灌服，否则易灌入气管内，造成异物性肺炎。

3. 胃管给服法

灌服有异味、毒性较大的药品或病兔拒食时采用此法。

（1）方法　由助手保定兔并固定好头部，用开口器（木或竹制，长10厘米，宽1.8～2.2厘米，厚0.5厘米，正中开一比胃管稍大的小圆孔，直径约0.6厘米）使口腔张开，然后将胃管（或人用导尿管）涂上润滑油，使胃管穿过开口器上的小孔，缓缓向口腔咽部插入（图4-7）。当兔有吞咽动作时，趁其吞咽，及时把胃管插入食管，并继续插入胃内。

图4-7　胃管给服法

（2）注意事项　插入正确时，兔不挣扎，无呼吸困难表现。将胃管一端插入水中，未见气泡出现，即表明胃管已插入胃中，此时将药液灌入。如误插气管，则应迅速拔出重插，否则会造成异物性肺炎。

二、注射给药

1. 皮下注射

主要用于疫苗注射和无刺激性或刺激性较小的药物。

（1）部位　多在耳部后颈部皮肤处。

（2）方法　注射部位用70%乙醇棉球消毒。用左手拇指和食指捏起皮肤，右手持针斜向将针头刺入，缓缓注入药液（图4-8）。注射结束后将针头拔出，用乙醇棉球按压消毒。

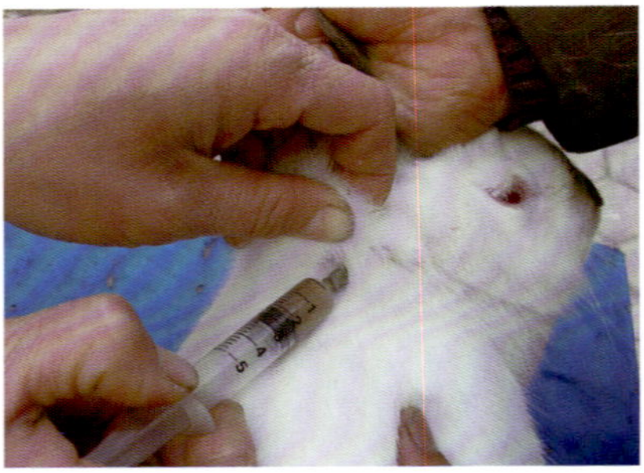

图4-8　皮下注射

（3）注意事项　宜用短针头，以防刺入肌肉内。如果注射正确，可见局部隆起。

2. 肌内注射

适用于多种药物，但不适用于强刺激性药物（如氯化钙等）。

（1）部位　多选在臀肌和大腿部肌肉。

（2）方法　注射部位用70%乙醇棉球消毒。把针头刺入肌肉内，回抽无回血后，缓缓注入药物（图4-9）。拔出针头，用乙醇棉球按压消毒。

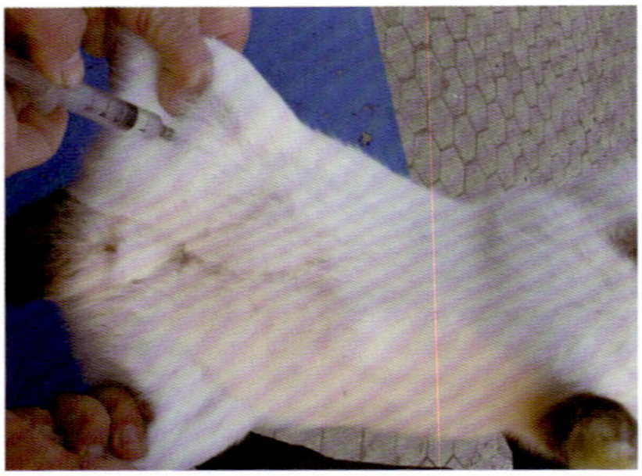

图4-9　大腿内侧肌内注射

（3）注意事项　一定要保定好兔子，防止兔子乱动，以免针头在肌肉内移动伤及大血管、神经和骨骼。

3. 静脉注射

适用于刺激性强、不宜做皮下或肌内注射的药物，或多用于病情严重时的补液。

（1）部位　一般在耳静脉进行。

（2）方法　先把刺入部位毛拔掉，用70%乙醇棉球消毒，静脉不明显时，可用手指弹击耳壳数下或用酒精反复涂擦刺激静脉处皮肤，直至静脉充血怒张，立即用左手拇指与无名指及小指相对，捏住耳尖部，针头沿着耳静脉刺入，缓缓注射药物（图4-10）。拔出针头，用乙醇棉球按压注射部位1～2分钟，以免流血。

（3）注意事项　一定要排净注射器内的气泡，否则兔只会因栓塞而死。第一次注射先从耳尖的静脉部开始，以免影响以后刺针；油类药剂不能静注；注射钙剂要缓慢；药量多时要加温。

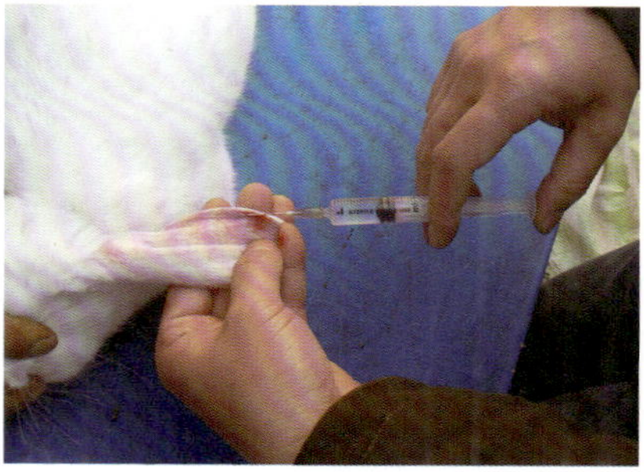

图4-10　静脉注射

4.腹腔内注射

多在静脉注射困难或家兔心力衰竭时选用。

（1）部位　部位选在脐后部腹底壁、偏腹中线左侧3毫米处。

（2）方法　注射部位剪毛后消毒，抬高家兔后躯，对着脊柱方向，针头呈60°刺入腹腔，回抽活塞不见气泡、液体、血液和肠内容物后注药（图4-11）。刺针不宜过深，以免伤及内脏。怀疑肝、肾或脾肿大时，要特别小心。

（3）注意事项　注射最好是在兔胃、膀胱空虚时进行。

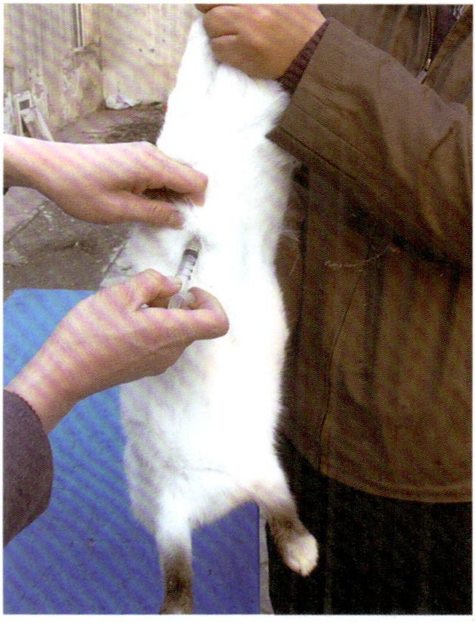

图4-11　腹腔内注射

一次补液量为50~300毫升，但药液不能有较强刺激性。针头长度一般以2.5厘米为宜。药液温度应与兔体温相近。

三、灌肠

发生便秘、毛球病或口服给药效果不好时，可选用灌肠。

（1）方法　一人使兔蹲卧在桌上保定，提起尾巴，露出肛门，另一人将橡胶管或人用导尿管涂上凡士林或液体石蜡后，将导管缓缓自肛门插入，深度7~10厘米。最后将装有药液的注射器与导管连接，即可灌注药液（图4-12）。灌注后使导管在肛门内停留3分钟左右，然后拔出。

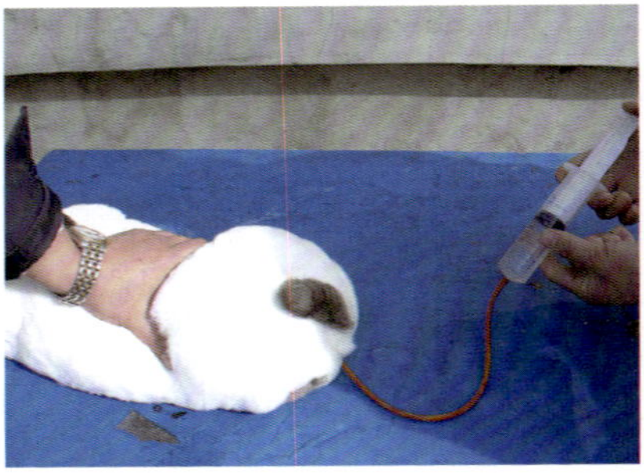

图4-12　灌肠

（2）注意事项　药液温度应接近兔体温。

四、局部给药

1.点眼

适用于结膜炎症，可将药液滴入眼结膜囊内。如为眼膏，则将药物挤入眼结膜囊内。眼药水滴入后不要立即松开手，否则药液会被挤压并经鼻泪管开口而流失。一般每隔2~4 h点眼1次。

2.涂擦

用药物的溶液剂和软膏剂涂在皮肤或黏膜上，主要用于皮肤、黏膜的感染及螨病、毛癣菌病等治疗。

3.冲洗

用药物的溶液冲洗皮肤和黏膜，以治疗局部的创伤和感染。如结膜炎的冲洗，鼻腔及口腔黏膜的冲洗、皮肤化脓创伤的冲洗等。常用的有生理盐水和0.1%高锰酸钾溶液等。

第三节　兔用药剂量和用药原则

一、用药剂量

家兔常用药物的剂量可依据药物使用说明进行确定。

兔病用药与人病用药有许多相似之处，确定家兔药物用量时和人病用药一样，一般按体重计算。家兔体重是人体重的1/20，理论上用药量也应该是人用药量的1/20，但家兔是草食动物，实际上口服药物的剂量应适当大一些。如果成年人用药量为1，则家兔口服药量为1/6 ~ 1/3。同一药物因投药方法不同，药物被吸收的速度也不同，因此应该用不同的剂量。如果以口服为标准，各种投药方法的剂量比例：口服为1，灌肠为1.5，皮下注射为1/3 ~ 1/2，肌内注射为1/4 ~ 1/3，静脉注射为1/4。

二、用药应遵循的基本原则

1.宜早不宜迟

家兔属小型动物，对多数疾病的耐受能力较差，发病后一般病程较短，死亡较急。一般由细菌或病毒所致的疾病，在出现症状后4小时内用药治疗的治愈率要比超过4小时之后投药施治的治愈率高出2倍以上。延迟给药，即便是最终治愈的病兔，除了使用药品较多、加大治疗费用开支外，对其预后生产性能的恢复或发挥往往产生较多不良影响。因此，要及时了解群体和个体健康水平，一旦发现家兔患病，及时诊断，及早用药。

2.宜足不宜少

家兔疾病治疗时用药的剂量对疗效影响重大。一般应按正常治疗量的上限用药，不要取下限，特别是首次用药时，某些药物如磺胺类药物，往往还要加量。

3.宜速不宜缓

不同剂型、不同给药方式，药物在体内发生作用的快慢和持续时间不同。凡用于治疗的药物，应争取使其尽快产生治疗作用。在不违背药物使用禁忌的情况下，应首先选用对兔产生作用最快的剂型和用药方法。

4.宜复不宜单

即宜用复合制剂或联合用药，而不主张单独使用某一种药物。一种药物一般很难同时具备多种功效，即使某些药物同时具有多种作用，但这些作用在治疗某种疾病时并非都起治疗作用，而可能产生副作用。因此，在治疗病兔时提倡复方配伍用药。

5.宜温不宜凉

给病兔用药每只每次用药量超过5毫升时，一般应将药液预热至接近体温（38℃左右），尤其是在冬季注射给药时，或是对幼小仔兔用药时，更应注意。

6.以料代药

俗话说："药补不如食补""是药三分毒"。因此，对一些症状轻微的病兔，能以食物代替药物进行防治的就不要随便使用药物，以避免药物的毒副作用和因滥用药物而造成的药害。

（刘华栋　王国艳　赵瑞生　黄淑芳）

第五章
家兔主要疾病的防控技术

家兔的疾病种类很多，但生产实践中发生率较高、危害较为严重的家兔疾病不多，本章对家兔主要疾病防控技术进行较为详细的阐述。根据本地区兔病流行特点制定本兔场兔群免疫程序，并严格执行，对保障兔群健康极为重要。

第一节　家兔常见疾病防控技术

本节对家兔主要疾病病原（病因）、流行特点（发病特点）、临床症状、剖检特点、诊断要点、预防措施和治疗等进行详细的阐述，旨在为兔群科学防控疾病提供支持。

一、兔病毒性出血症

兔病毒性出血症俗称兔瘟、兔出血症，是由兔病毒性出血症病毒引起的一种急性、高度致死性传染病，对养兔生产危害极大。特征是生前体温升高，死后呈明显的全身性出血和实质器官变性、坏死。

2010年，法国出现一种与传统兔瘟病毒在抗原形态和遗传特性方面存在差异的兔瘟2型病毒，被命名为2型兔瘟。2020年4月该病型在我国四川首次被发现，死亡率达73.3%。

【病原】兔出血性病毒（RHDV），属杯状病毒，具有独特的形态结构。该病毒具有凝集红细胞的能力，特别是人的O型红细胞。法国出现的新的病毒变体被命名为RHDV2。

【流行特点】本病自然感染只发生于兔，其他畜禽不会染病。各类型兔中以毛用兔最为易感，獭兔、肉兔次之。同龄公母兔的易感性无明显差异。但不同年龄家兔的易感性差异很大。青年兔和成年兔的发病率较高，但近年来，发病年龄呈现低龄化的趋势。一年四季均可发生，但春、秋两季更易流行。病兔、死兔和隐性传染兔为主要传染源，呼吸道、消化道、伤口和黏膜为主要传染途径。此外，新疫区比老疫区病兔死亡率高。

与传统兔瘟相比，RHDV2感染宿主范围更广，包括家兔和欧洲野兔（CapeHares品种），跨物种感染。发病死亡年龄较小，未断奶的仔兔易发生。死亡率达5% ~ 70%。

【临床症状和病理变化】

兔瘟：最急性病例突然抽搐尖叫几声后猝死，有的吃着草而突然死亡。急性病例体温升到41℃以上，精神萎靡，不喜动，食欲减退或废绝，饮水增多，病程12 ~ 48 h，死前表现呼吸急促，兴奋，挣扎，狂奔，啃咬兔笼，全身颤抖，体温突然下降。有的尖叫几声后死亡，尸体僵直，有的鼻孔流出泡沫状血液，有的口腔或耳内流出红色泡沫样液体（图5-1 ~ 图5-3）。肛门松弛，周围被少量淡黄色或淡黄色胶样物沾污（图5-4）。慢性病例少数可耐过、康复。

剖检见气管内充满血样液体，黏膜出血，呈明显的气管环（图5-5）。肺充血、有点状出血（图5-6）。胸腺、心外膜、胃浆膜、肾、淋巴结、肠浆膜等组织器官均明显出血，实质器官变性（图5-7 ~ 图5-14）。脾淤血肿大（图5-15）。肝肿大、有出血点，有

图5-1　尸体四肢僵直

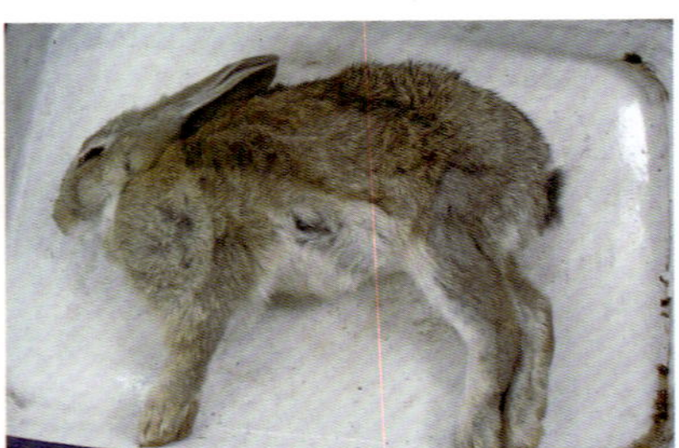

图5-2　四肢僵直

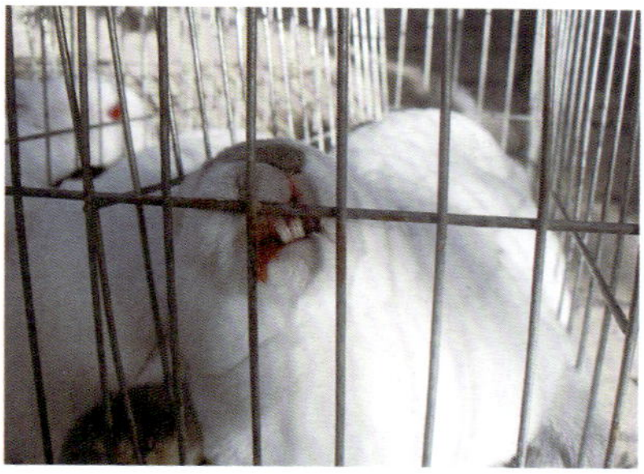

图 5-3　鼻腔内流出血样泡沫液体

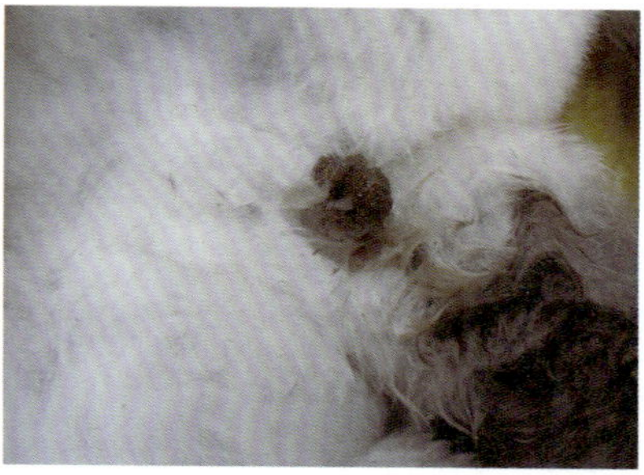

图 5-4　病兔排出粪便附着白色黏液

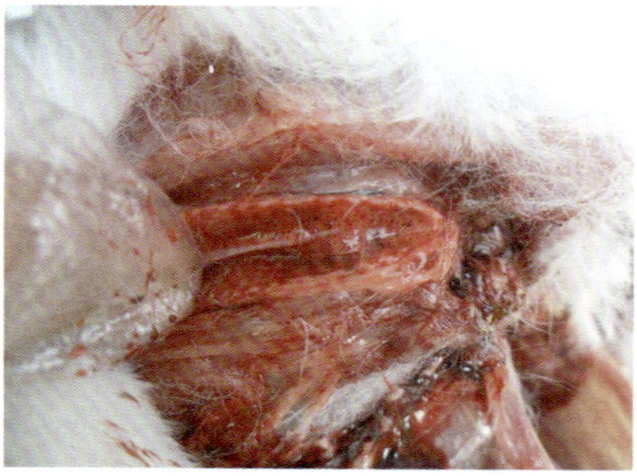

图 5-5　气管内充满血液样泡沫

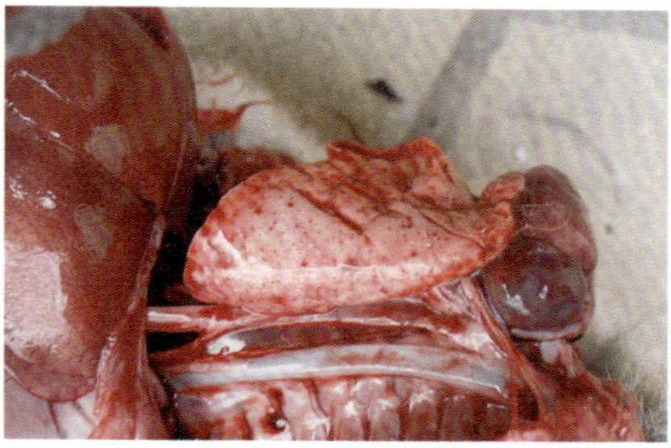

图 5-6　肺上有鲜红的出血斑点

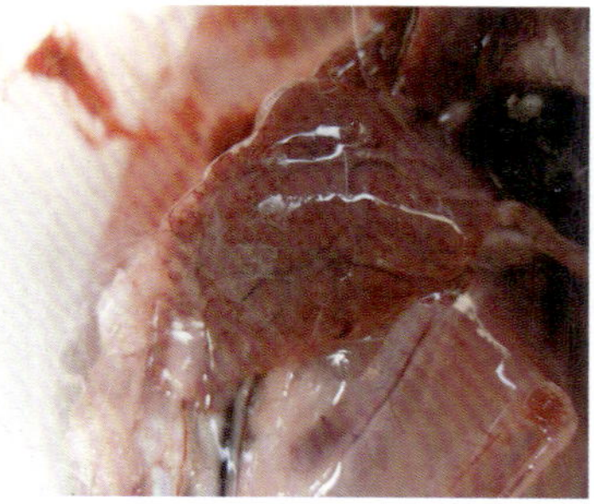

图 5-7　胸腺水肿有大量的出血斑点

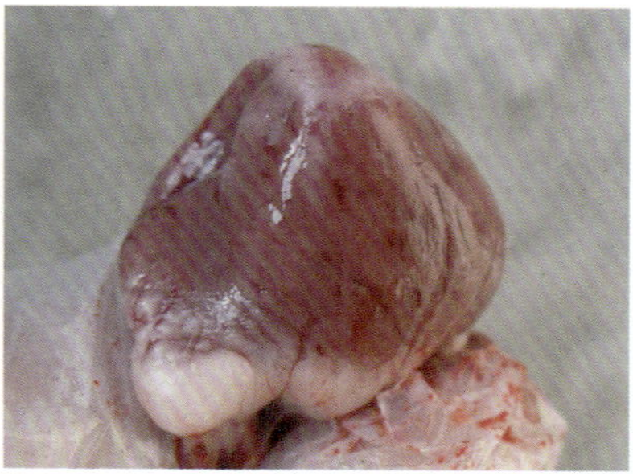

图 5-8　心外膜出血

图5-9 胃浆膜散在大量出血点

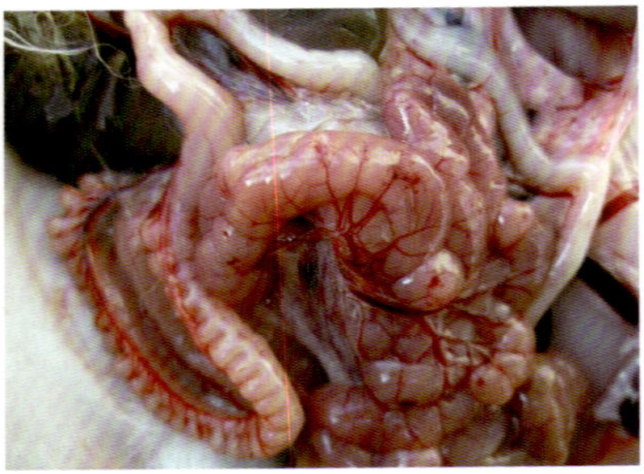

图5-10 小肠浆膜出血

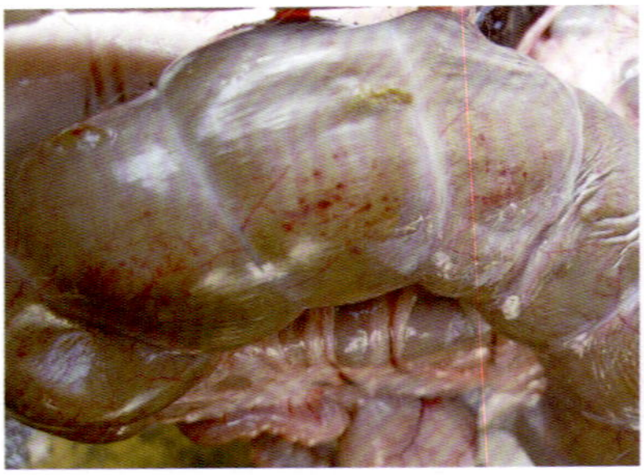

图5-11 盲肠浆膜出血

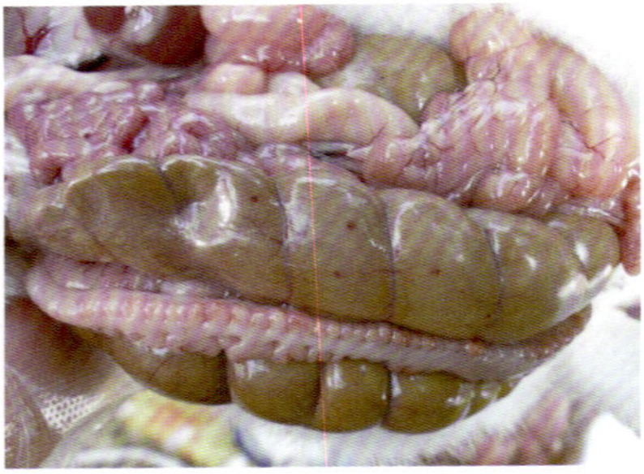

图5-12 盲肠出血点

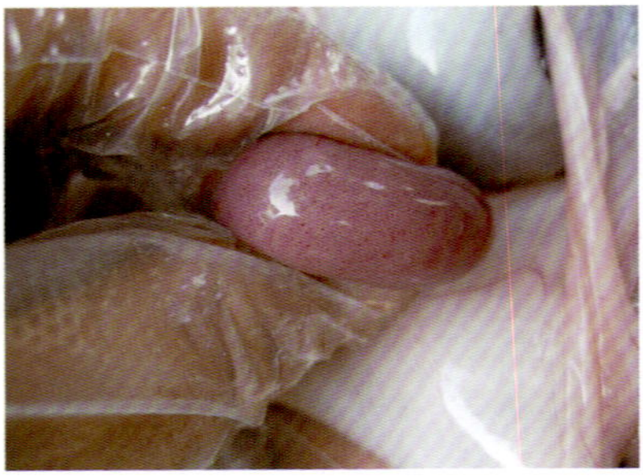

图5-13 肾点状出血

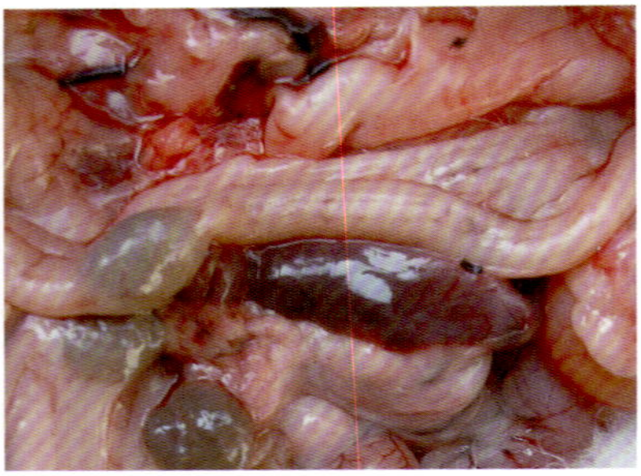

图5-14 直肠浆膜有出血斑点

的呈花白状，胆囊肿大（图5-16、图5-17）。膀胱积尿，充满黄褐色尿液（图5-18）。脑膜血管充血怒张并有出血斑点。组织检查，肺、肾等器官发现微血管形成，肝肾等实质器官细胞明显坏死。

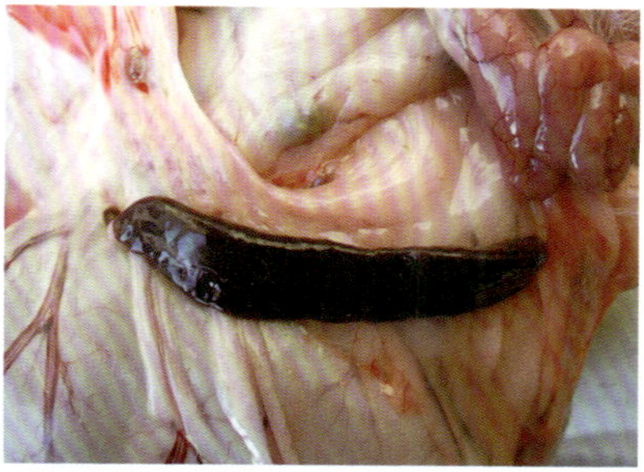

图5-15　脾淤血肿大且呈黑紫色

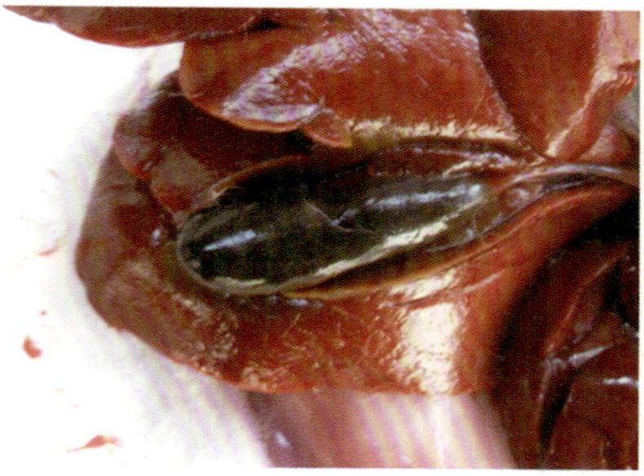

图5-16　胆囊肿大

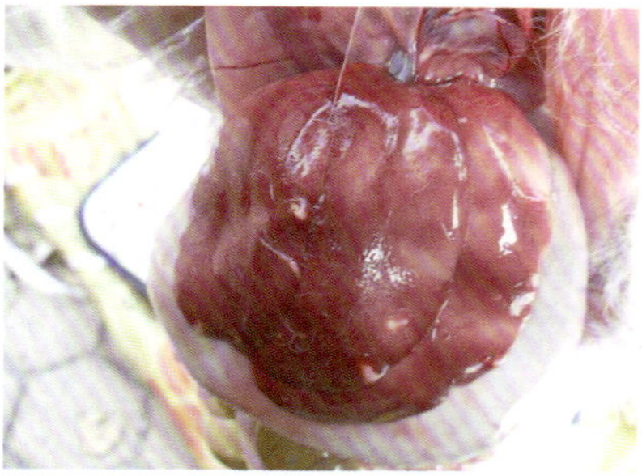

图5-17　花白肝且有出血点

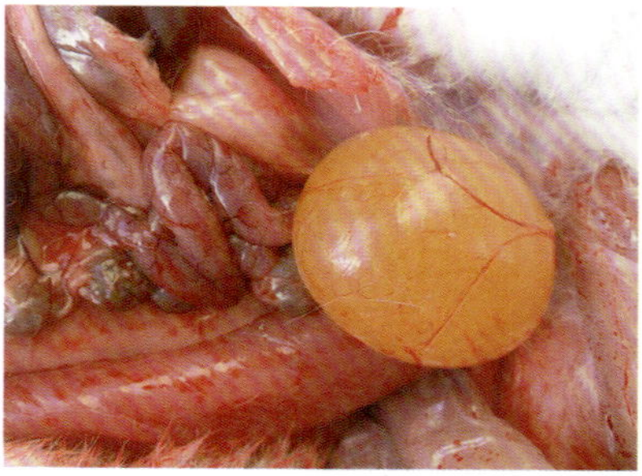

图5-18　膀胱内充满尿液

2型兔瘟：多表现亚急性或慢性感染。多数出现黄疸，特别是皮下。剖检以实质器官出血、淤血为主要特征。心脏、气管、胸腺、肺、肝脏、肾脏、胃和肠道等多处有出血现象。常见胸腔和腹腔有大量血液样渗出物，凝集成块；肝肿大、灰白或变黄，并伴有黄疸；肺脏、肾脏出血；气管充血、出血；小肠肠道绒毛有局灶性坏死，膀胱充盈、积尿（图5-19～图5-22）。

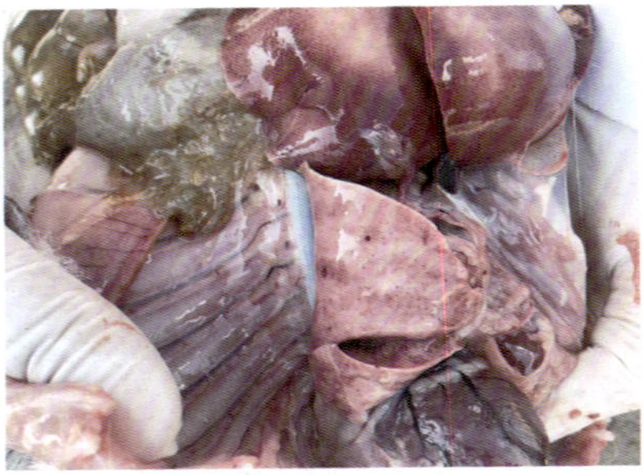

图5-19　肺有大量出血斑点

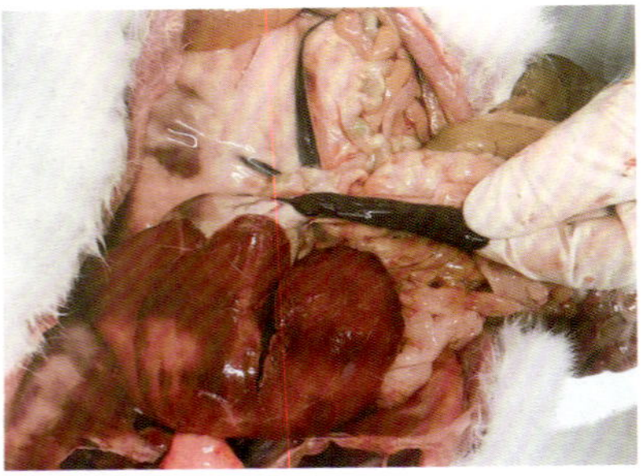

图5-20　肝脏肿大变黄

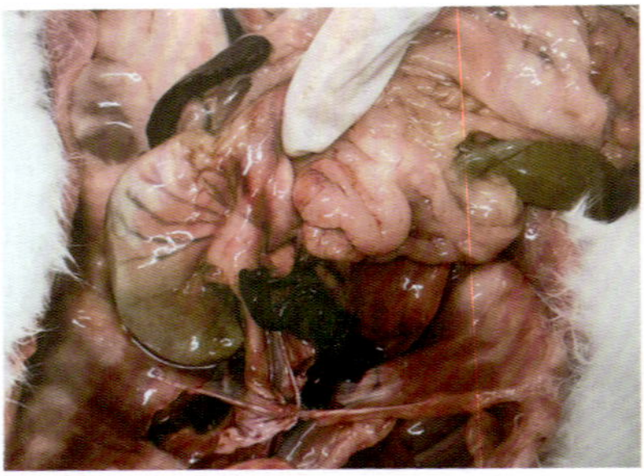

图5-21　腹腔出血且凝集成块

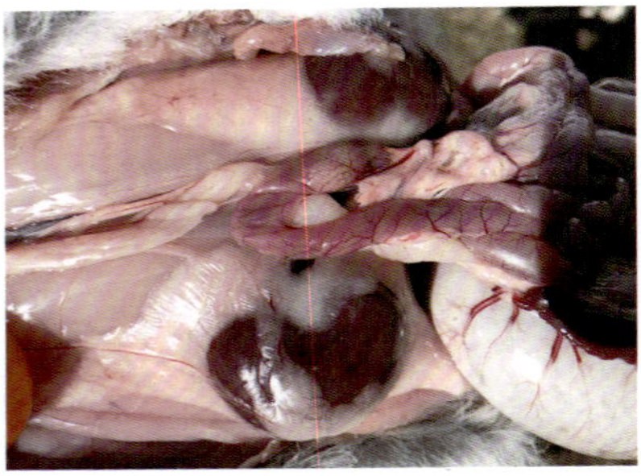

图5-22　肾脏有出血点

【诊断要点】 ①青年兔与成年兔的发病率、死亡率高。月龄越小发病越少，仔兔一般不感染。一年四季均可发生，多流行于春、秋季；②主要呈全身败血性变化，以多发性出血最为明显；③确诊需做病毒检查鉴定、血凝试验和血凝抑制试验。RHDV2的确诊须作RT-PCR以及荧光定量RT-PCR试验。

【预防】

兔瘟的预防:

(1) 定期免疫接种。定期注射兔瘟疫苗。35日龄用兔瘟单联苗或兔瘟-巴氏杆菌二联苗，每只皮下注射1～2毫升。60～65日龄时加强免疫一次，皮下注射1毫升。以后每隔5.5～6个月注射1次。

（2）禁止从疫区购兔。

（3）严禁收购肉兔、兔毛、兔皮等的商贩进入兔群。

（4）做好病死兔的无害化处理。病死兔要深埋或焚烧，不得乱扔。使用的一切用具、排泄物均须经1%氢氧化钠溶液消毒。

2型兔瘟的预防：

（1）做好兔群生物安全工作。严禁从患有该病的兔场引种；严禁兔商贩进入生产区。

（2）定期注射2型兔瘟疫苗。据悉，农业农村部畜牧兽医局、农业农村部兽药评审中心已经批准江苏省农业科学院兽医研究所联系生物制品企业开始兔出血症病毒1型、2型二价杆状病毒载体灭活疫苗（BAC-WF株+BAC-SC株）和兔出血症1型、2型二价灭活疫苗（WF/2007+SC2020/04）的应急性生产，用于防控2型兔瘟。

【治疗方案】目前本病无特效治疗药物。若兔群发生兔瘟，可采取下列措施。

[方1] 抗兔瘟高免血清：一般在发病后尚未出现高热症状时使用。使用方法为用4毫升高免血清，1次皮下注射即可。在注射血清后7～10日，仍需再及时注射兔瘟疫苗。

[方2] 紧急注射兔瘟疫苗：若无高免血清，应对未表现临诊症状兔进行兔瘟疫苗紧急接种，剂量4～5倍，一兔用一针头。但注射后短期内兔群死亡率可能有升高的情况。

二、兔传染性水疱口炎

兔传染性水疱口炎俗称流涎病，是由水疱口炎病毒引起的一种急性传染病。其特征是口腔黏膜形成水疱和伴有大量流涎。发病率和死亡率较高，幼兔死亡率可达50%。

【病原】兔传染性水疱口炎病毒，主要存在于病兔的水疱液、水疱及局部淋巴结中。

【流行特点】病兔是主要的传染源。病毒随被污染的饲料或饮水经口、唇、齿龈和口腔黏膜而侵入，吸血昆虫的叮咬也可传播本病。饲养管理不当，饲喂发霉变质或带刺的饲料，引起黏膜损伤，更易感染。本病多发于春、秋季，主要侵害1～3月龄的仔幼兔，青年兔、成兔发病率较低。

【临床症状和病理变化】口腔黏膜发生水疱性炎症，并伴随大量流涎（图5-23）。病初体温正常或升高，口腔黏膜潮红、充血，随后出现粟粒至扁豆大的水疱。水疱破溃后形成溃疡（图5-24）。流涎使颌下、胸前和前肢被毛粘成一片，发生炎症、脱毛。如继发细菌性感染，常引起唇、舌、口腔黏膜坏死，出现恶臭。患兔食欲下降或废绝，精神沉郁，消化不良，常发生腹泻，日渐消瘦，虚弱或死亡。幼兔死亡率高，青年兔、成年兔较低。

图5-23　病兔大量流涎

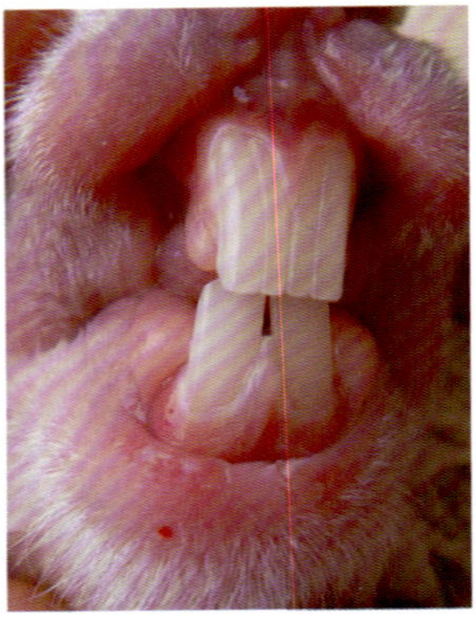

图5-24　下唇和齿龈黏膜有不规则的溃疡

【诊断要点】根据流行病学资料（主要危害1～3月龄的幼兔，其中断奶1～2周龄的幼兔最常见，成年兔发病少，本病常发生于春、秋季）、症状（大量流涎）和病变（口腔黏膜的结节、水疱与溃疡）可做出诊断；必要时作病毒鉴定。

注意本病与一般性口炎的鉴别。后者主要是由机械性刺激引起的，如含有带刺的饲草、异物（如铁钉和铁丝等）都能直接损伤口腔黏膜。误食化学药物、有毒植物，或采食霉败饲料等，均可引发口炎。其中，中毒引起的口炎具有如下特征：有误食染毒饲料或用药错误病史；群发；体温不升高；残剩饲料和胃内容物中可检出相应的毒物。

【预防】经常检查饲料质量，严禁用粗糙、带芒刺饲草饲喂幼兔。发现流口水兔，及时隔离治疗，并对兔笼、用具等用2%氢氧化钠溶液消毒。

【治疗方案】

[方1] 据笔者实践，可用青霉素粉剂涂于口腔内，剂量以火柴头大小为宜，一般一次可治愈。但剂量大时易引起兔死亡。

[方2] 先用防腐消毒液（如1%盐水或0.1%高锰酸钾溶液等）冲洗口腔，然后涂擦碘甘油、明矾与少量白糖的混合剂，每天2次。

[方3]全身治疗。内服磺胺二甲嘧啶，0.2 ~ 0.5克/千克体重，每天1次，连服数日。对可疑病兔喂服磺胺二甲嘧啶，剂量减半。

三、巴氏杆菌病

巴氏杆菌病是家兔的一种重要常见传染病，临诊病型多种多样。

【病原】多杀性巴氏杆菌为革兰氏阴性菌，两端钝圆、细小，呈卵圆形的短杆状。菌体两端着色深，但培养物涂片染色两极着色则不够明显。

【流行特点】多发生于春秋两季，常呈散发或地方性流行。多数家兔鼻腔黏膜带有巴氏杆菌，但不表现临床症状。在各种因素（如长途运输、过分拥挤、饲养管理不良、空气质量不良、气温突变、疾病等）应激作用下，机体抵抗力下降，存在于上呼吸道黏膜以及扁桃体内的巴氏杆菌则大量繁殖，侵入下部呼吸道，引起肺脏病变，或由于毒力增强而引起本病的发生。呼吸道、消化道或皮肤、黏膜伤口为主要传染途径。

【临床症状和病理变化】临诊病型多种多样，主要有败血型、肺炎型和生殖系统感染型，此外还有中耳炎型、结膜炎型和脓肿型等。

败血型：急性时精神萎靡，停食，呼吸急促，体温达41℃以上，鼻腔流出浆液、脓性鼻涕。死前体温下降，四肢抽搐。病程短的24小时内死亡，长的1～3天死亡。流行之初有不显症状而突然死亡病例。剖检见全身性多个器官充血、淤血、出血和坏死（图5-25～图5-29）。该型可单独发生或继发于其他任何一型巴氏杆菌病，但最多见于鼻炎型和肺炎型之后，此时可同时见到其他型的症状和病变。

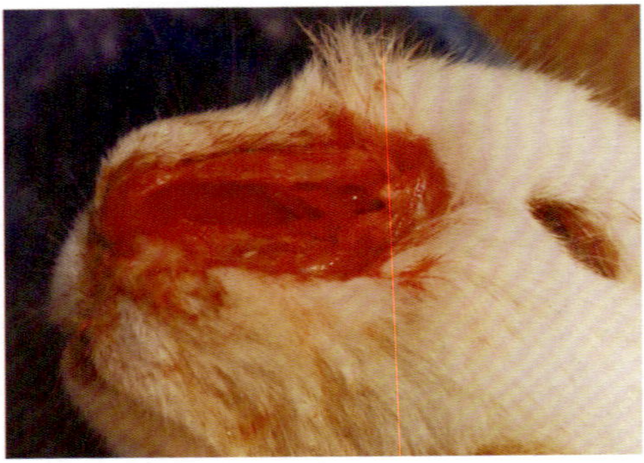

图5-25　鼻腔黏膜充血、出血、水肿

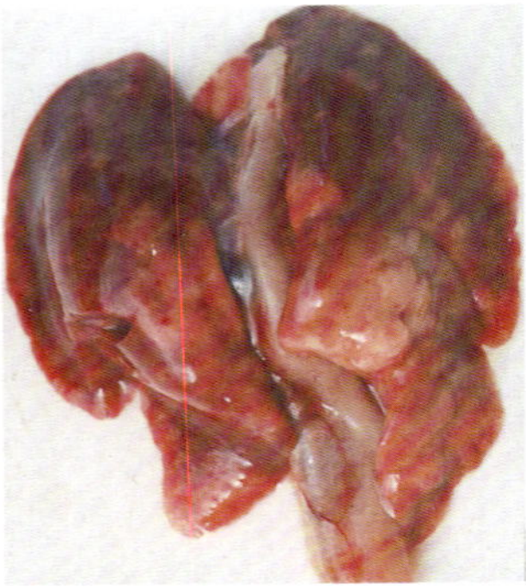

图5-26　肺充血、水肿且有大小不等的出血斑点

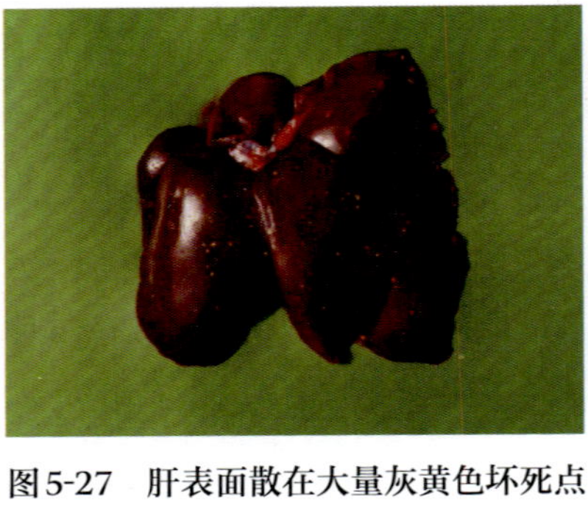

图5-27　肝表面散在大量灰黄色坏死点

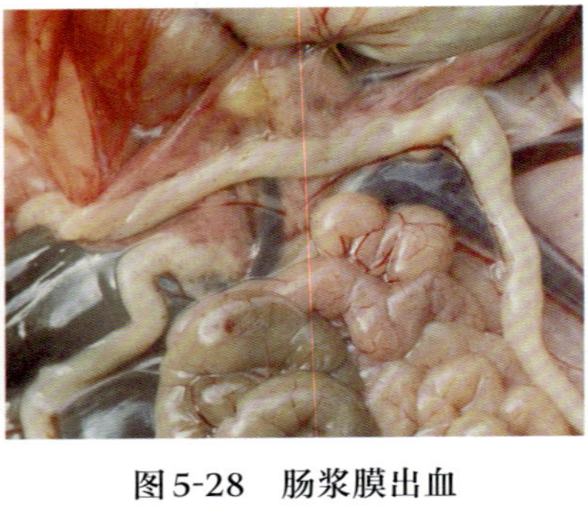

图5-28　肠浆膜出血

肺炎型：急性纤维素性化脓性肺炎和胸膜炎，并常导致败血症。病初食欲缺乏，精神沉郁，主要症状为呼吸困难（图5-30、图5-31）。多数病例出现头向上仰、张口呼吸时则迅速死亡。剖检见肺实变、纤维素性肺炎、化脓性肺炎和坏死性肺炎以及纤维素性胸膜炎、胸腔积脓、心包膜有出血点（图5-32～图5-37）等。

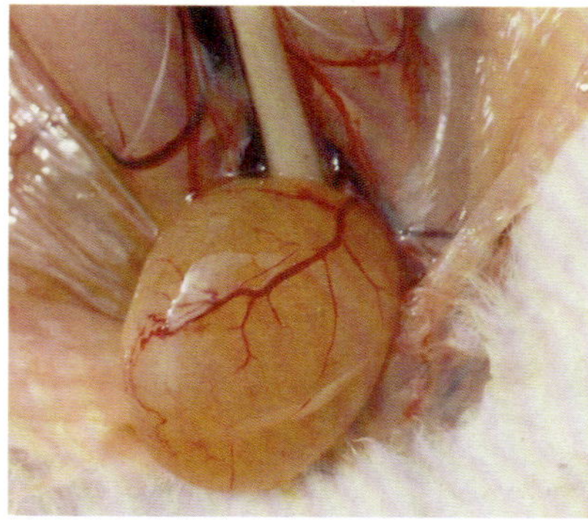

图5-29　直肠浆膜有出血点

图5-30　鼻腔有黏性分泌物且呼吸困难

图5-31　患兔呼吸困难

图5-32　胸腔内积有大量白色脓液

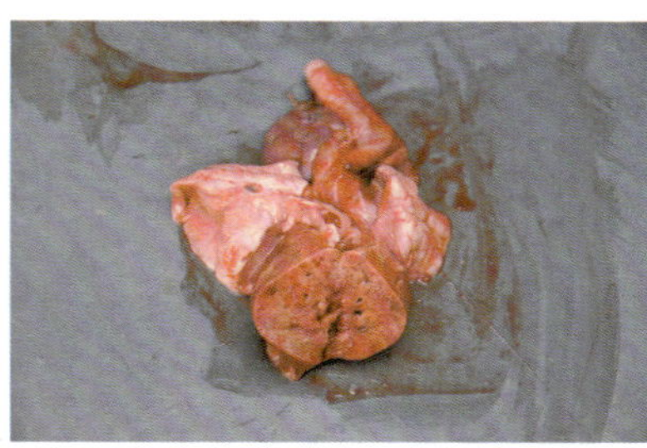

图5-33　肺脏大面积红色肝变

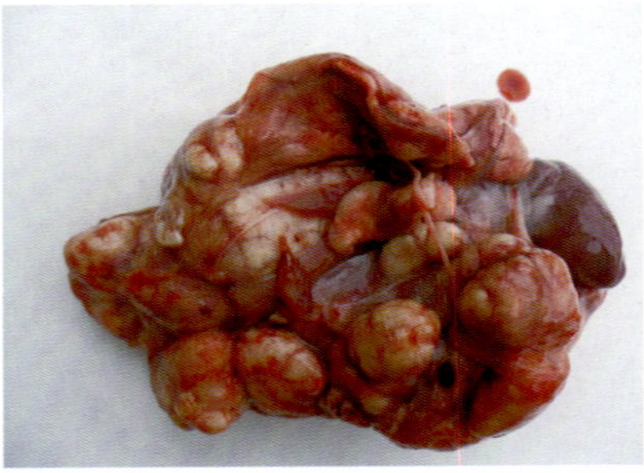

图5-34 化脓性肺炎

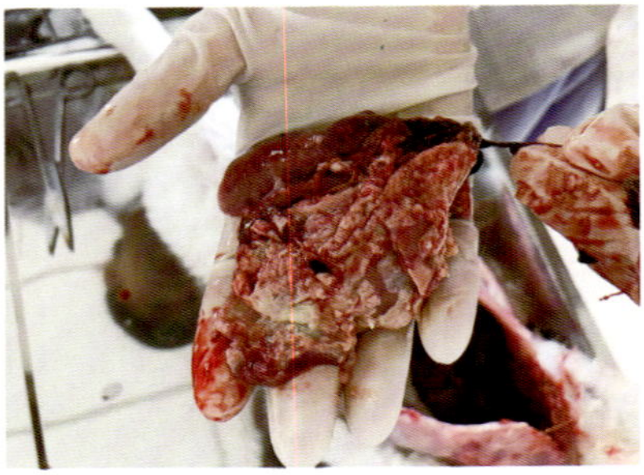

图5-35 纤维素性肺炎

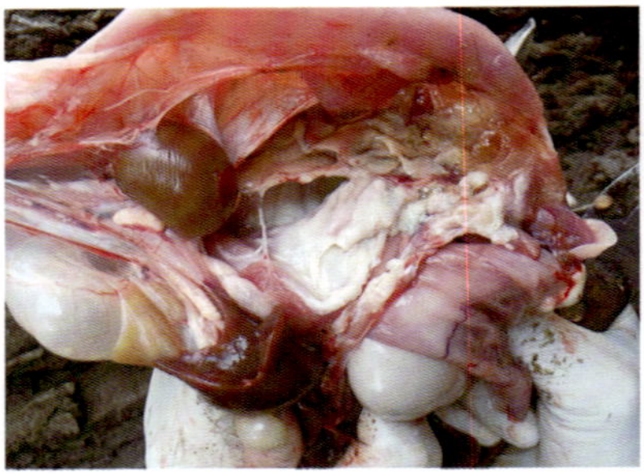

图5-36 胸腔内充满白色脓液

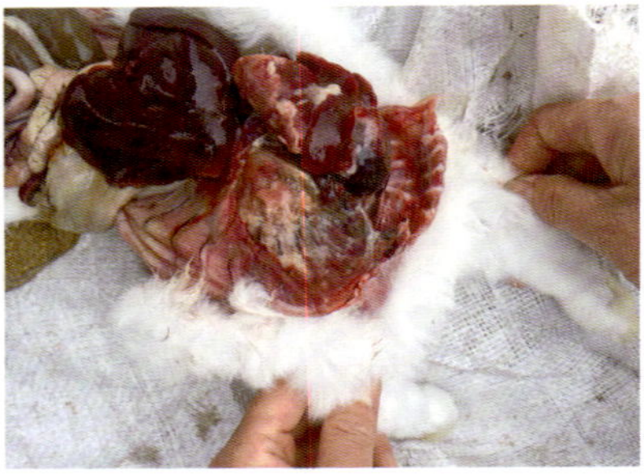

图5-37 纤维素性胸膜炎

生殖系统感染型：母兔感染时无明显症状，或表现为不孕并有黏液性脓性分泌物从阴道流出（图5-38）。子宫扩张，黏膜充血，内有脓性渗出物（图5-39）。公兔感染初期附睾出现病变，随后一侧或两侧的睾丸肿大，质地坚实，有的发生脓肿，有的阴茎有脓肿（图5-40）。

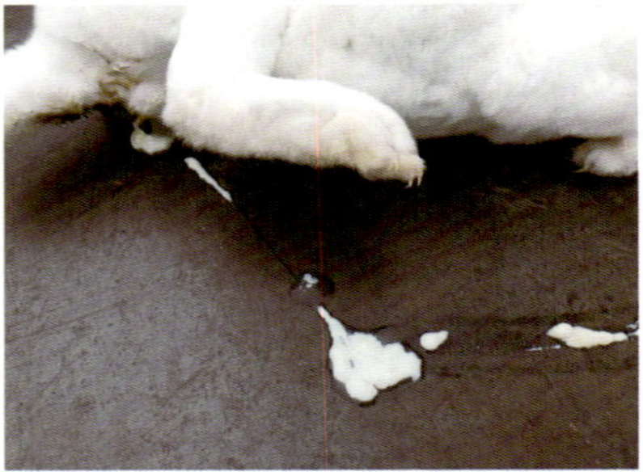

图5-38 阴道流出白色脓液

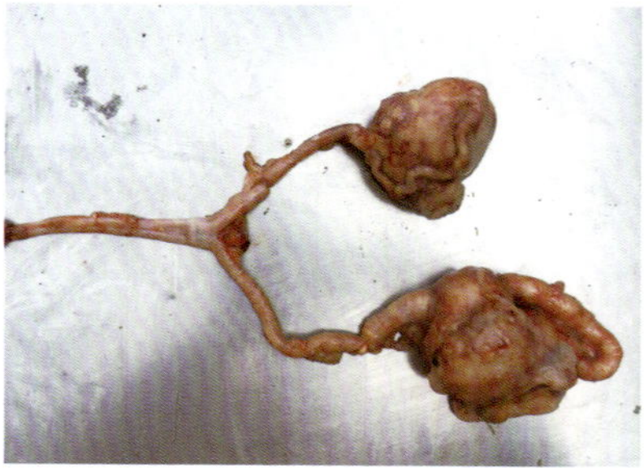

图5-39　子宫角、输卵管积聚大量脓液而增粗

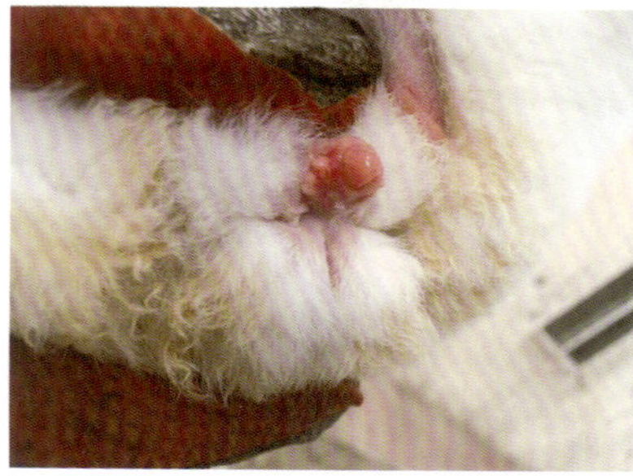

图5-40　阴茎上有脓肿

【诊断要点】春、秋季多发，呈散发或地方性流行。除精神委顿、不食与呼吸急促外，据不同病型的症状、病理变化可做出初步诊断，但确诊需做细菌学检查。

【预防】

（1）建立无多杀性巴氏杆菌种群。

（2）做好兔舍通风换气、消毒工作。定期消毒兔舍，适当降低饲养密度，保障饮水系统正常运行不滴漏，及时清除舍内粪尿，降低兔舍湿度，做好通风换气工作，尤其是在寒冷季节。

（3）及时淘汰兔群中带菌者。对兔群经常进行临诊检查，将流鼻涕、鼻毛潮湿蓬乱、患中耳炎、患结膜炎的兔子及时检出，隔离饲养和治疗。

（4）定期注射兔巴氏杆菌灭活菌苗。每年3次，每次每只皮下注射1毫升。

【治疗方案】

[方1] 青霉素、链霉素：联合注射，青霉素2万～4万单位/千克体重、链霉素20毫克，混合一次肌内注射，每天2次，连用3天。

[方2] 磺胺二甲嘧啶：内服，首次量0.2克/千克体重，维持量为0.1克，每天2次，连用3～5天。用药同时应注意配合等量的碳

酸氢钠。

[方3] 恩诺沙星：100毫克/升饮水，连续7~14天；或5~10毫克/千克，口服或肌内注射，每天2次，连续7~14天，对上呼吸道巴氏杆菌感染有一定的效果。

[方4] 庆大霉素：肌内注射，2万单位/千克体重，每天2次，连续5天为一疗程。

[方5] 氟哌酸：肌内注射，每天2次，0.5~1毫升/次，连续5天为一疗程。

[方6] 卡那霉素：肌内注射，10~15毫克/千克体重，每天2次，连用3~5天。

[方7] 环丙沙星：肌内注射，每只0.5毫升，每天1次，连用3天。

[方8] 替米考星：25毫克/千克体重，皮下注射。

[方9] 抗巴氏杆菌高免血清：皮下注射，高免血清6毫升/千克体重，8~10小时再重复注射1次。

四、支气管败血波氏杆菌病

支气管败血波氏杆菌病是由支气管败血波氏杆菌引起的一种家兔呼吸器官传染病，其特征为鼻炎和支气管肺炎，前者常呈地方性流行，后者则多是散发性。

【病原】支气管败血波氏杆菌，为一种细小杆菌，革兰氏染色阴性，常呈两极染色，是家兔上呼吸道的常在性寄生菌。

【流行特点】本病多发于气候多变的春秋两季，冬季兔舍通风不良时也易流行。传染途径主要是呼吸道。病兔打喷嚏和咳嗽时病菌污染环境，并通过空气直接传给相邻的健康兔，当兔子患感冒、寄生虫等疾病时，均易诱发本病。本病常与巴氏杆菌、李氏杆菌病等并发。

【临床症状和病理变化】

鼻炎型：较为常见，多与巴氏杆菌混合感染，鼻腔流出浆液或黏液性分泌物（通常不呈脓性）（图5-41）。病程短，易康复。

支气管肺炎型：鼻腔流出黏性或脓性分泌物，鼻炎长期不愈，病兔精神沉郁，食欲缺乏，逐渐消瘦，呼吸加快。成年兔多为慢性，幼兔和青年兔常呈急性。剖检时，如为支气管肺炎型，支气管腔可见混有泡沫的黏脓性分泌物，肺有大小不等，数量不一的脓疱，肝、肾、睾丸等器官也可见脓疱（图5-42～图5-48）。

【诊断要点】①有明显鼻炎、支气管肺炎症状；②有特征性的化脓性支气管肺炎和肺脓疱等病变；③病原菌分离鉴定。

【预防】

（1）保持兔舍清洁和通风良好。

（2）及时检出、治疗或淘汰有呼吸道症状的病兔。

（3）定期注射兔波氏杆菌灭活苗。每只皮下注射1毫升，免疫期6个月，每年注射2次。

图5-41　鼻孔流出黏液性鼻液

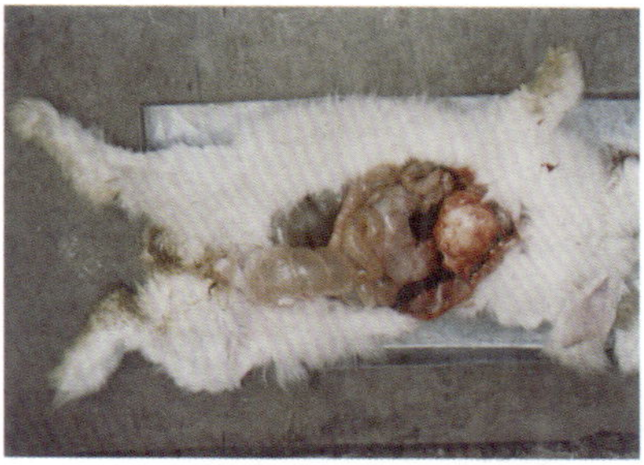

图5-42　肺上有一个约鸡蛋大小的脓疱

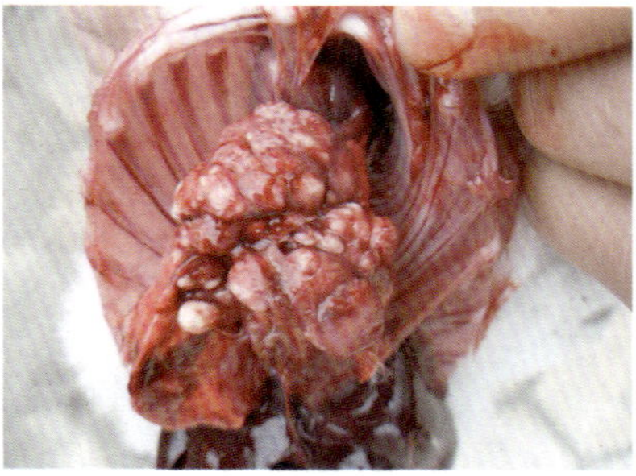

图5-43　肺的表面和实质见大量脓疱

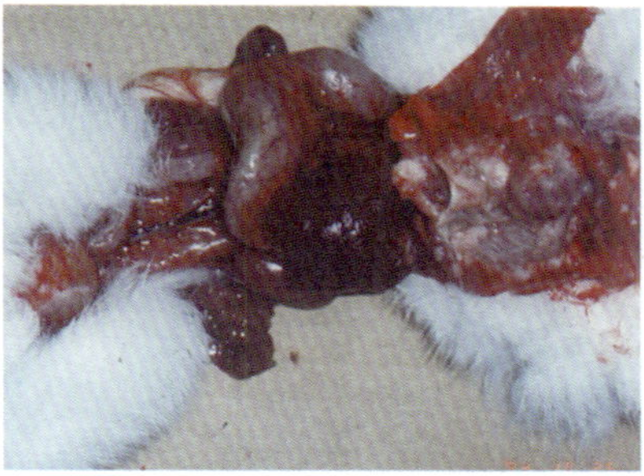

图5-44　胸腔与心包腔积脓

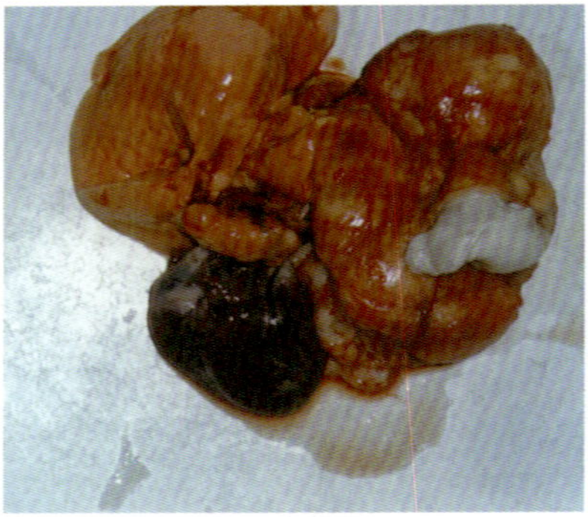

图5-45　肺上的一个脓疱已切开，流出白色乳油状脓液

图5-46　肝组织中密布许多较小的脓疱

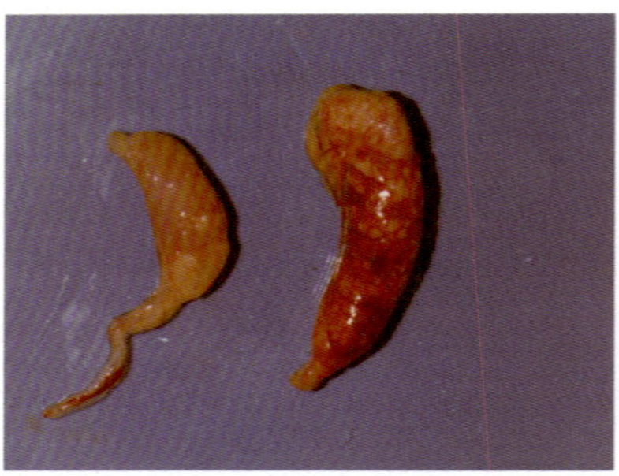

图5-47　两个睾丸中均有大小不等的脓疱

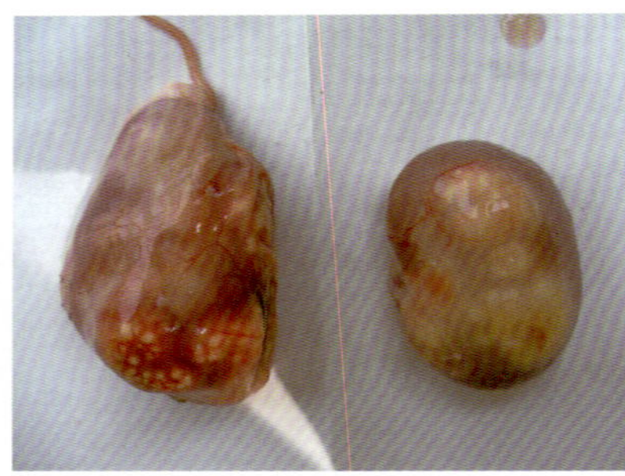

图5-48　肾组织可见大小不等的脓疱

【治疗方案】

[方1]庆大霉素：每只每次1万~2万单位，肌内注射，每天2次。

[方2]卡那霉素：每只每次1万~2万单位，肌内注射，每天2次。

[方3]链霉素：20毫克/千克体重，肌内注射，每天2次，连用4天。

[方4]恩诺沙星：肌内注射，5~10毫克/千克体重，每天2次，连用2~3天。

[方5] 四环素：每只每次1万～2万单位，肌内注射，每天2次。

[方6] 酞酰磺胺噻唑：内服，0.2～0.3克/千克体重，每天2次。

五、肺炎克雷伯氏菌病

肺炎克雷伯氏菌病是由肺炎克雷伯氏菌引起的一种家兔散发性传染病。青、成兔以肺炎及其他器官化脓性病灶为特征，幼兔以腹泻为特征。

【病原】肺炎克雷伯氏菌，为革兰氏阴性、短粗、卵圆形杆菌。

【流行特点】本菌为肠道、呼吸道、土壤、水和谷物中的常见菌。当兔机体抵抗力下降或其他原因造成应激，可促使本病发生。各种年龄、品种、性别的兔均易感染，但以断奶前后仔兔及怀孕母兔发病率最高，受害最为严重。

【临床症状和病理变化】青年兔、成年兔患兔病程长，无特殊临诊症状，一般表现为食欲逐渐减少和渐进性消瘦，精神沉郁（图5-49），被毛粗乱，行动迟钝，呼吸急促，打喷嚏，流鼻液。剖检可见患兔肺部和其他器官、皮下、肌肉有脓肿，脓液黏稠呈灰白色或白色（图5-50、图5-51）。幼兔剧烈腹泻，迅速衰弱，最终死亡。幼兔肠道黏膜淤血，肠腔内有大量黏稠物和少量气体（图5-52）。怀孕母兔发生流产。

图5-49　兔精神沉郁

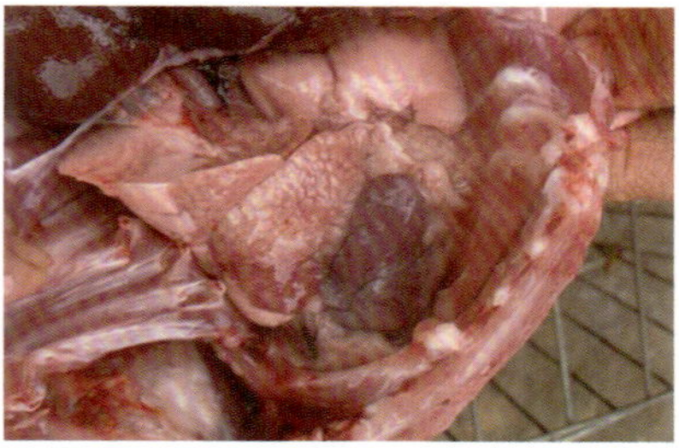

图5-50　肺部有脓肿

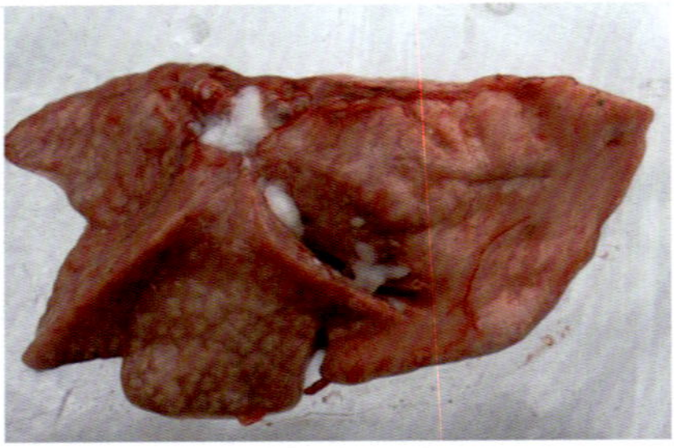

图5-51 肺切面多处见白色脓液流出

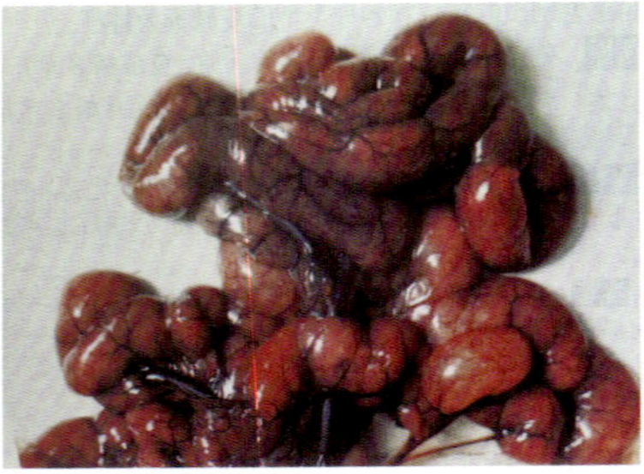

图5-52 肠腔内积有大量液体

【诊断要点】根据症状、病理变化可做出初步诊断，确诊需要做病原鉴定。

【预防】本病目前无特异性预防方法。平时加强清洁卫生和防鼠、灭鼠工作。一旦发现病兔，及时隔离治疗，对其所用兔笼、用具进行消毒。

【治疗方案】

[方1] 链霉素：链霉素是治疗本病的首选药物，肌内注射，2万单位/千克体重，每天2次，连续3天。

[方2] 硫酸庆大霉素：肌内注射，2~4毫克/千克体重，每天2次，连用2~3天。

[方3] 硫酸卡那霉素：肌内注射，10~15毫克/千克体重，每天2次，连用3~5天。

[方4] 丁胺卡那霉素：肌内注射，7毫克/千克体重，每天2次；也可口服，10毫克/千克体重，4次/天，连用3~5天。

本病属人畜共患病，注意个人卫生防护。

六、魏氏梭菌病

兔魏氏梭菌病又称兔梭菌性肠炎，主要是由A型魏氏梭菌及其所产生的外毒素引起的一种死亡率极高的致死性肠毒血症。以泻出大量水样粪便，导致迅速死亡为特征。是目前危害养兔业的主要疾病之一。

【病原】主要为A型魏氏梭菌（图5-53），少数为E型魏氏梭菌。本菌属条件性致病菌，革兰氏染色阳性，厌氧条件下生长繁殖良好，可产生多种毒素。

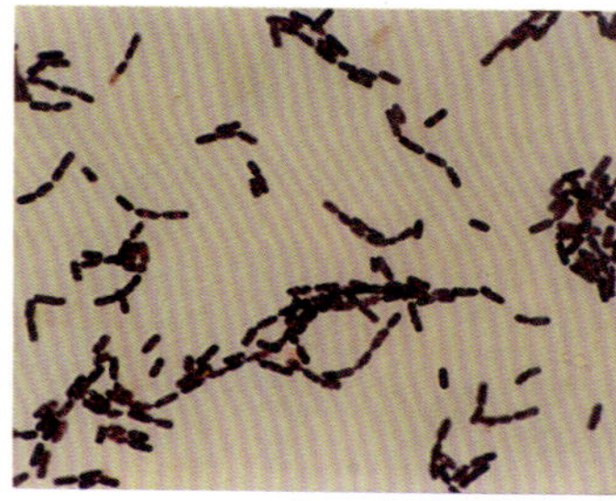

图5-53　魏氏梭菌的形态

【流行特点】不同年龄、品种、性别的家兔对本病均易感染。一年四季均可发生，但以冬春两季发病率最高。各种应激因素均可诱发本病发生，如长途运输、青料短缺、粗料短缺、高能量高蛋白饲粮、饲料配方突然更换（尤其从低能量、低蛋白向高能量、高蛋白饲粮转变）、长期饲喂抗生素、气候骤变等。消化道是主要传播途径。

【临床症状和病理变化】急性腹泻。粪便有特殊腥臭味，呈黑褐色或黄绿色，污染肛门等部（图5-54～图5-56）。轻摇兔体可听到“咣、咣”的拍水声。有水泻的病兔多于当天或次日死亡。流行期间也可见无下痢症状即迅速死亡的病例。剖检见胃多胀满，黏膜脱落，有出血斑点和溃疡（图5-57～图5-60）。小肠壁充血、出血，肠腔充满含气泡的稀薄内容物（图5-61）。盲肠黏膜有条纹状出血，内容物呈黑色或黑褐色水样（图5-62、图5-63）。心脏表面血管怒张呈树枝状（图5-64）。有的膀胱积有茶色或蓝色尿液（图5-65），有的膀胱浆膜出血（图5-66）。

图5-54　幼兔尾部、腹部沾有水样粪便

图5-55　水样粪便污染肛门周围及尾部（成年兔）

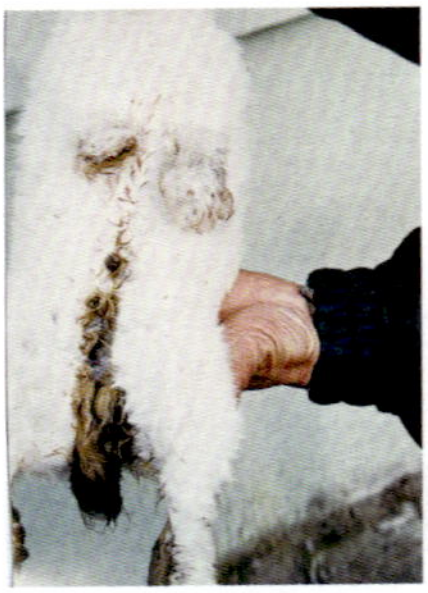

图5-56 腹部、肛门周围和后肢被毛被水样稀粪或黄绿色粪便沾污

图5-57 胃内充满食物且黏膜脱落

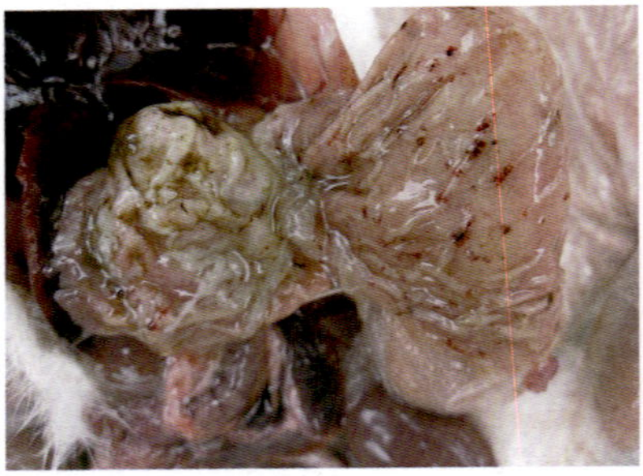

图5-58 胃黏膜脱落且有大量出血斑点

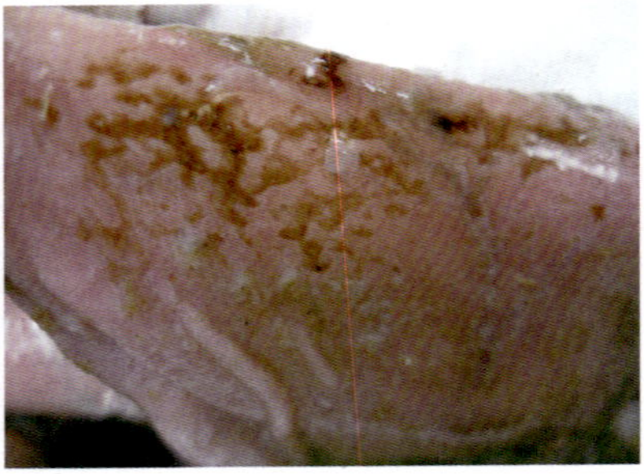

图5-59 胃黏膜有许多浅表性溃疡

图5-60 胃黏膜有大小不等的黑色溃疡斑点

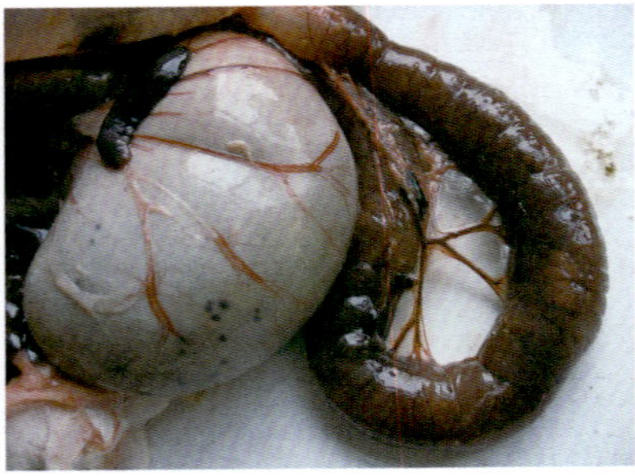

图5-61 肠腔充满气体和稀薄内容物

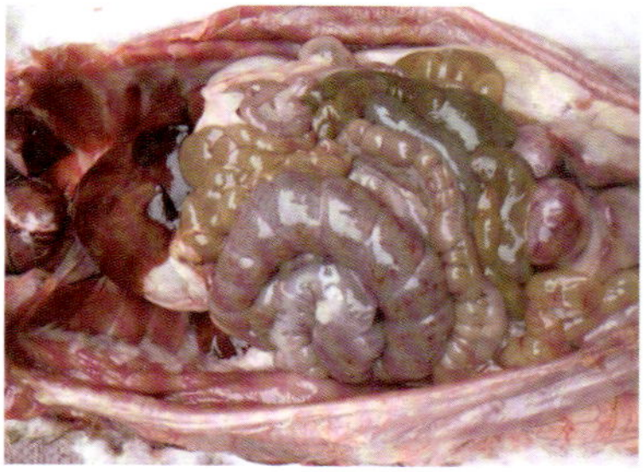

图5-62　盲肠有出血性条纹（怀孕母兔）

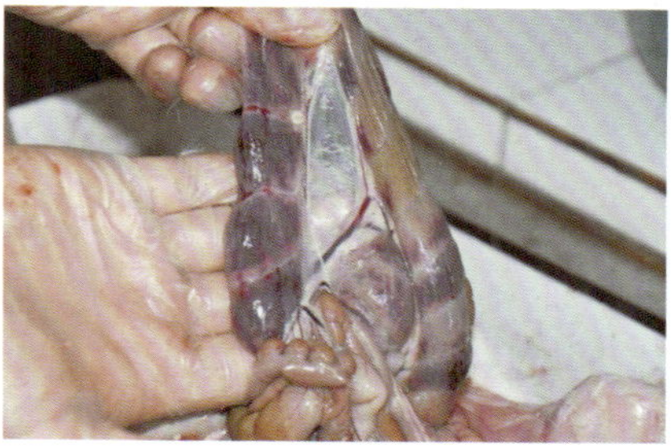

图5-63　盲肠严重出血

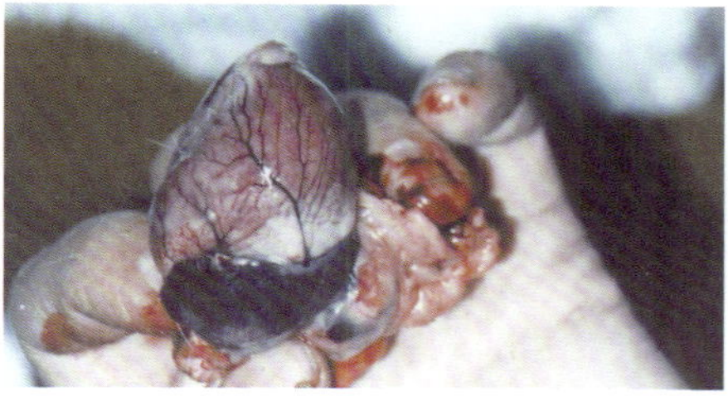

图5-64　心脏表面血管怒张，呈树枝状充血

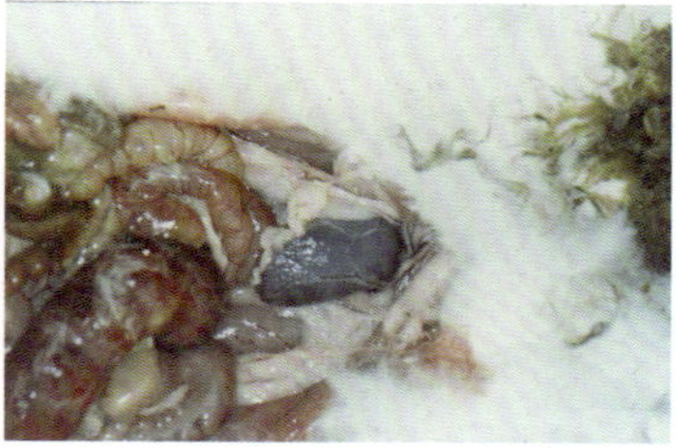

图5-65　膀胱积尿，尿液呈蓝色

【诊断要点】①发病不分年龄，以1～3月龄幼兔多发，饲料配方改变、气候突变、长期饲喂抗生素等多种应激均可诱发本病；②急性腹泻后迅速死亡，粪便稀，恶臭，常带血液；③胃与盲肠有出血、溃疡等特征病变；④抗生素治疗无效；⑤病原菌及其毒素检测。

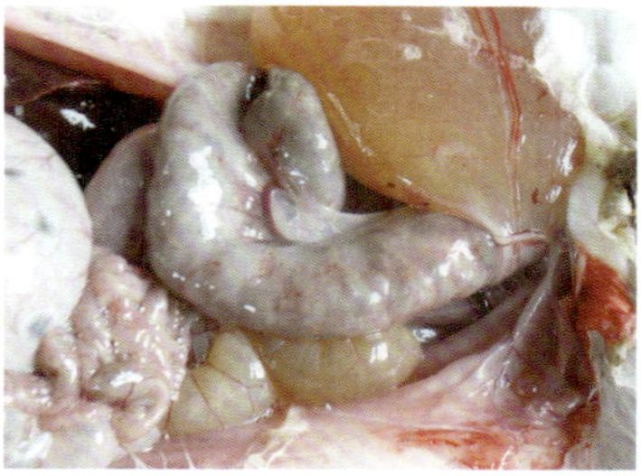

图5-66　膀胱浆膜有出血点

【预防】

（1）加强饲养管理。饲粮中应有足够的木质素（≥5%），改变饲料要逐步进行，减少各种应激（如转群、更换饲养人员等）的发生。

（2）规范用药。治疗疾病时要注意抗生素种类、剂量和时间。

禁止口服使用如林可霉素、克林霉素、阿莫西林、氨苄西林等抗生素。

(3) 预防接种。兔群定期皮下注射A型魏氏梭菌灭活苗，每年2次，每次2毫升。据国外报道，给4周龄的兔子接种疫苗，效果很好，两周后进行第二次接种，效果更好。

【治疗方案】

本病治疗效果差。发生本病后，及时隔离病兔，对患兔兔笼及周围环境进行彻底消毒。在饲料中增加粗饲料比例或增加饲喂青干草的同时，须采取以下措施。

[方1] 魏氏梭菌疫苗：对无临床症状的兔紧急注射魏氏梭菌疫苗，剂量加倍。

[方2] A型魏氏梭菌高免血清：按2～3毫升/千克体重，皮下、肌内或静脉注射。

[方3] 二甲基三哒唑：每千克饲料添加500毫克，效果可靠。

[方4] 金霉素：肌内注射，20～40毫克/千克体重，每天2次，连用3天。也可用金霉素22毫克拌入1千克饲料中喂兔，连喂5天，可预防本病。

[方5] 红霉素：肌内注射，20～30毫克/千克体重，每天2次，连用3天。

[方6] 甲硝唑+考来烯胺：按照说明用药。甲硝唑用以杀死厌氧菌，考来烯胺用来吸收肠毒素。

在使用抗生素的同时，也可在饲料中加入活性炭、维生素B_2等辅助药物。

在以上方法的基础上，配合对症治疗，如腹腔注射5%葡萄糖生理盐水进行补液，口服食母生（每只5～8克）和胃蛋白酶（每只1～2克），疗效更好。

以上治疗对发病初期效果较好，晚期无效。

七、大肠杆菌病

兔大肠杆菌病是由一定血清型的致病性大肠杆菌及其毒素引

起的一种暴发性、死亡率很高的仔、幼兔肠道传染病。本病的特征为水样或胶冻样粪便及脱水，是断奶前后引起家兔死亡的主要疾病之一。

【病原】埃希氏大肠杆菌，为革兰氏阴性菌，呈椭圆形。引起仔兔大肠杆菌病的主要血清型有O_{128}，O_{85}，O_{88}，O_{119}，O_{18}和O_{26}等。

【流行特点】本病一年四季均可发生，主要侵害初生和断奶前后的仔、幼兔，成兔发病率低。正常情况下，大肠杆菌不会出现在家兔的肠道微生物区系，或者只存在少量。当某些情况下，如饲养管理不良（如饲料配方突然变换、饲喂量突然增加、采食大量冷冻饲料和多汁饲料、断奶方式不当等）或气候突变时，肠道正常菌群活动受到破坏，致病性大肠杆菌数量急剧增加，其产生的毒素大量积累，引起腹泻。兔群一旦发生本病，常因兔舍、兔笼的污染而引起大流行，造成仔、幼兔大量死亡。第一胎仔兔发病率和死亡率较高，其他细菌（如魏氏梭菌、沙门氏杆菌）、轮状病毒、球虫病等也可诱发本病。

【临床症状和病理变化】以下痢、流涎为主。最急性的未见任何症状突然死亡，急性的1～2天内死亡，亚急性的7～8天死亡。体温正常或稍低，待在笼中一角，四肢发冷，发出磨牙声（可能是疼痛所致），精神沉郁，被毛粗乱，腹部膨胀（因肠道充满气体和液体）。病初有黄色明胶样黏液和附着有该黏液的干粪排出（图5-67）。有时带黏液粪球与正常粪球交替排出，随后出现黄色水样稀粪或白色泡沫（图5-68）。主要病理变化为胃肠炎，小肠内含有较多气体和淡黄色的黏液，大肠内有黏液样分泌物，也可见其他病变（图5-69～图5-75）。

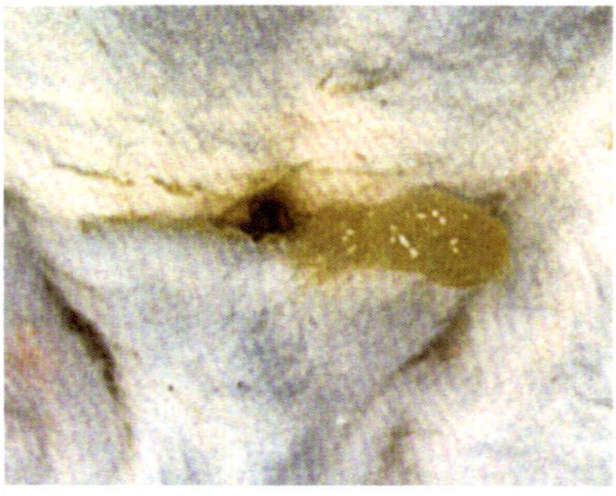

图5-67　排出黄色胶冻样黏液

图5-68　排出白色泡沫状粪便

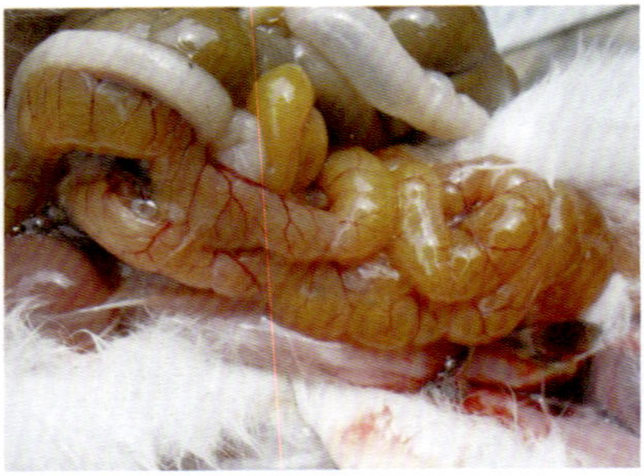

图5-69　小肠内充满气泡和淡黄色黏液

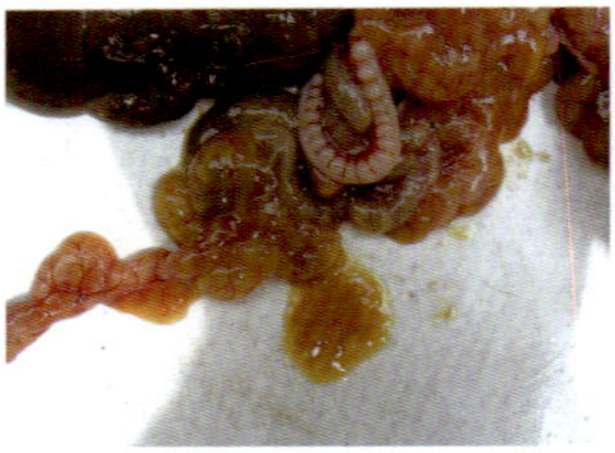

图5-70　肠腔内黏液呈淡黄色

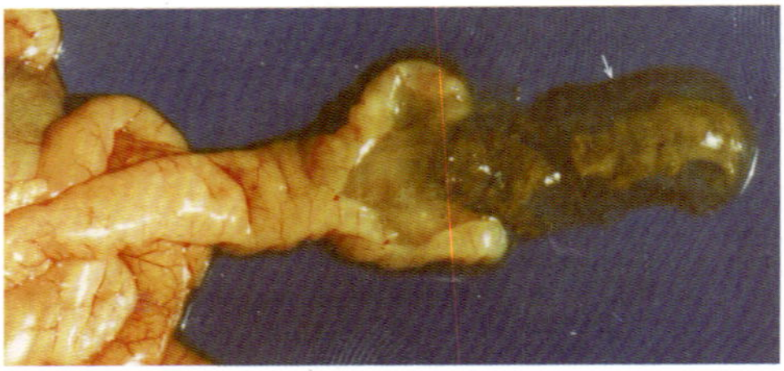

图5-71　结肠剖开时有大量胶样物流出，粪便被胶样物包裹

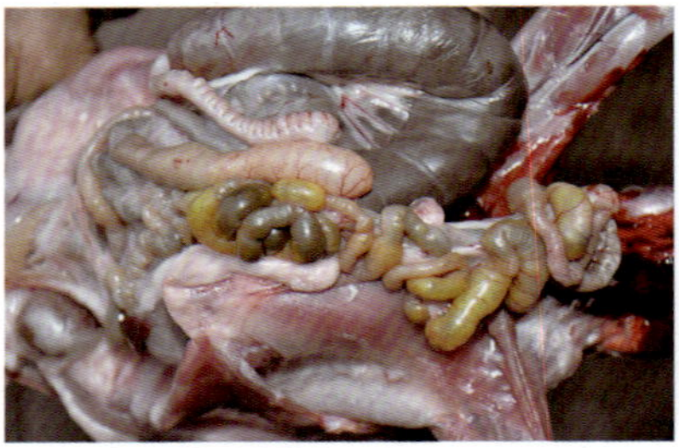

图5-72　肠道内充满泡沫及淡黄色黏液

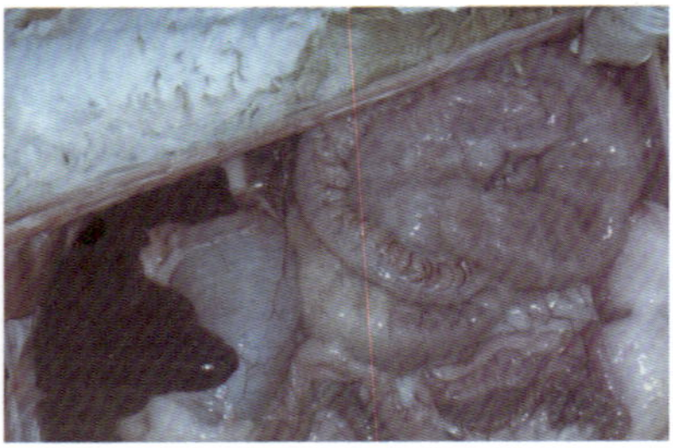

图5-73　盲肠黏膜水肿、充血（成年兔）

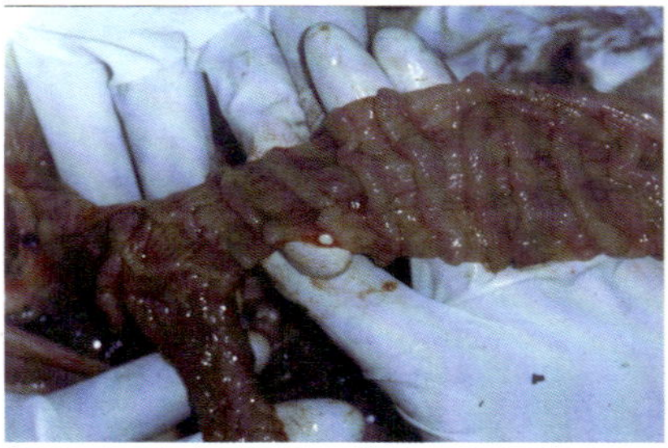

图5-74　盲肠黏膜水肿（成年兔）

图5-75　胃膨大且小肠内充满半透明黄绿色胶样物（哺乳仔兔）

【诊断要点】①有饲料配方改变、变化笼位、气候突变、饲养人员更换等应激史；②断奶前后仔、幼兔多发，同笼仔幼兔相继发生；③从肛门排出黏胶状物；④有明显的黏液性肠炎病变。⑤病原菌及其毒素检测。

【预防】

（1）减少各种应激。仔兔断奶前后不能突然改变饲料，提倡原笼原窝饲养，饲喂要遵循“定时、定量、定质”原则，春秋季要注意保持兔舍温度的相对恒定。

（2）注射疫苗。20～25日龄仔兔皮下注射大肠杆菌灭活苗。用本场分离的大肠杆菌制成的菌苗预防注射，效果较好。

【治疗方案】在用药前最好先对病兔分离到的大肠杆菌做药敏试验，选择较敏感的药物进行治疗。

[方1] 庆大霉素：每兔1万～2万单位，肌内注射，每天2次，连用3～5天；也可在饮水中添加庆大霉素药物。

[方2] 5%诺氟沙星：肌内注射，0.5毫升/千克体重，每天2次。

[方3] 硫酸卡那霉素：肌内注射，25万单位/千克体重，每天2次。

[方4] 痢特灵：内服，15毫克/千克体重，每天3次，连用4～5天。

[方5] 磺胺脒100毫克/千克体重、痢特灵15毫克/千克体重、酵母片1片，混合口服，每天3次，连用4～5天。

抗生素用药后，可使用促菌生菌液，每只口服2毫升（约10亿活菌），每天1次，连用3次。

对症治疗。可在皮下或腹腔注射葡萄糖生理盐水或口服生理盐水等，以防脱水。

八、葡萄球菌病

兔葡萄球菌病是由金黄色葡萄球菌引起的常见传染病。其特征为身体各器官形成脓肿或发生致死性脓毒败血症。

【病原】金黄色葡萄球菌在自然界分布广泛，为革兰氏阳性菌，能产生8种高效价的毒素。家兔对本菌特别敏感。

【流行特点】家兔是对金黄色葡萄球菌最敏感的一种动物。通过各种不同途径都可能发生感染，尤其是皮肤、黏膜的损伤，哺乳母兔的乳头口是金黄色葡萄球菌进入机体的重要途径。通过飞沫经上呼吸道感染时，可引起上呼吸道炎症和鼻炎。通过表皮擦伤或毛囊、汗腺而引起皮肤感染时，可发生局部炎症，并可导致转移性脓毒血症。通过哺乳母兔的乳头口以及乳房损伤感染时，可患乳腺炎。仔兔吃了含本菌的乳汁、产箱污染物等，均可患黄尿病、败血症等。

【临床症状和病理变化】

（1）脓肿　原发性脓肿多位于皮下或某一内脏（图5-76～图5-81），手触摸时兔有痛感，稍硬，有弹性，之后逐渐增大变软。脓肿破溃后流出浓稠、乳白色的脓液。一般患兔精神、食欲正常。可引起脓毒血症，并在多脏器发生转移性脓肿或化脓性炎症。

图 5-76　面部脓肿

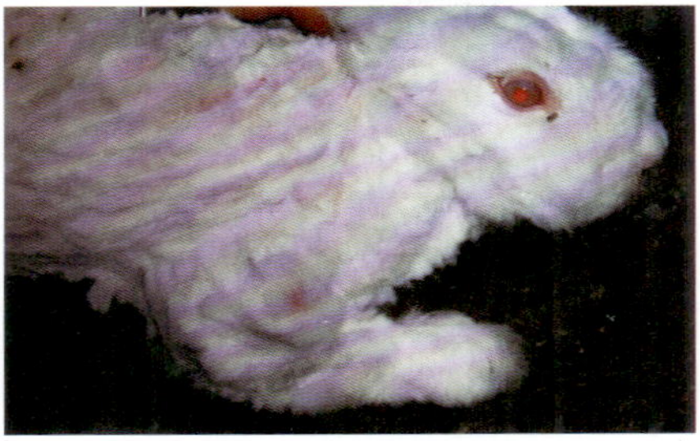

图 5-77　右前肢外侧有一脓肿

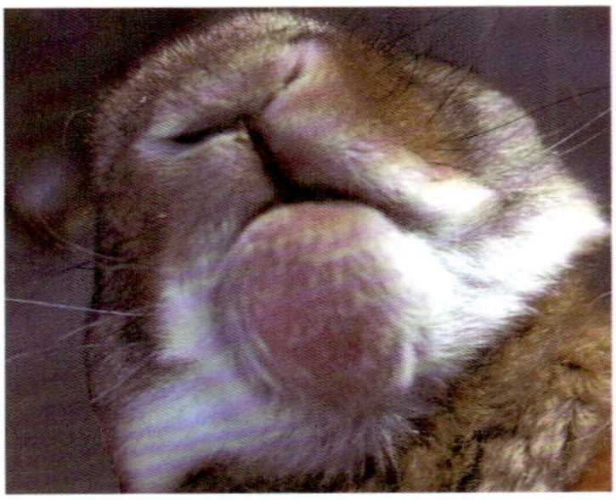

图 5-78　下唇部有一脓肿

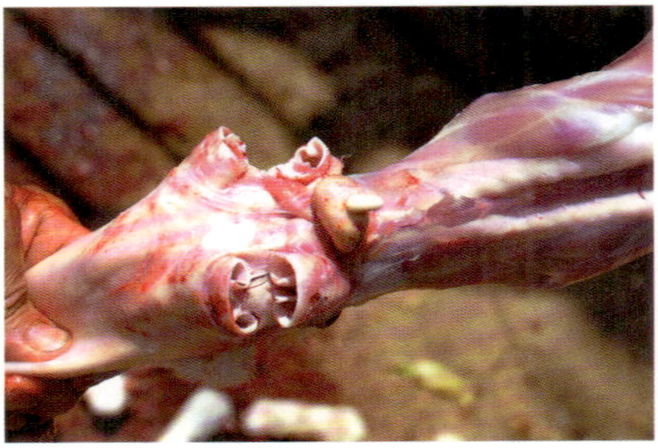

图 5-79　颈部脓肿

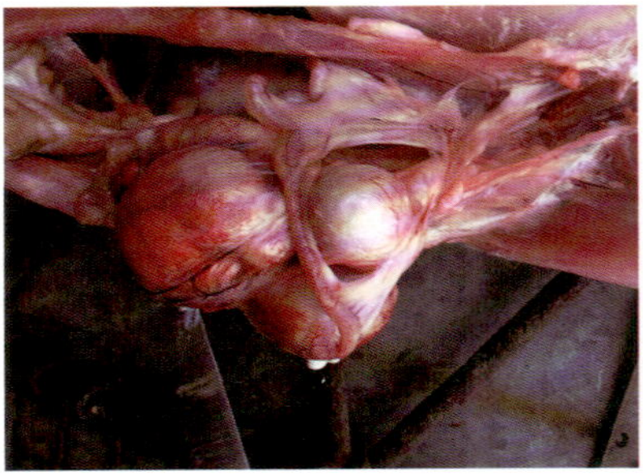

图 5-80　腹腔内有数个大小不等的脓肿

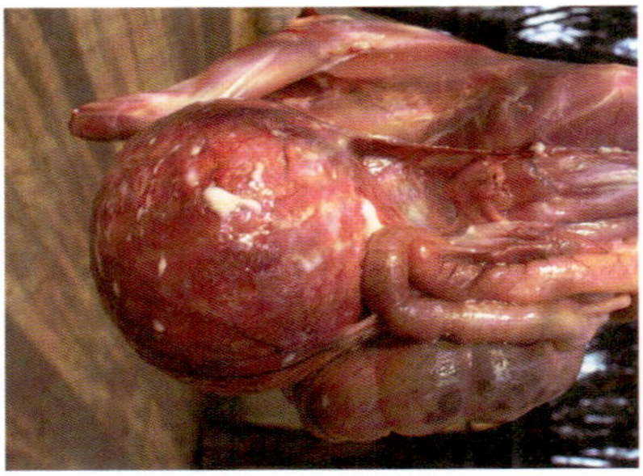

图 5-81　腹腔有大脓肿

（2）仔兔脓毒败血症　出生后2～3天皮肤发生粟粒大白色脓包（图5-82、图5-83），多由于垫草粗糙刺伤皮肤导致，脓汁呈乳白色乳油状，多数在2～5天发生败血症死亡。剖检时肺脏和心脏也常见许多白色小脓疱。

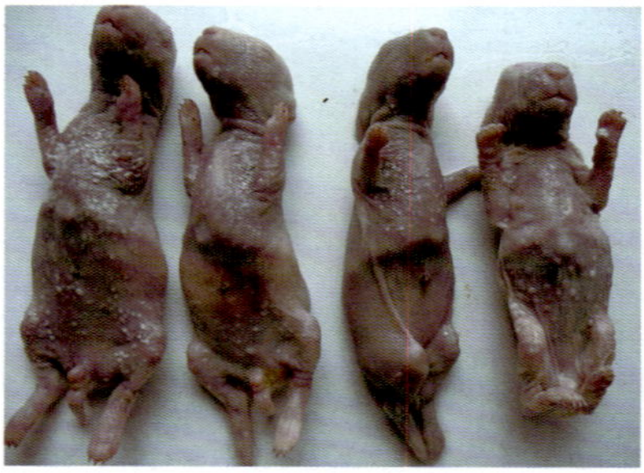

图5-82　仔兔皮肤上散在许多粟粒大的小脓疱

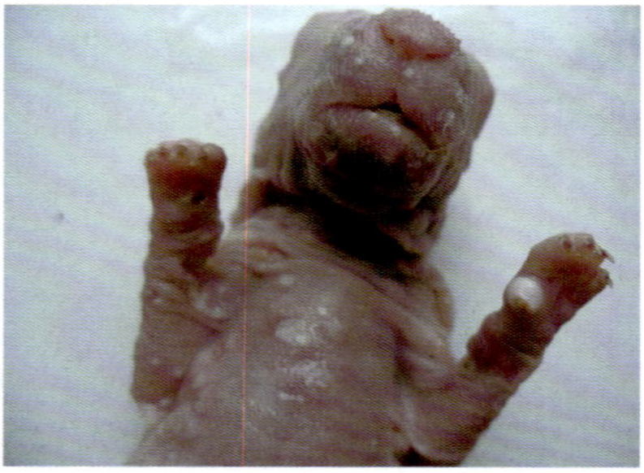

图5-83　仔兔皮肤上有白色脓汁

（3）乳腺炎　产后5～20天的母兔多发。急性病例的乳房肿胀、发热，色红有痛感。乳汁中混有脓液和血液。慢性病例的乳房局部形成大小不一的硬块，之后发生化脓，脓肿也可破溃流出脓汁（图5-84、图5-85）。

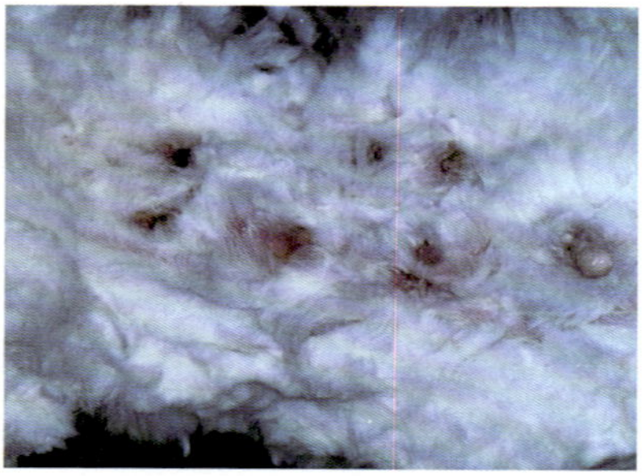

图5-84　数个乳头周围都有脓肿形成

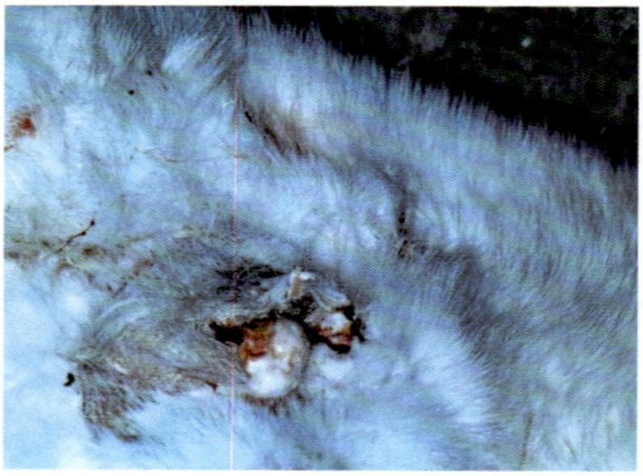

图5-85　乳腺区切面见许多大小不等的脓肿

（4）仔兔急性肠炎（黄尿病）　仔兔食入患乳腺炎母兔的乳汁或产箱垫料被污染引起。一般全窝发生，患病仔兔肛门四周和后肢被黄色稀粪污染（图5-86、图5-87），仔兔昏睡，不食，死亡率高。剖检见出血性胃肠炎病变（图5-88、图5-89）。膀胱极度扩张并充满尿液，氨臭味极浓（图5-90）。

（5）足皮炎、脚皮炎　足皮炎的病变部多位于足底部后肢跖趾区的跖侧面（图5-91），偶见于前肢掌指区的跖侧面，该病型极易因败血症迅速死亡，致死率较高。脚皮炎在足底部。病变部皮肤脱毛、红肿，之后形成脓肿、破溃，最终形成大小不一的溃疡面。病兔常换脚休息，跛行，甚至出现跷腿、弓背等症状。

图5-86　仔兔后肢被黄色稀便污染

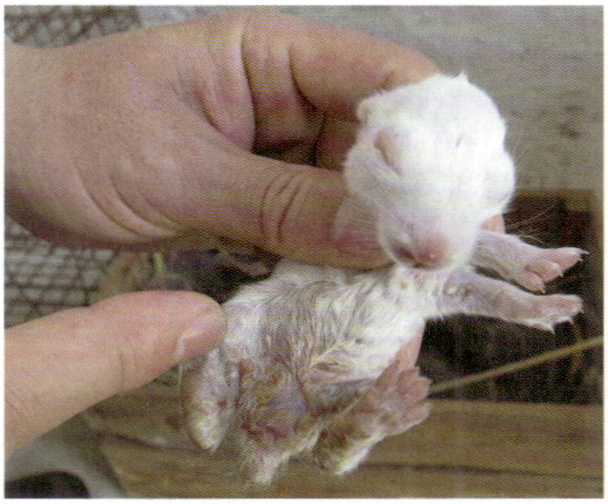

图5-87　肛门四周和后肢被毛被稀粪污染

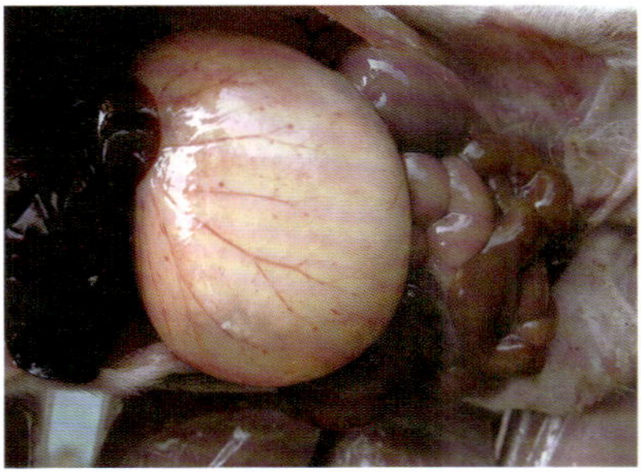

图5-88　胃浆膜出血

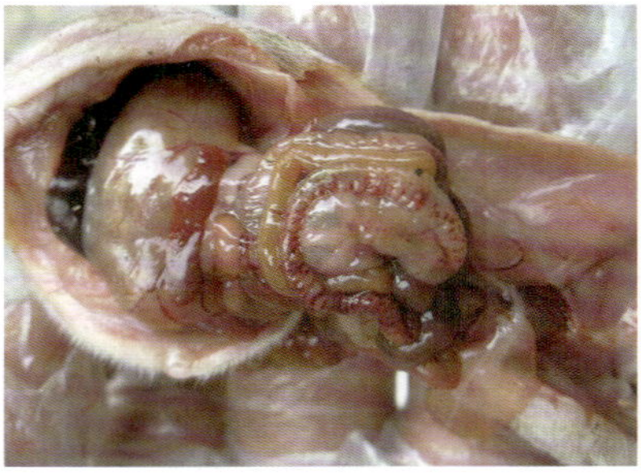

图5-89　肠浆膜有大量出血点

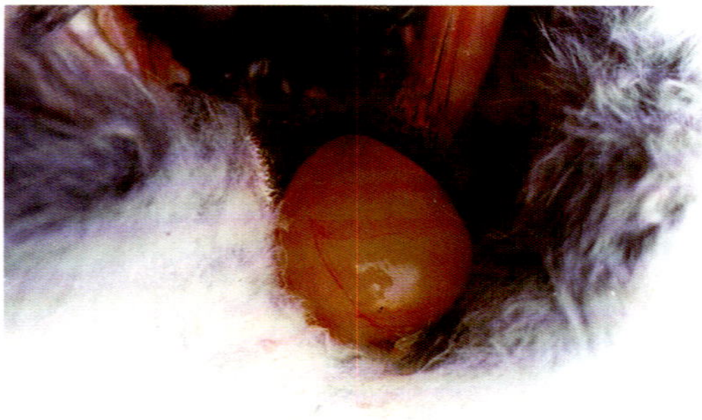

图5-90　膀胱扩张且充满淡黄色尿液

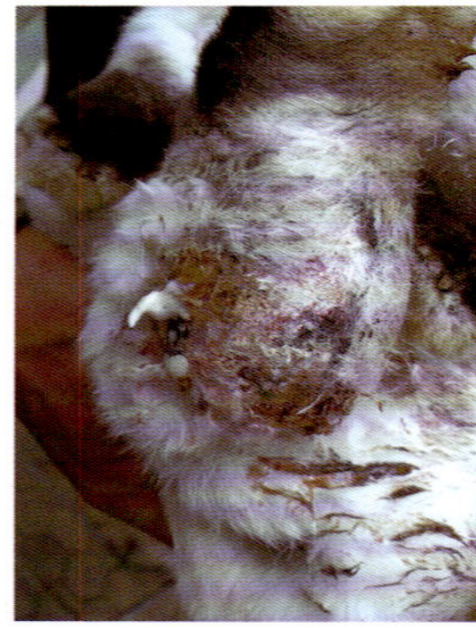

图5-91　跗股部脓肿

【诊断要点】根据皮肤、乳腺和内脏器官的脓肿及腹泻等症状与病变可怀疑本病，确诊应进行病原菌分离鉴定。

【预防】

（1）防止兔体外伤。清除兔笼内一切锋利的物品；产箱内垫草要柔软。

（2）伤口消毒。兔体受外伤时要及时作消毒处理；注射疫苗部位要作消毒处理。

（3）科学饲喂。产仔前后的母兔适当减少饲喂量和多汁饲料供给量。

（4）免疫接种。发病率高的兔群要定期注射葡萄球菌菌苗，每年2次，每次皮下注射1毫升。

【治疗方案】

（1）局部治疗。局部脓肿与溃疡按常规外科处理，涂擦5%龙胆紫酒精溶液，或3%～5%碘酒、3%结晶紫石炭酸溶液、青霉素软膏、红霉素软膏等药物。

（2）全身治疗。使用新青霉素Ⅱ，每千克体重10～15毫克，肌内注射，每天2次，连用4天。也可用四环素或磺胺类药物治疗。

足皮炎治疗不及时极易因败血病迅速死亡。

九、破伤风

破伤风又称强直症，是由破伤风梭菌经创伤感染引起的一种人畜共患传染病。病兔的特征是骨骼肌痉挛和肢体僵直。

【病原】破伤风梭菌为一种大型、革兰氏阳性、能形成芽孢的厌氧性细菌。本菌可产生多种毒素，其中痉挛毒素是引起强直症状的决定性因素。

【流行特点】创伤是本病的主要传播途径。剪毛、刺号（或安装耳标）、咬伤、手术及注射时不注意消毒，常可因感染本菌的芽孢而发病。临床实践中，有些病例查不到伤口，可能是创伤已愈合，或可能经损伤的子宫、消化道黏膜等途径被感染。

【临床症状和病理变化】本病潜伏期为4～20天。病初，病兔食欲减少，继而废绝，瞬膜外露，牙关紧闭，流涎，四肢僵硬，呈木马状（图5-92～图5-95），以死亡告终。剖检无特异病变，仅见因窒息缺氧所致的病变，如血液凝固不良且呈黑紫色，肺淤血、水肿，黏膜和浆膜散布数量不等的小出血点。

【诊断要点】根据特征症状和外伤病史，一般可做出初步诊断。当症状不明显时，可在创伤深部采取病料，涂片染色，检查破伤风梭菌。

【预防】

（1）保持兔舍、兔笼及用具清洁卫生，严防尖锐物刺伤兔体。

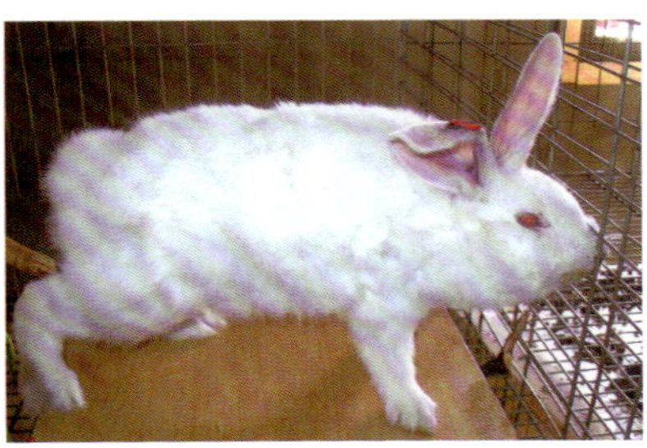

图5-92　病兔呈“木马状”

图5-93　兔两耳竖立肢体僵硬

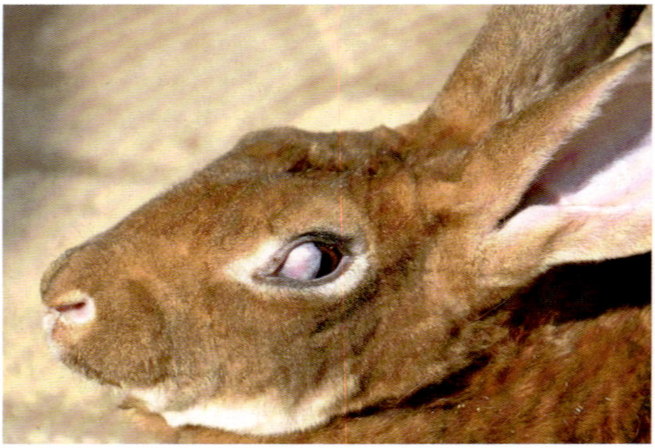

图5-94 瞬膜外露

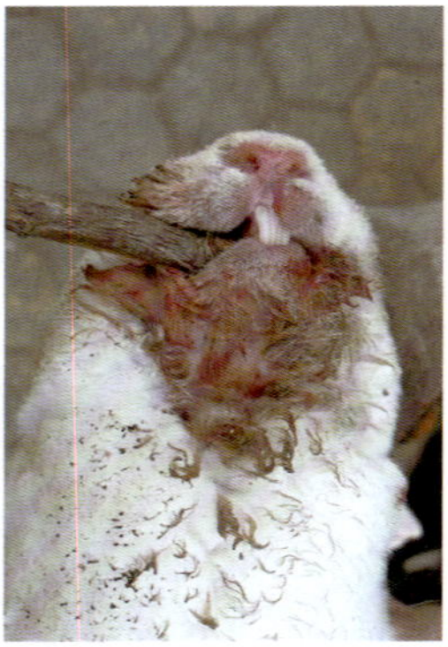

图5-95 病兔流涎

剪毛时避免损伤皮肤，剪破皮肤及时用5%碘酊涂擦。手术、刺号（安装耳标）及注射时要严格消毒，防止兔子间咬架，一旦出现外伤，要及时处理，防止感染。

（2）做好伤口处理。正确扩创处理，严防创伤内厌氧环境的形成，是防止本病发生的重要措施之一。对较大、较深的创伤，除做开放扩创处理外，还应肌内注射破伤风抗毒素1万～3万单位。

【治疗方案】

[方1] 破伤风抗毒素：静脉注射，一只1万～2万单位/天，连用2～3天。

[方2] 青霉素：肌内注射，20万单位/天，分2次注射，连用2～3天。静脉注射葡萄糖、氯化钠50毫升，每天2次。

本病为人畜共患传染病，要注意个人卫生防护。

十、附红细胞体病

附红细胞体病简称附红体病，是由附红细胞体引起的一种急性、致死性人畜共患传染病。家兔感染发病的特征是发热、贫血、出血、水肿与脾肿大等。

【病原】附红细胞体是一种多形态微生物，多为环形、球形和卵圆形，少数为顿号形和杆状。

【流行特点】本病可经直接接触传播。吸血昆虫如扁虱、刺蝇、蚊、蜱等以及小型啮齿动物是本病的传播媒介。各种年龄兔均易感。一年四季均可发生，但以吸血昆虫大量繁殖的夏、秋季节多见。

【临床症状和病理变化】本病以1～2月龄幼兔受害最严重，成年兔症状不明显，常呈带菌状态。病兔四肢无力，精神沉郁，运动失调（图5-96）。最后由于贫血、消瘦、衰竭而死亡。剖检可见腹肌出血（图5-97），腹腔积液，脾脏肿大（图5-98），膀胱充满黄色尿液，有的病例可见黄疸、肝脂肪变性，胆囊胀满（图5-99），肠系膜淋巴结肿大（图5-100）等。

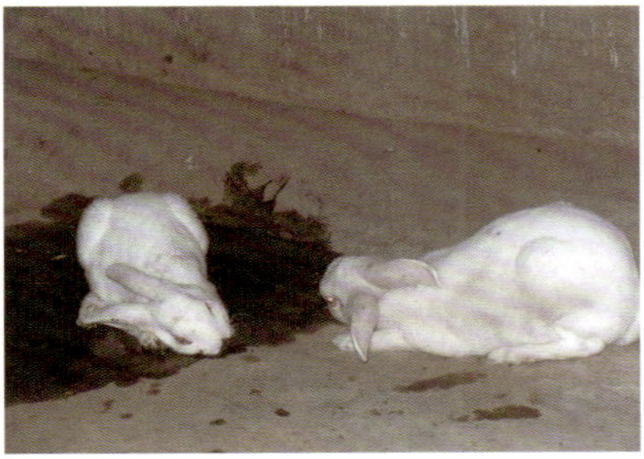

图5-96　病兔精神不振、四肢无力

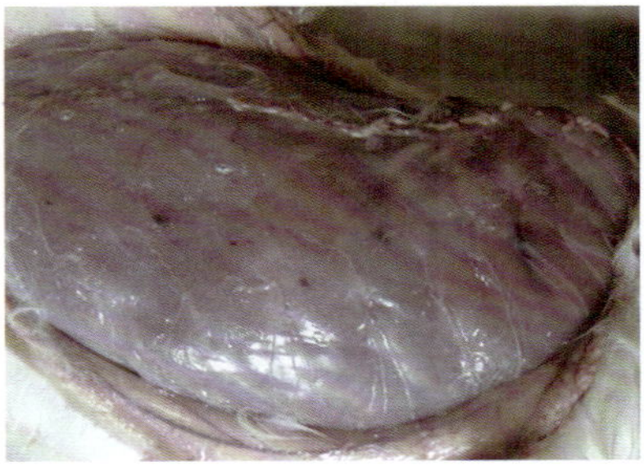

图5-97　腹肌出血

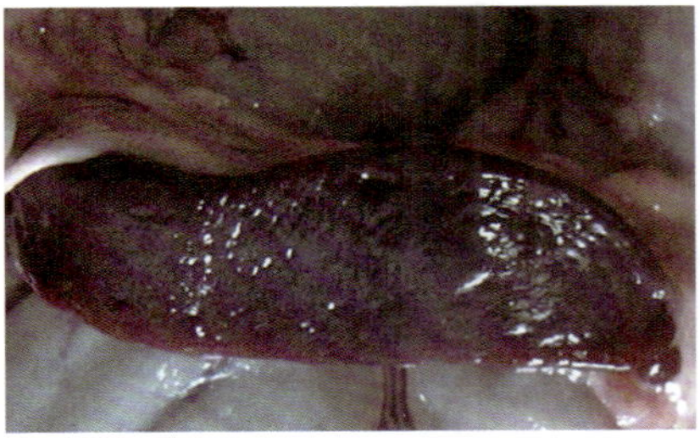

图5-98　脾脏肿大

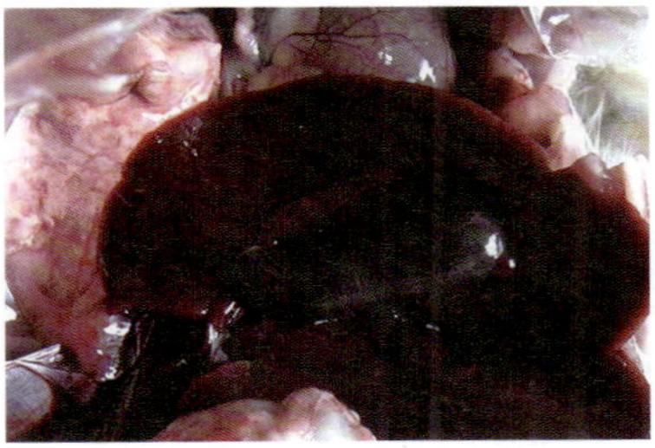

图5-99　胆囊胀大

【诊断要点】①本病多见于吸血昆虫大量繁殖的夏、秋季节。②有发热、贫血、消瘦等症状和脾肿大等病理变化。③取血涂片、染色，镜检附红体及被感染的红细胞形态（图5-101）。

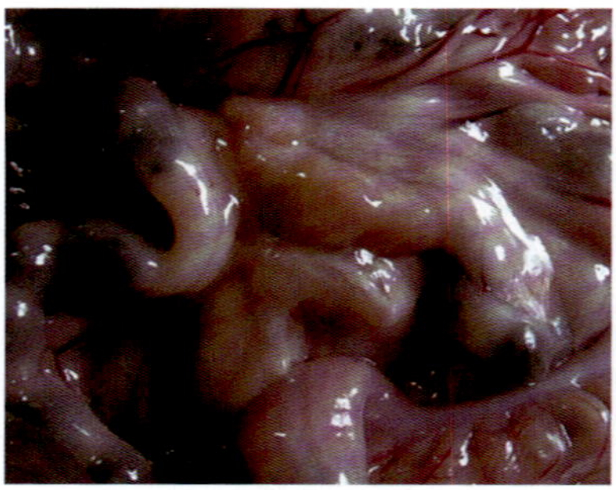

图5-100 肠系膜淋巴结肿大

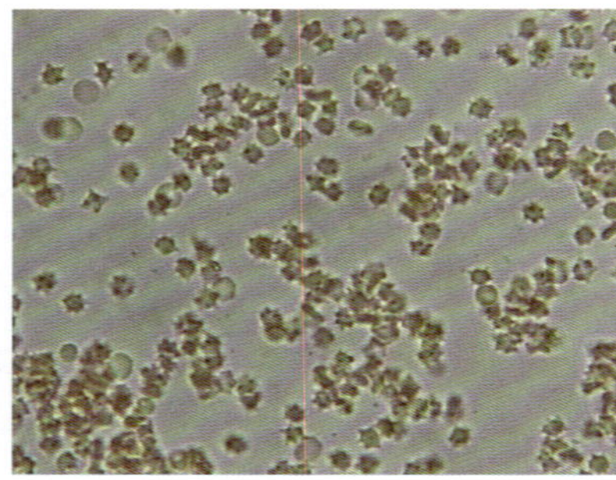

图5-101 变形的红细胞形态

【预防】

（1）购种严格检查。成年兔是带菌者，所以购入种兔时要严格进行检查。

（2）减少各种应激。消除各种应激因素对兔体的影响。

（3）做好夏、秋季节兔群管理工作。防止昆虫叮咬。

【治疗方案】

[方1] 新胂凡纳明：40～60毫克/千克体重，以5%葡萄糖溶液溶解成10%注射液，静脉缓慢注射，每天1次，隔3～6天重复用药1次。

[方2] 四环素：40毫克/千克体重，肌内注射，每天2次，连用7天。

[方3] 土霉素：40毫克/千克体重，肌内注射，每天2次，连用7天。

此外，血虫净（贝尼尔）、氯苯胍等也可用于本病的治疗。贝尼尔+多西环素或贝尼尔+土霉素按说明用药，效果良好。

本病为人畜共患病，注意个人卫生防护

十一、兔流行性小肠结肠炎（ERE）

兔流行性小肠结肠炎（ERE）是家兔的一种胃肠道疾病，1996～1997年发生于法国西部地区的一些兔场，以严重水样腹泻为特征，可以广泛传播，1998年已蔓延法国的不少地区。

【病原】病原尚不清楚。

【流行特点】不同品种不同品系的兔均可发生，主要侵害6～8周龄育肥兔，常在断奶后发生，也可见于成年兔，野兔不感染，但饲养野兔可发病。动物接触性传染，也可通过污染饲料传播，传播迅速。本病与兔球虫有协同致病作用，即在有球虫感染的兔场可增加本病的发病率和死亡率。

【临床症状和病理变化】发病兔精神沉郁，黏膜苍白，水样腹泻，肛门有水样粪便污染。患兔体温不高，采食减少，腹部膨胀，极度口渴，多因脱水而死亡，死亡率达30%～80%。病变主要分布在整个肠道以及胃，胃肠胀气，胃内容物为液体，同时伴有盲肠麻痹，肠道特别是结肠和小肠有黏液渗出，大部分病例肠内含有大量半透明的黏液，但盲肠肉眼可见病变。

【诊断要点】6～8周龄的兔易发；本病在临床症状和病理变化上都没有特征性的变化。目前尚无可靠的诊断方法。

【预防】目前对本病的病原体尚不确定，所以本病尚无可靠的治疗方法。预防可在饲料中添加杆菌肽锌或泰莫林，可以降低发病率和死亡率。

【治疗方案】

杆菌肽锌对该病有治疗作用。

目前我国还没有发生本病的报道，但存在极高的风险。

十二、兔密螺旋体病

兔密螺旋体病俗称兔梅毒，是由兔密螺旋体引起的成年兔的一种慢性传染病。

【病原】兔梅毒螺旋体，是呈革兰氏染色阴性的细长螺旋形微生物。本病原微生物只感染兔，不感染其他动物。

【流行特点】本病只发生于家兔和野兔，病原体主要存在于病变部组织，主要通过配种经生殖器传播，故多见于成年兔，青年兔、幼兔很少发生。育龄母兔发病率比公兔高，放养兔比笼养兔发病率高，发病的兔几乎不会死亡。

【临床症状和病理变化】潜伏期为2～10周。病兔精神、食欲、体温均正常，主要病变为母兔阴唇、肛门皮肤和黏膜发生炎症、结节和溃疡。公兔阴囊水肿，皮肤呈糠麸样。阴茎水肿，龟头肿大，睾丸也会发生病变（图5-102～图5-105）。通过搔抓病部，可将其分泌物中的病原体带至其他部位，如鼻、唇、眼睑、面部、耳等处（图5-106）。慢性者导致患部呈干燥鳞片状病变，被毛脱落。腹股沟与腘淋巴结肿大。母兔病后失去配种能力，受胎率下降。

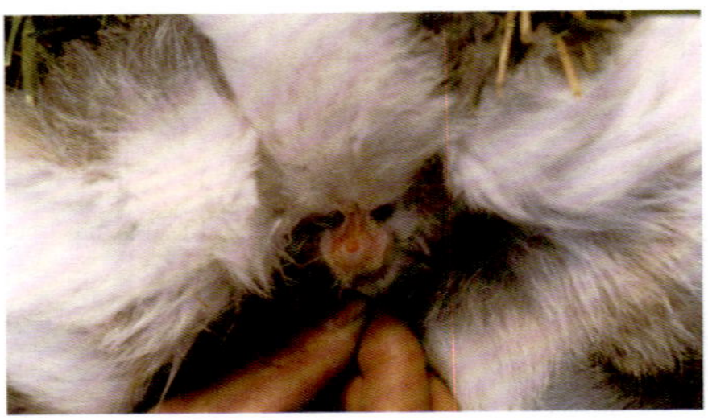

图5-102　龟头与包皮红肿

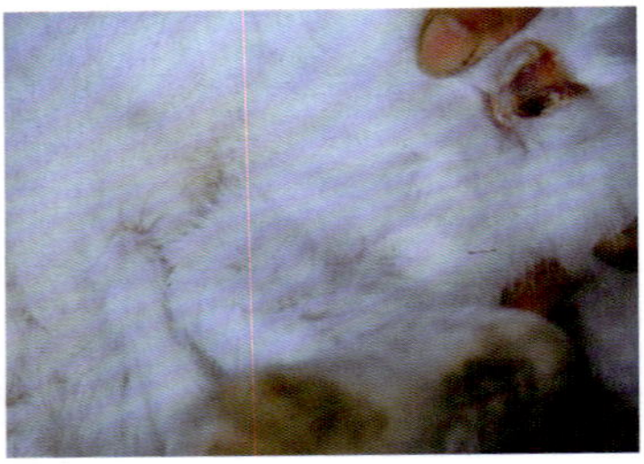

图5-103　阴部皮肤发炎、结痂

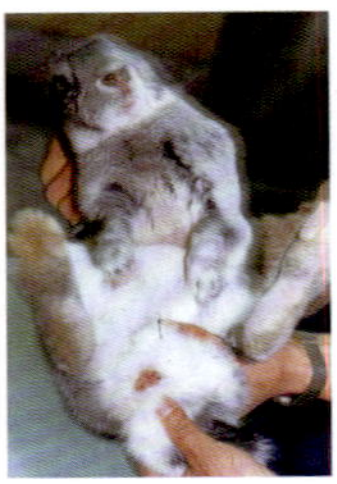

图5-104　阴部有痂皮

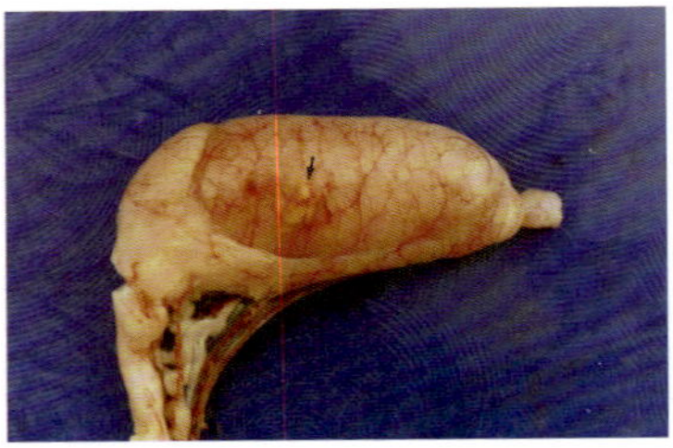

图5-105　睾丸肿大、充血、出血

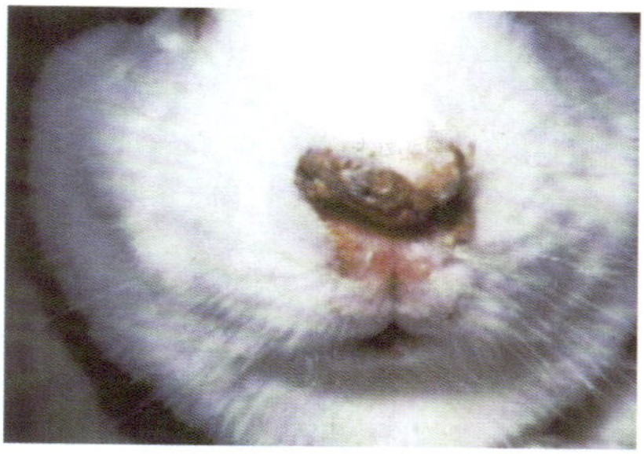

图5-106　鼻、唇部皮肤发炎并结痂

【诊断要点】成年兔多发，放养兔较笼养兔易发。发病率高，但几乎无死亡。根据外生殖器的典型病变可做初步诊断，确诊应依据病原体的检出。

【预防】

（1）定期检查公母兔外生殖器，对患兔或可疑兔停止配种，隔离治疗。重病者淘汰，并用1%～2%烧碱或3%来苏尔对兔笼用具、环境进行消毒。

（2）引进的种兔，隔离饲养1个月，确认无病后方可入群。

【治疗方案】

治疗采取局部与全身治疗相结合，效果较好。

（1）局部治疗。可用2%硼酸溶液、0.1%高锰酸钾溶液冲洗后，涂擦碘甘油或青霉素软膏。治疗期间停止配种。

（2）全身治疗

[方1] 苄星青霉素G：42000单位/千克体重，皮下注射，每周1次，连用3周，可根除兔群内的密螺旋体病。用青霉素治疗期间应增喂干草，同时注意消化道疾病的发生。

[方2] 新砷凡纳明：40～60毫克/千克体重，用生理盐水配成5%溶液，耳静脉注射。一次不能治愈者，间隔1～2周重复 1次。配合青霉素，效果更佳。青霉素2万～4万单位/千克体重，每天2次，肌内注射，连用3～5天。用新砷凡纳明进行静脉注射时，切勿漏出血管外，以防引起坏死。

[方3] 氨苄西林钠：肌内注射，10～20毫克/千克体重，每天2次，连用2～3天。

[方4] 盐酸四环素：静脉注射，5～10毫克/千克体重，每天2次，连用2～3天。

本病对人和其他动物无感染力。

十三、毛癣菌病

毛癣菌病是由致病性皮肤癣真菌感染表皮及其附属结构（如毛囊、毛干）而引起的疾病，其特征为皮肤局部脱毛、形成痂皮甚至溃疡。除兔外，本病也可感染人、多种畜禽以及野生动物。兔群一旦感染，死亡率虽不高，但导致家兔采食量下降，生长受阻，出栏期延长，皮用兔皮毛质量下降，同时很难根治，是目前危害兔业发展的主要顽疾之一。

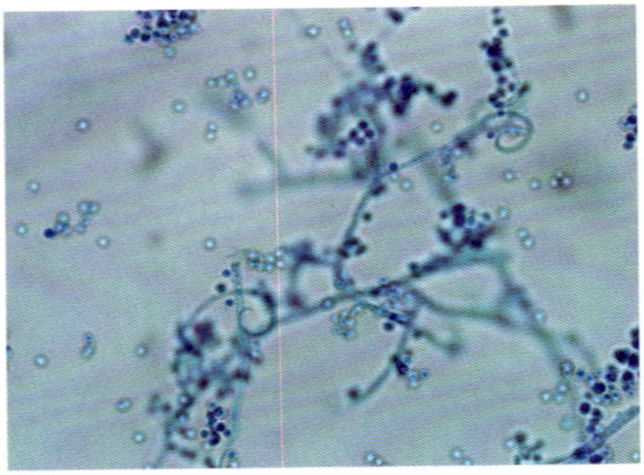

图5-107　须发毛癣菌形态（×1000倍）

【病原】须发癣菌是引起毛癣菌病最常见的病原体，石膏状小孢霉、犬小孢霉等也可引起（图5-107～图5-109）。

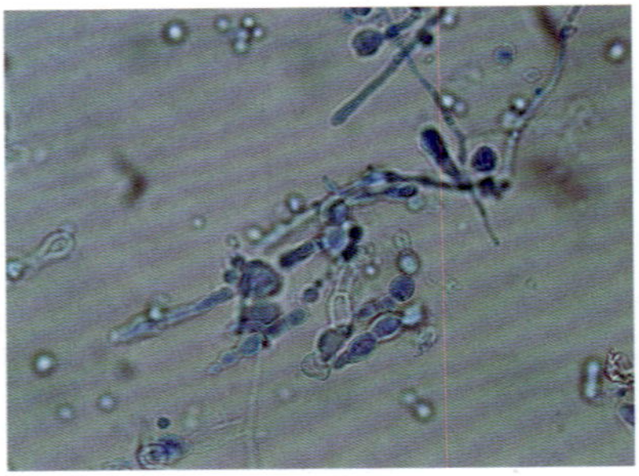

图5-108　石膏状小孢霉形态（×1000倍）

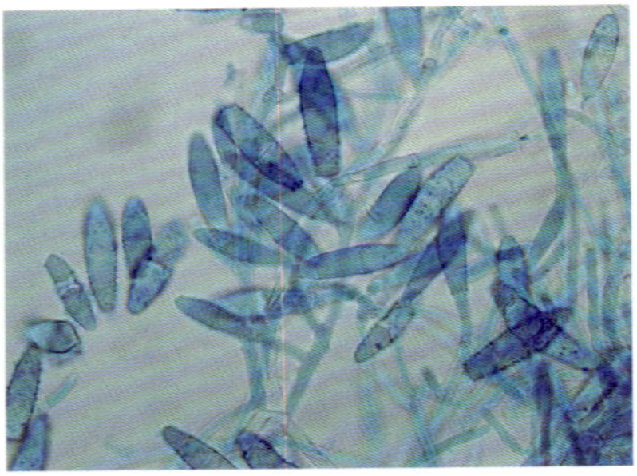

图5-109　犬小孢霉形态（×1000倍）

【流行特点】本病多由引种不当导致。引进的隐性感染者（青年兔或成年兔）不表现临床症状，待配种产仔后，哺乳仔兔相继感染发病，青年兔可自愈，但常为带菌者（图5-110）。

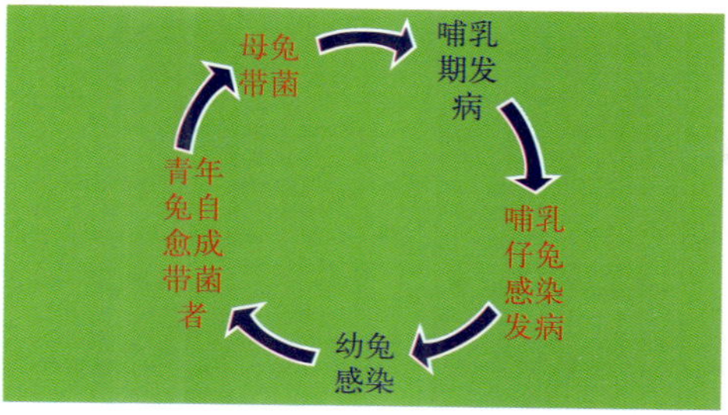

图5-110　癣菌病的传播过程

【临床症状和病理变化】带菌母兔分娩后，其仔兔吸吮母兔乳头时，乳头周围被毛湿润，使隐性感染的癣菌发病，一方面乳头周围脱毛、发红、起痂皮，同时仔兔吸乳时被感染。最先从嘴周发病，随后迅速扩散到鼻部、面部、眼周围、耳朵及颈部等皮肤，继而感染肢端、腹下和其他部位（包括肛门、阴部等），患部皮肤形成不规则的块状或圆形、椭圆形脱毛与断毛区，覆盖一层灰白色糠麸状痂皮，并发生炎性变化，有时形成溃疡（图5-111～图5-117）。患兔剧痒，不安，采食下降，逐渐消瘦，或继发感染使病情恶化而死亡。本病虽可自愈，但成为带菌者，严重影响其生长及毛皮质量。

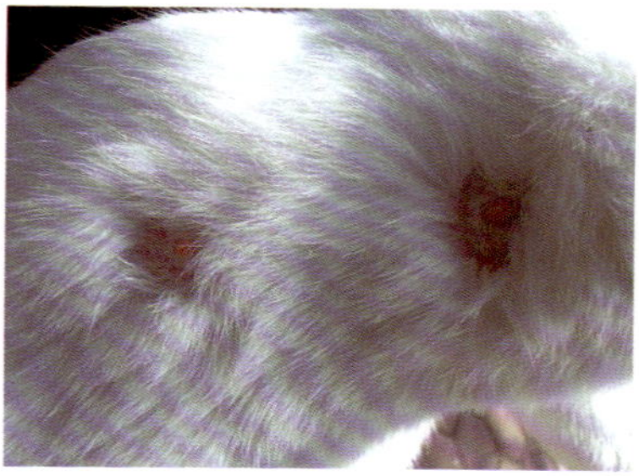

图5-111　母兔乳头周围脱毛、发红、结痂

图5-112　嘴、眼、耳等部位脱毛、结痂、出血

图5-113　嘴、眼、耳部脱毛、结痂

图5-114　同窝、同笼兔相继或同时发病

图5-115　眼圈、肢部及腹部发生脱毛、充血、结痂

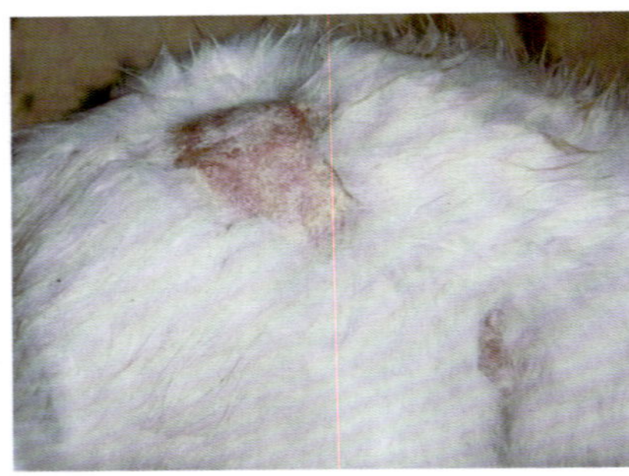

图5-116　皮肤上覆盖一层白色糠麸样痂皮

【诊断要点】①有从感染本病兔群引种史。②仔、幼兔易发，成年兔常无临诊症状但多为隐性带菌者，成为兔群感染源。③皮肤的特征病变。④刮取皮屑检查，发现真菌孢子和菌丝体即可确诊。

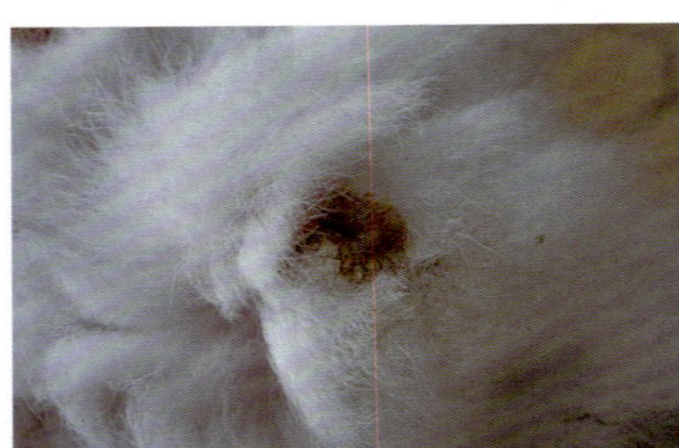

图5-117　阴部形成灰色痂皮

【预防】

（1）引种要严格检查。对供种场兔群尤其是仔、幼兔要严格

调查，确定为无病的方可引种。笔者建议：种兔引进本场时，必须隔离观察至第一胎仔兔断奶，确认出生后的仔兔无本病发生，才能将种兔混入本场兔群中饲养。

（2）及时发现，及时淘汰。一旦发现兔群有疑似病例，立即隔离治疗，最好作淘汰处理，并对所处环境进行全面彻底消毒。

【治疗方案】由于本病传染快，治疗有效果但易复发，建议以淘汰为主。

[方1] 克霉唑：对初生仔兔全身涂抹克霉唑制剂可以有效预防本病发生。也可将克霉唑、滑石粉等混合撒在产仔箱内。

[方2] 局部治疗。先用肥皂或消毒药水涂擦，以软化痂皮，将痂皮去掉，然后涂擦2%咪康唑软膏或益康唑霉菌软膏等，每天涂2次，连涂数天。

[方3] 全身治疗。口服灰黄霉素，按每千克体重25 ~ 60毫克，每天1次，连服15天，停药15天再用15天。灰黄霉素有致畸作用，孕兔禁用。肉用兔禁用。

本病可传染给人，尤其是小孩、妇女（图5-118、图5-119），因此须注意个人防护工作。

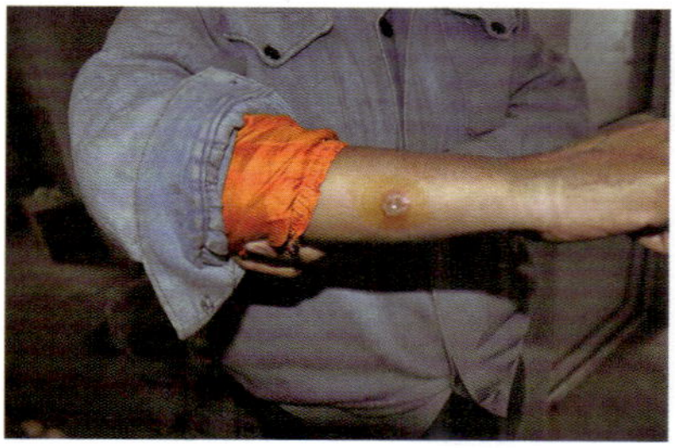

图5-118　饲养人员感染真菌

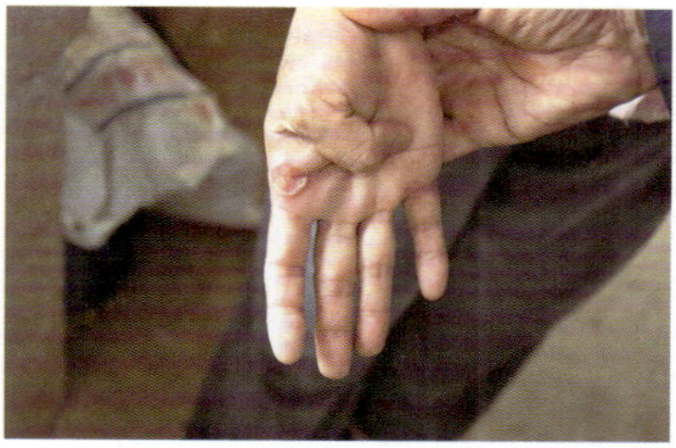

图5-119　手背感染后发红、起痂皮

十四、球虫病

兔球虫病是由艾美耳科艾美耳属的多种球虫引起的、发生在兔身上的一种病害。

【病原】兔球虫病的病原是艾美耳科艾美耳属的多种球虫（图5-120）。其中常见的有斯氏艾美耳球虫、中型艾美耳球虫、大型艾美耳球虫、无残艾美耳球虫、肠艾美耳球虫等。球虫发育史分为三个阶段：①无性繁殖阶段，球虫寄生部位（上皮细胞内）以裂殖法进行增殖。②有性繁殖阶段，以配子生殖法形成雌性细胞（大配子）和雄性细胞（小配子），雌雄细胞融合成合子，这一阶段也在宿主上皮细胞内完成。③孢子生殖阶段，合子变为卵囊，卵囊内原生质团分裂为孢子囊和子孢子，该阶段在外界环境中完成。

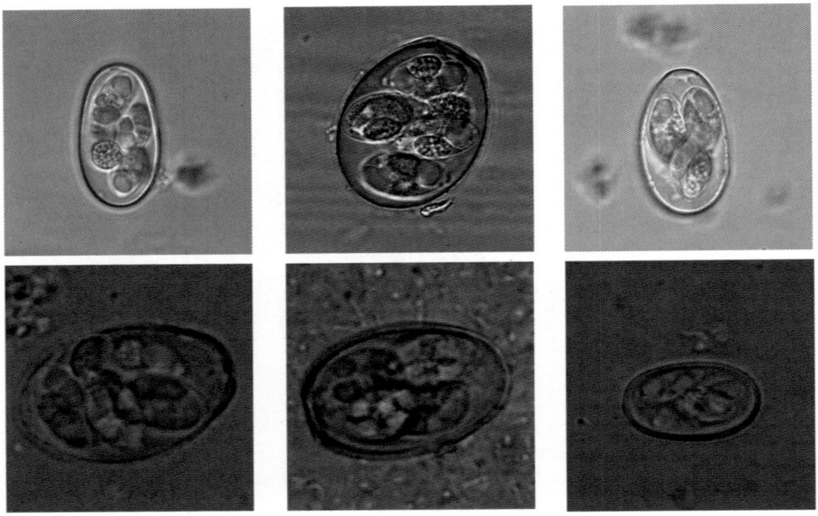

图5-120 常见兔艾美耳科艾美耳属球虫形态

【流行特点】兔是兔球虫病的唯一自然宿主。本病一般在温暖多雨的季节流行，在南方早春及梅雨季节高发，北方一般在7～8月份，呈地方性流行。各品种兔对本病都有易感染性。成年兔受球虫的感染强度较低，因有免疫力，一般都能耐过。断奶到3月龄的兔最易感染，其感染率可达100%，患病后幼兔的死亡率也很高，可达80%左右。耐过的兔长期不能康复，生长发育受到严重影响，一般体重可减轻14%～27%。

成年兔、兔笼和鼠类等在球虫病的流行中起着很大的作用。球虫卵囊对化学药品和低温的抵抗力很强，但在干燥和高温条件下很容易死亡，如在80℃热水中10秒钟死亡，在沸水中立即死亡。紫外线对各发育阶段的球虫均有较强的杀灭作用。

【临床症状和病理变化】根据病程长短和强度可分为最急性、急性、慢性。最急性病程3～6天，家兔常死亡；急性病程1～3周；慢性病程1～3个月。

根据发病部位可分为肝型、肠型和混合型3种类型。肝型球虫病的潜伏期为18～21天，肠型球虫病的潜伏期依寄生虫种不同在5～11天之间，多呈急性。除人工感染外，生产实践中球虫病往往是混合型。

病初食欲降低，随后废绝，伏卧不动（图5-121），精神沉郁，两眼无神，眼鼻分泌物增多，贫血，下痢，幼兔生长停滞。有时腹泻或腹泻与便秘交替出现（图5-122）。病兔因肠臌气，肠壁增厚，膀胱积尿，肝脏肿大而出现腹围增大，手叩似鼓。家兔患肝球虫病时，肝区触诊疼痛；肝脏严重损害时，结膜苍白，有时黄染。病至末期，幼兔出现神经症状，四肢痉挛，头向后仰，有时麻痹，最终因衰竭而死亡（图5-123）。

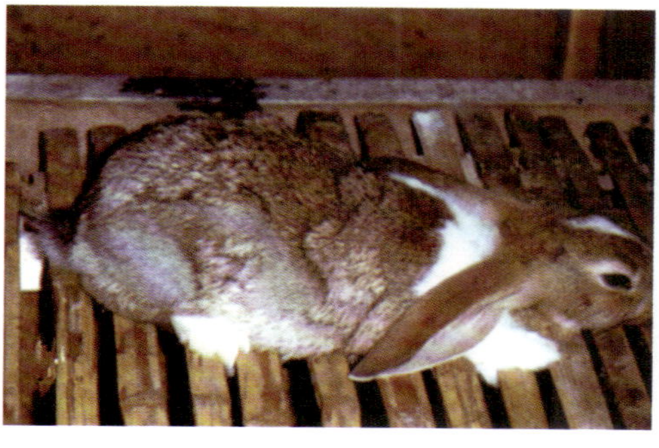

图5-121　患兔食欲减退且伏地

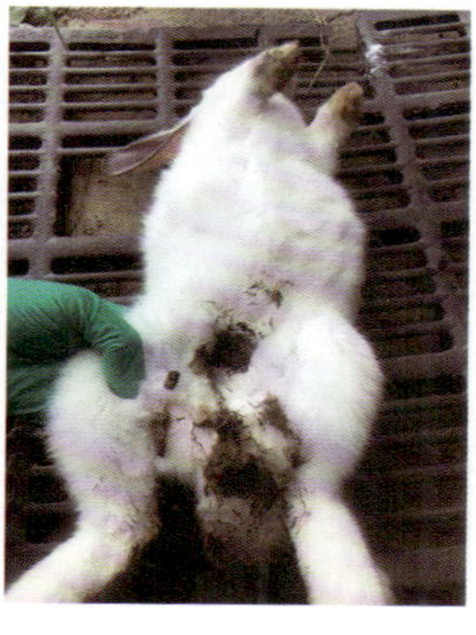

图5-122　腹泻

图5-123 兔四肢痉挛且头向后仰

肝脏变化：疾病早期，肝实质部结节是分散的，其中为乳样内容物，到疾病的后期结节会相互融合，其中为奶酪样内容物。剖检可见肝肿大，表面有粟粒至豌豆大的圆形白色或淡黄色结节病灶（图5-124、图5-125），沿小胆管分布。切面胆管壁增厚，管腔内有浓稠的液体或有坚硬的矿物质。胆囊肿大，胆汁浓稠、色暗。空肠、盲肠臌气、肠壁变薄（图5-126），腹腔积液（图5-127）。急性期，病兔肝脏极度肿大，较正常肿大约7倍。慢性肝球虫病，其胆管周围和肝小叶间部分结缔组织增生，肝细胞萎缩（间质性肝炎），胆囊黏膜有卡他性炎，胆汁浓稠，内含崩解的上皮细胞。镜检有时可发现大量的球虫卵囊。

肠管变化：病变主要在十二指肠、空肠、回肠和盲肠等部位。可见肠壁血管充血，肠黏膜充血并有点状溢血（图5-128）。小肠内充满气体和大量黏液，有时肠黏膜覆盖有微红色黏液（图5-129、图5-130）。慢性病例，可见肠道增厚，肠黏膜呈淡灰色或发白，肠黏膜上有许多小而硬的白色结节（内含大量球虫卵囊）和小的化脓性、坏死病灶。

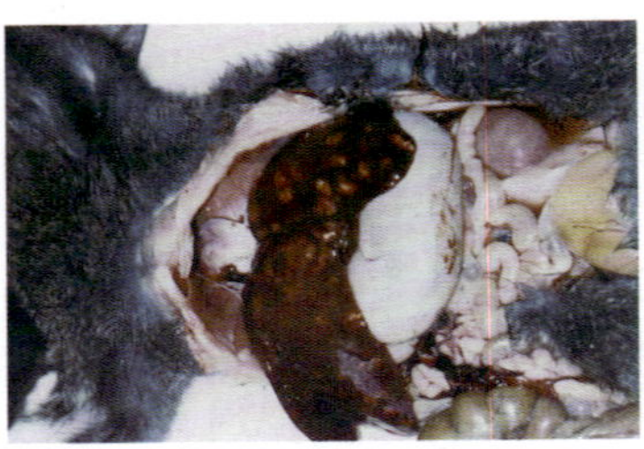

图5-124 肝表面有淡黄白色圆形结节

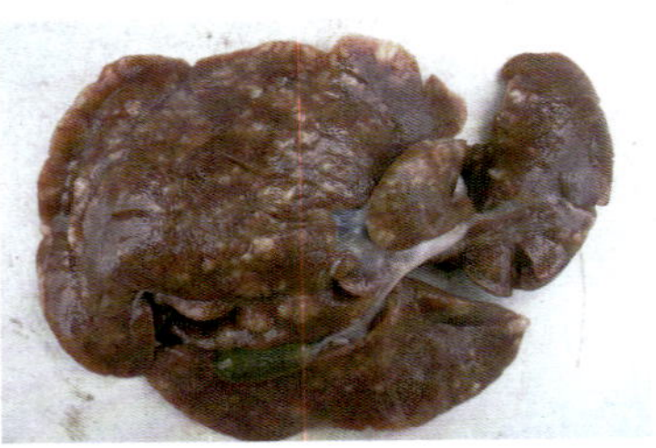

图5-125 肝脏上密布大小不等的淡黄色结节

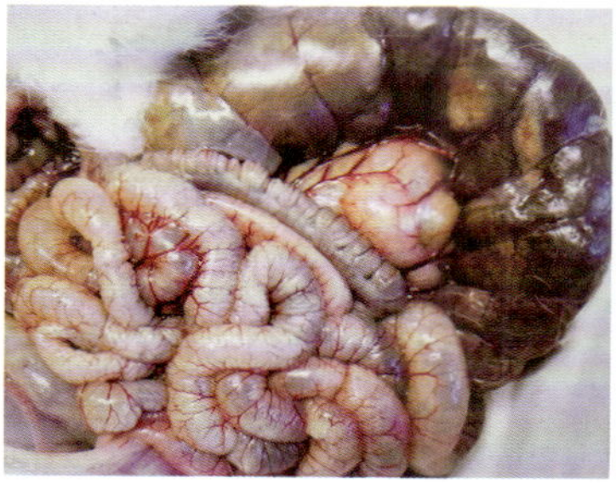

图5-126 空肠、盲肠臌气、肠壁变薄

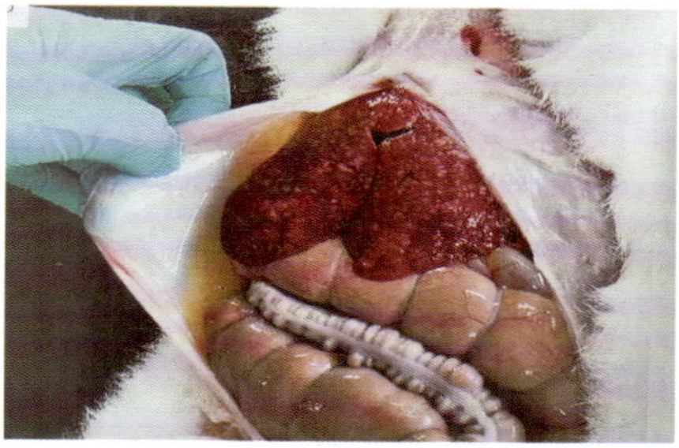

图5-127 腹腔有积液

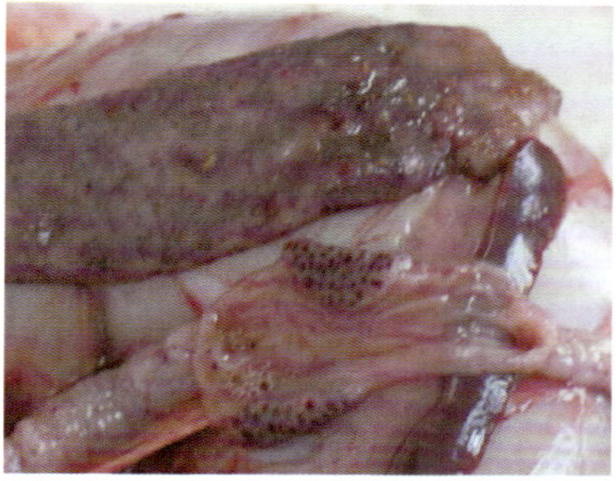

图5-128 肠黏膜出血并有点状出血点

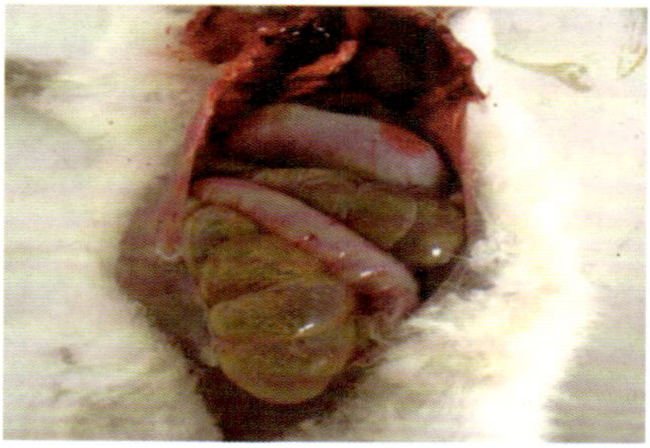

图5-129 小肠肠道充满气体和大量黏液

【诊断要点】①温暖潮湿环境易发；②幼龄兔易感染发病，病死率高；③主要表现腹泻、消瘦、贫血等症状；④肝、肠特征的结节状病变；⑤检查粪便卵囊。也可在剖检后取肠道内容物、肠黏膜、结节等进行压片或涂片，用姬姆萨氏液染色，镜检如发现大量的裂殖体、裂殖子等各型虫体也可确诊

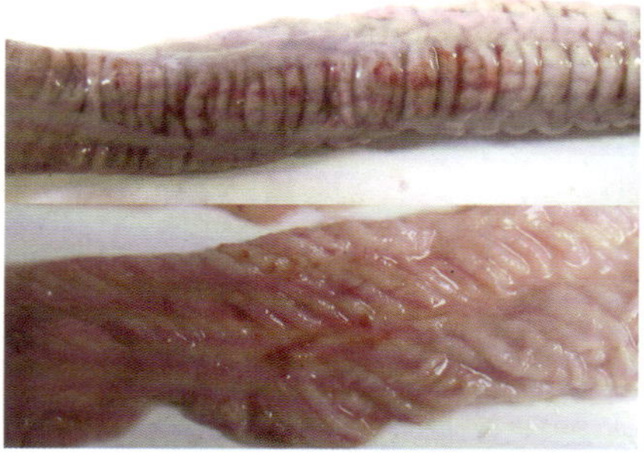

图5-130 结肠出血

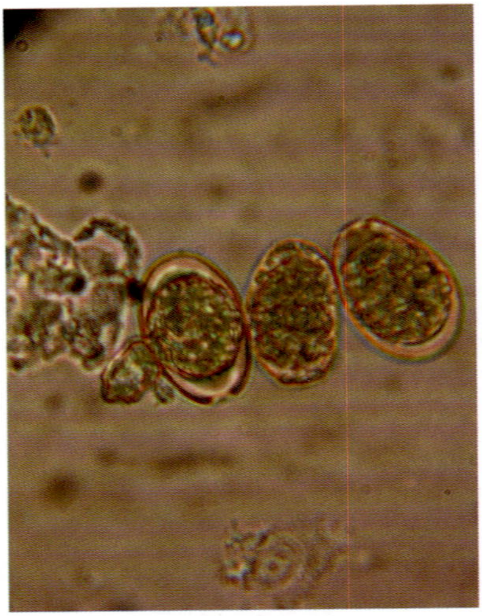

图5-131　小肠内检查到的兔球虫卵囊

（图5-131）。

【预防】

（1）实行笼养，大小兔分笼饲养，定期消毒，保持室内通风干燥。

（2）兔粪尿要堆积发酵，以杀灭粪中卵囊。病死兔要深埋或焚烧。兔青饲料地严禁用兔粪作肥料。

（3）定期进行药物预防。成年兔是兔群中传染源，因此要定期加药驱虫。幼兔是球虫病的高发阶段，须进行药物预防。常用的抗球虫药物有氯苯胍、地克珠利、妥曲珠利、磺胺类药物（磺胺喹噁啉、磺胺二甲嘧啶、磺胺对氧嘧啶、复方新诺明等）。

【治疗方案】

[方1] 氯苯胍：按0.03%混饲，用药1周后改为预防量0.015%。

[方2] 地克珠利：按0.002%混饲，连续用药7天，改为预防量0.0001%。

[方3] 妥曲珠利：每日饮用药物浓度为0.0025%的饮水，连喂2天，间隔5天，再用2天，即可完全控制球虫病。

【治疗注意事项】①及早用药。②轮换用药。一般一种药使用3～6个月改换成其他药，但不能换为同一类型的药，如不能从一种磺胺药换成另一种磺胺药，以防产生抗药性。③应注意对症治疗。如补液、补充维生素K、维生素A等。④有些抗球虫药物禁用或慎用。家兔禁用马杜拉霉素，慎用莫能菌素。⑤注意休药期。参考不同药物休药期合理用药。

十五、豆状囊尾蚴病

豆状囊尾蚴病是由豆状带绦虫的幼虫——豆状囊尾蚴寄生于兔的肝脏、肠系膜和大网膜等所引起的疾病。养犬的兔场，该病的发生率高。

【病原】豆状带绦虫寄生于犬、狼、猫和狐狸等肉食兽的小肠内（图5-132），成熟绦虫排出含卵节片，兔食入含有节片和虫卵的饲料后，六钩蚴便从卵中钻出，进入肠壁血管，随血液到达肝脏，再钻出肝膜，进入腹腔，在肠系膜、大网膜等处发育为豆状囊尾蚴。豆状囊尾蚴虫体呈囊泡状，大小10～18毫米，囊内含有透明液和一个头节，具成虫头节的特征（图5-133）。

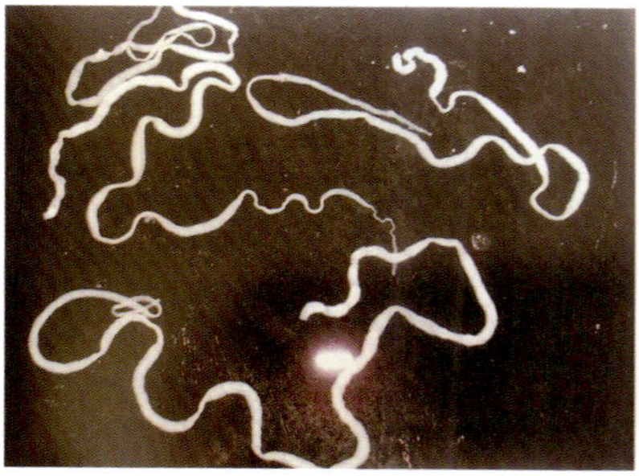

图5-132 豆状带绦虫

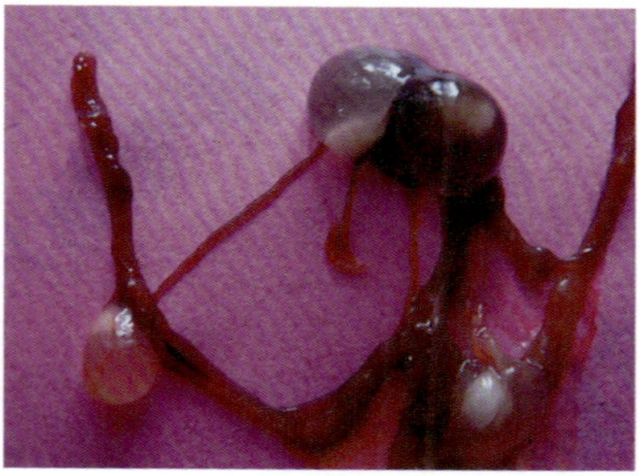

图5-133 豆状囊尾蚴呈囊泡状，其中有一个白色头节

【流行特点】本病呈世界性分布。各种年龄的兔均可发生。因成虫寄生在犬、狐狸等肉食动物的小肠内，因此，凡饲养有犬的兔场，如果对犬管理不当，往往造成整个群体发病。

【临床症状和病理变化】轻度感染一般无明显症状。重度感染时可导致肝炎和消化障碍等表现，如食欲减退，腹围增大，精神不振，嗜睡，逐渐消瘦，最后因衰竭而死亡。急性发作可引起突然死亡。剖检见正在从肝脏中出来的虫体，囊尾蚴一般寄生在肠系膜、大网膜、肝表面、膀胱等处浆膜，数量不等，状似小水泡或石榴籽

(图5-134 ~ 图5-137)。虫体通过肝脏的迁移导致肝出现弯曲的通道，严重时导致肝炎、纤维化和坏疽等(图5-138、图5-139)。

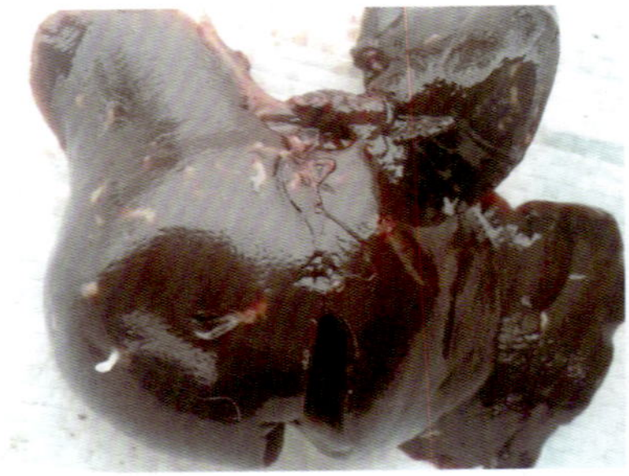

图5-134　有一囊尾蚴即将从肝脏中移行出来

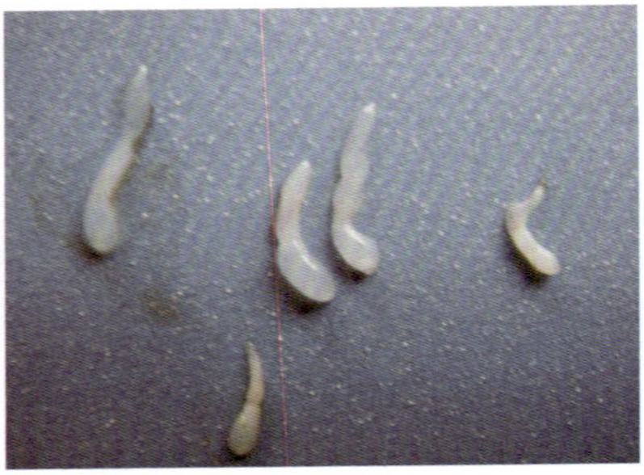

图5-135　刚从肝脏中出来的囊尾蚴

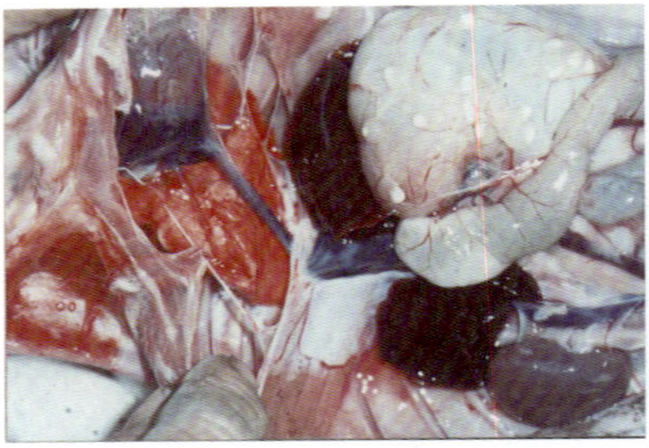

图5-136　胃浆膜面寄生的豆状囊尾蚴

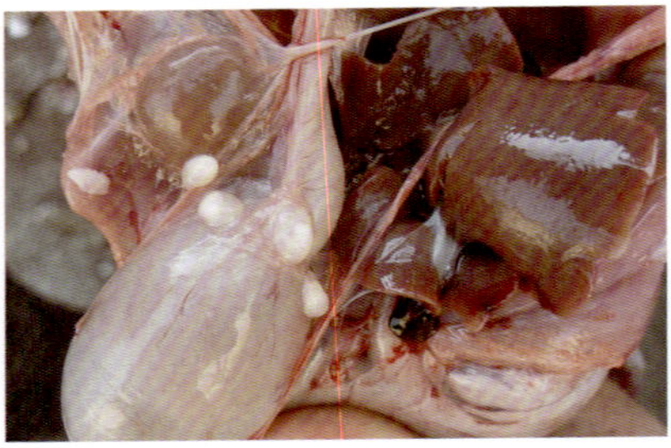

图5-137　膀胱浆膜上寄生的豆状囊尾蚴

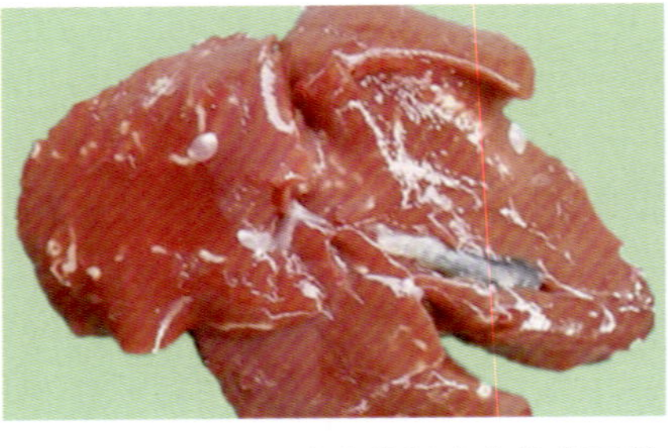

图5-138　已从肝脏中移行出来的囊尾蚴

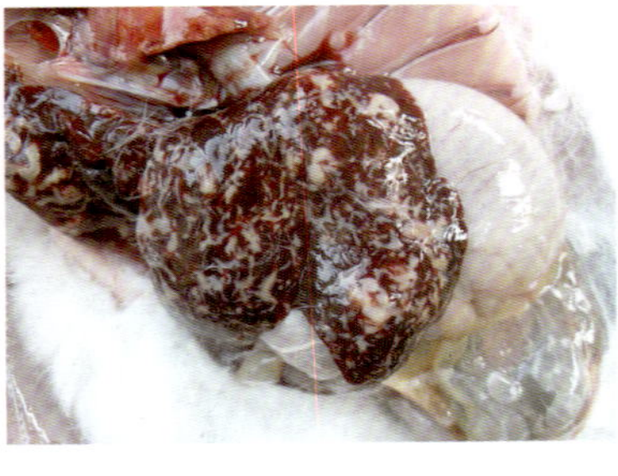

图5-139　肝大面积结缔组织增生

【诊断要点】兔场饲养犬的兔群多发。生前仅以症状难以做出诊断，可用间接凝集反应检测诊断。剖检发现豆状囊尾蚴即可做出确诊。

【预防】

（1）做好兔场饲料卫生管理工作。

（2）兔场内禁止饲养犬、猫或对犬、猫定期进行驱虫。驱虫药物可用吡喹酮，根据说明用药。禁止用带虫的病死兔喂犬、猫等。

【治疗方案】

[方1] 吡喹酮：10～35毫克/千克体重，口服，每天1次，连用5天。

[方2] 芬苯达唑：拌料喂服，50毫克/千克体重，每天1次，连用5天。

[方3] 阿苯达唑：内服，10～15毫克/千克体重，每天1次，连用5天。

[方4] 氯硝柳胺：拌料喂服，一次量为8～10毫克/千克体重。

[方5] 甲苯咪唑：按1克/千克饲料或50毫克/千克体重饲喂，连用14天。

凡养犬的兔场，本病发生率非常高。兔群一旦检出一个病例，应考虑对全群进行预防和治疗。

十六、螨病

兔螨病又称疥癣病，是由痒螨和疥螨等寄生于体表或真皮而引起的一种高度接触性慢性外寄生虫病。其特征为病兔剧痒、结痂性皮炎、脱毛和消瘦。

【病原】兔螨病病原为兔痒螨、兔疥螨、兔背肛螨和兔毛囊螨等（图5-140、图5-141）。

【流行特点】不同年龄的兔均可感染本病，但幼兔比成年兔易感性强，发病严重。主要通过健康兔和病兔接触感染，也可由兔笼、饲槽和其他用具间接传播。日光不足，阴雨潮湿及秋冬季节最适于螨的生长繁殖和促使本病的发生。

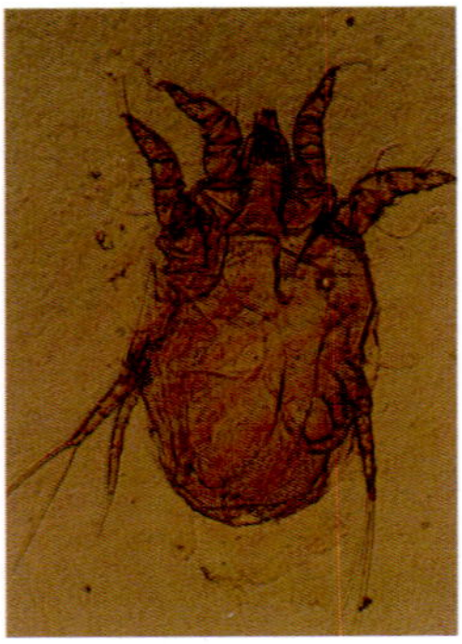

图5-140 痒螨的形态

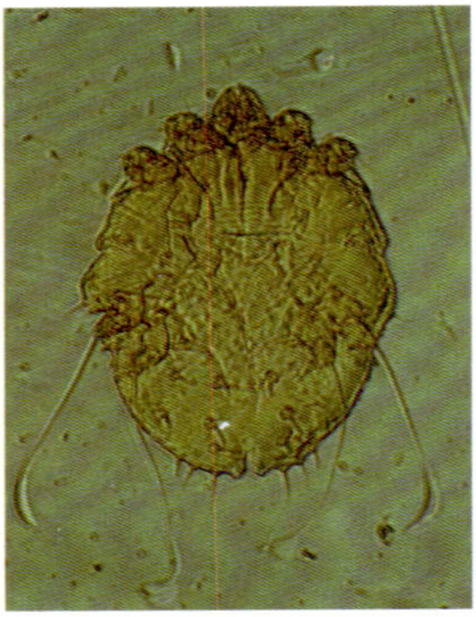

图5-141 疥螨的形态

【临床症状和病理变化】

痒螨病：由痒螨引起。主要寄生在耳内，偶尔也可寄生于其他部位，如会阴的皮肤皱襞。病兔频频甩头，检查耳根、外耳道内有黄色痂皮和分泌物（图5-142），病变蔓延至中耳、内耳甚至脑膜炎时，可导致斜颈、转圈运动、癫痫等症状（图5-143）。

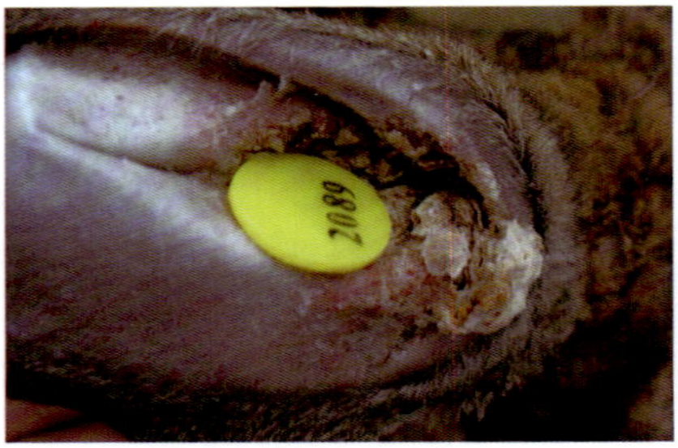

图5-142 耳廓内皮肤粗糙、结痂，有较多干燥分泌物

图5-143 痒螨引起的斜颈、转圈运动

疥螨病：由兔疥螨、背肛疥螨等引起。一般发病在头部和掌部无毛或短毛部位，如脚掌面、脚爪部、耳边缘、鼻尖、口唇等部

位，出现白色痂皮（图5-144～图5-146），兔有痒感，频频用嘴啃咬患部，故患部发炎、脱毛、结痂、皮肤增厚和龟裂，采食下降，如果不及时治疗，最终消瘦、贫血，甚至死亡。有的病例家兔被痒螨、疥螨同时感染（图5-147）。

图5-144　四肢、鼻端均被感染、结痂

图5-145　嘴唇皮肤结痂、龟裂、出血

图5-146　耳边缘皮肤增厚、结痂

图5-147　耳内、耳边缘及鼻部混合感染

【诊断要点】①秋冬季节多发。②耳内、皮肤结痂脱毛等特征病变，病变部有痒感。③在病部与健部皮肤交界处刮取痂皮检查，或用组织学方法检查病部皮肤，发现螨虫即可确诊。

【预防】

（1）定时消毒，保持兔舍清洁卫生。兔舍、兔笼定期用火焰或2%敌百虫水溶液进行消毒。

（2）发现病兔，及时隔离治疗，种兔停止配种。

【治疗方案】

[方1] 伊维菌素：伊维菌素是目前预防和治疗本病的最有效的药物，有粉剂、胶囊和针剂，根据产品说明使用。

[方2] 螨净：其成分为2-异丙基-6-甲基-4嘧啶基硫代磷酸盐，按1:500比例稀释，涂擦患部。

【治疗注意事项】①治疗后，隔7～10天再重复一个疗程，直至治愈为止。②治疗与消毒兔笼同时进行。③家兔不耐药浴，不能将整个兔浸泡于药液中，仅可依次分部位治疗。痒螨容易治疗。疥螨较顽固，需要多次用药。

十七、栓尾线虫病

栓尾线虫病是由栓尾线虫寄生于兔的盲肠和结肠所引起的一种感染率较高的寄生虫病。

【病原】栓尾线虫呈白线头样，成虫长5～10毫米，寄生在盲肠和结肠。

【流行特点】本病分布广泛，獭兔多发。

【临床症状和病理变化】轻度感染时，一般不表现症状。严重感染时，表现心神不定，当肛门有虫体活动或雌虫在肛门产卵时，病兔表现不安，肛门发痒，用嘴啃舔肛门，休息受影响，食欲下降，精神沉郁，被毛粗乱，逐渐消瘦，下痢，可发现粪便中有乳白色似线头样栓尾线虫（图5-148）。剖检见大肠内有栓尾线虫（图5-149、图5-150）。严重感染兔，肝脏、肾脏呈土黄色（图5-151）。

【诊断要点】獭兔多发。根据患兔常用嘴舌啃舔肛门的症状可怀疑本病，在肛门处、粪便中或剖检时在大肠发现虫体即可确诊。

【预防】

（1）加强兔舍、兔笼卫生管理。对食盒、饮水用具定期消毒，粪便堆积发酵处理。

图5-148　粪球上附着的栓尾线虫

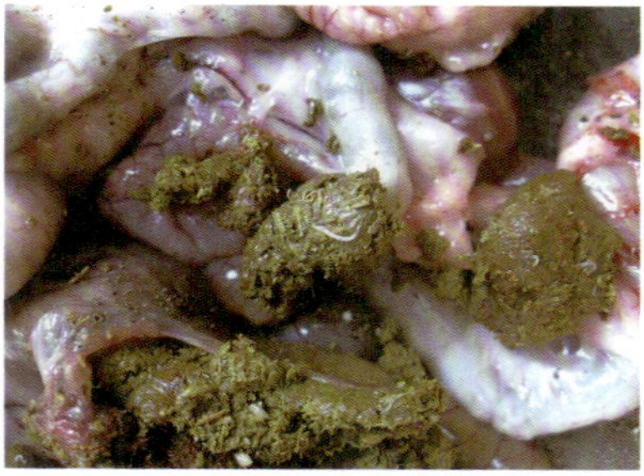

图5-149　盲肠内容物中的栓尾线虫

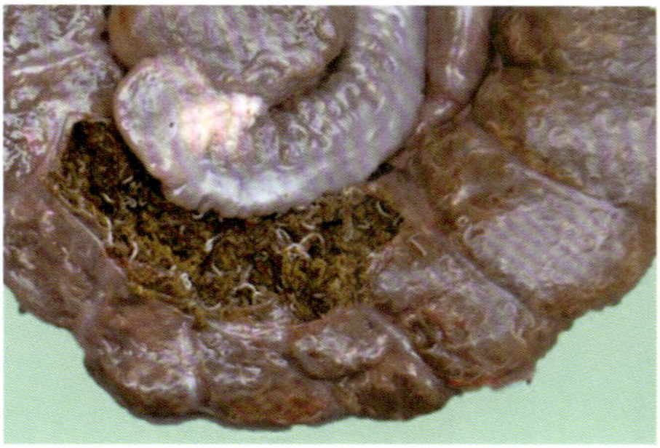

图5-150　盲肠中寄生有栓尾线虫

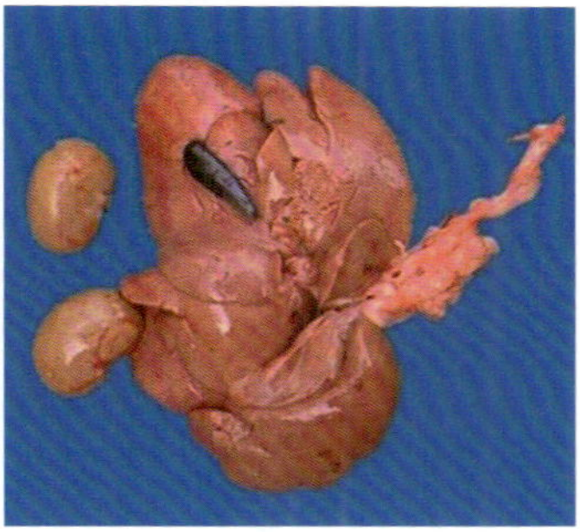

图5-151　肝脏、肾脏呈土黄色

（2）引进的种兔隔离观察1个月，确认无病方可入群。

（3）兔群每年进行2次定期驱虫。可用丙硫苯咪唑等。

【治疗方案】

[方1] 丙硫苯咪唑（抗蠕敏）：10毫克/千克体重，口服，每天1次，连用2天。

[方2] 左旋咪唑：5～6毫克/千克体重，口服，每天1次，连用2天。

[方3] 阿苯达唑：内服，10～15毫克/千克体重，每天1次，连用5天。

[方4] 芬苯达唑：拌料喂服，50毫克/千克体重，每天1次，连用5天。

[方5] 枸橼酸哌嗪：按3克/升饮水2周，间隔两周后重复用药1次。

兔栓尾线虫不感染人。

十八、脑炎原虫病

脑炎原虫病是由兔脑炎原虫寄生于脑内引起的慢性原虫病。一般为慢性、隐性感染，常无症状，有时见脑炎和肾炎症状。该病在许多兔场广泛存在。

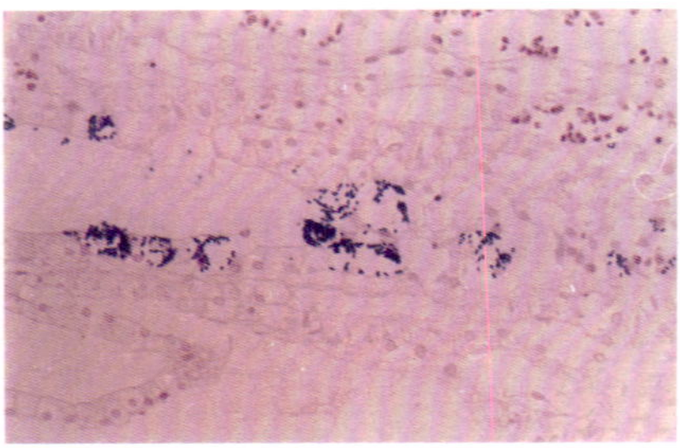

图5-152　脑炎原虫的形态

图5-153　颈歪斜

【病原】兔脑炎原虫的成熟孢子呈杆状，两端钝圆，或呈卵圆形（图5-152）。

【流行特点】本病广布于世界各地。病兔的尿液中含有兔脑炎原虫。主要感染途径为消化道、胎盘。秋冬季节多发。感染率为15% ~76%。

【临床症状和病理变化】通常呈慢性或隐性感染，常无症状，有时可发病，秋冬季节多发，各年龄兔均可感染发病，可见脑炎和肾炎症状，如惊厥、颤抖、斜颈（图5-153）、麻痹、昏迷、平衡失调、蛋白尿及腹泻等。剖检见肾表面有白色小点或大小不等的凹陷状病灶（图5-154），病变严重时肾表面呈颗粒状或高低不平（图5-155）。

【诊断要点】主要根据肾脏、脑的组织变化做诊断。肾、脑可见淋巴细胞与浆细胞肉芽肿，肾小管上皮细胞和脑肉芽肿中心可见脑炎原虫。也可见到淋巴细胞性心肌炎及肠系膜淋巴结炎。

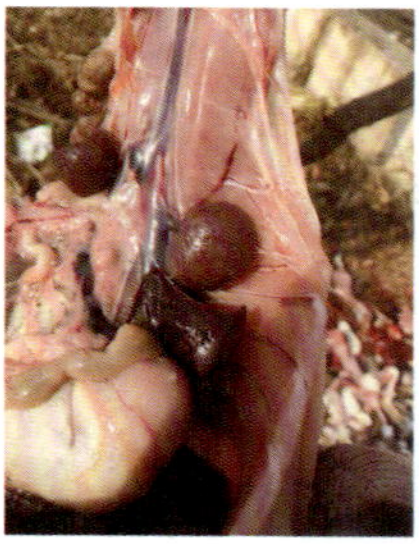

图5-154　双肾上出现大量的凹陷状病灶

图5-155　肾表面有大小不一的凹陷状病灶

【预防】淘汰病兔，加强防疫和改善卫生条件有利于本病的预防。

【治疗方案】目前尚无有效的治疗药物，可试用下列药物。

[方1] 阿苯达唑：20～30毫克/千克体重，口服，每天1次，连用7～14天，然后改为15毫克/千克体重，口服，每天1次，连用30～60天。

[方2] 芬苯哒唑：20毫克/千克体重，口服，每天1次，连用5～28天。

十九、维生素A缺乏症

维生素A缺乏症是家兔维生素A长期摄入不足或吸收障碍所引起的一种慢性代谢病，其特征为生长迟缓、角膜混浊和繁殖功能障碍等。

【病因】日粮中缺乏青绿饲料、胡萝卜素或维生素A添加剂；饲料贮存方法不当，如暴晒、氧化等，破坏饲料中维生素A前体。患肠道病、肝球虫病等，影响维生素A的吸收转化和贮存。

【临床症状和病理变化】仔、幼兔生长发育缓慢。母兔繁殖率下降，不易受胎，受胎的易发生早期胎儿死亡和吸收、流产、死产或产出先天性畸形胎儿，如脑积水、瞎眼等（图5-156～图5-158）。脑积水兔头颅较大，用手触摸软而大，剖检见脑内有大量的积水（图5-159）。长期缺乏可引起视觉障碍，如眼睛干燥，结膜发炎，角膜混浊，严重者失明。有的出现转圈，惊厥，左右摇摆，四肢麻痹等症状。

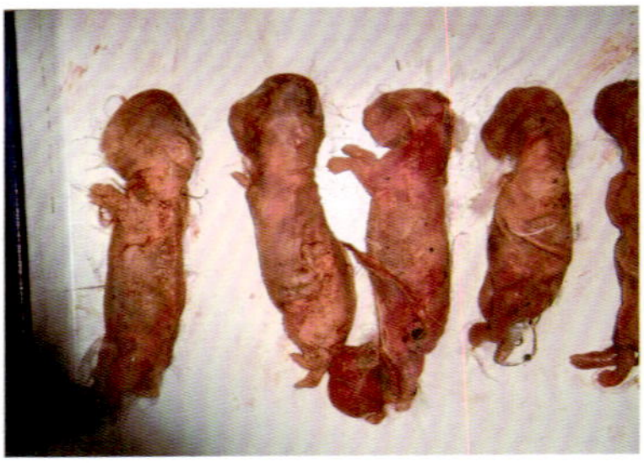

图5-156　初生仔兔头颅骨积水膨大

图5-157　仔兔头颅骨积水膨大

图5-158　整窝仔兔出生后眼角膜混浊、失明

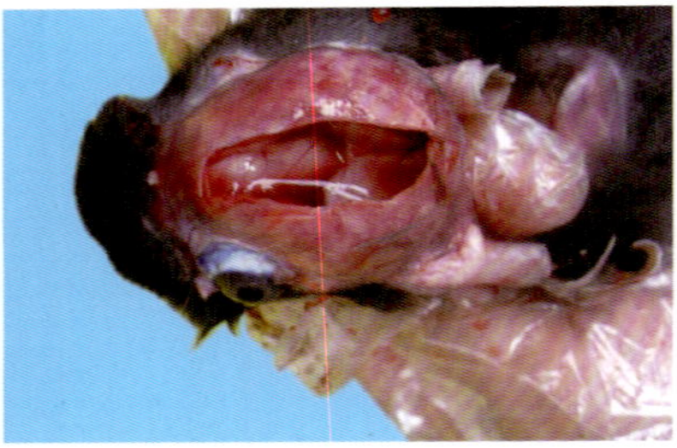

图5-159　颅腔积水

【诊断要点】①饲料中长期缺乏青饲料或维生素A含量不足。有发育、视力、运动、生殖等方面的功能障碍症状。②测定血浆中维生素A的含量，低于20～80微克每升为维生素A缺乏。

【预防】

（1）经常喂给青绿、多汁饲料。

（2）保证每千克兔饲粮中含1万单位的维生素A。

（3）及时治疗兔球虫病和肠道疾病。

【治疗方案】

群体饲喂时每10千克饲料中添加鱼肝油2毫升。个别病例可内服或肌内注射鱼肝油制剂。

二十、维生素E缺乏症

家兔维生素E缺乏症是由维生素E缺乏引起的营养缺乏病，其特征为幼兔生长迟缓、运动障碍、肌肉变性苍白，成年兔繁殖功能下降等。

【病因】饲料中维生素E含量不足；饲料中含过量不饱和脂肪酸（如猪油、豆油等）酸败产生过氧化物，促进维生素E的氧化。兔患肝脏疾病如兔患球虫病时，维生素E贮存减少，而利用和破坏反而增加。

【临床症状和病理变化】患兔表现强直、进行性肌肉无力，不爱运动，喜卧地，全身紧张性降低（图5-160）。肌肉萎缩并引起运动障碍，步态不稳，平衡失调，食欲减退至废绝。体重逐渐减轻，全身衰竭，大小便失禁，直至死亡。幼兔表现生长发育停滞。母兔受胎率降低，发生流产或死胎；公兔睾丸损伤，精子产生减少。剖检可见骨骼肌、心肌颜色变淡或苍白，镜检呈透明样变性（图5-161）、坏死，也见钙化现象，尤以骨骼肌变化明显。

【诊断要点】根据运动障碍、生殖功能下降和肌肉特征病变可怀疑本病，也可进行治疗性诊断。但综合性诊断较为全面、准确。

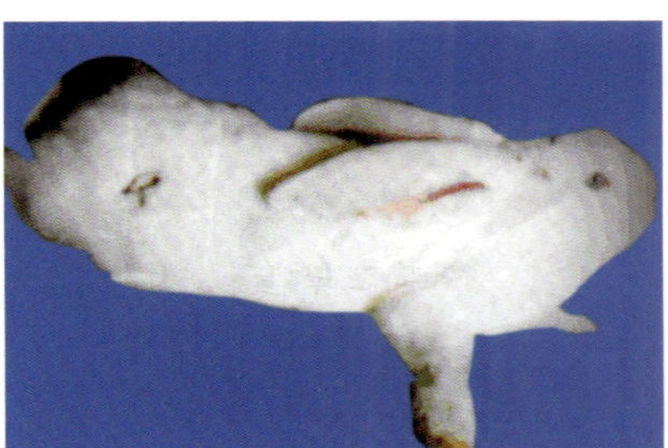

图5-160 病兔肌肉无力

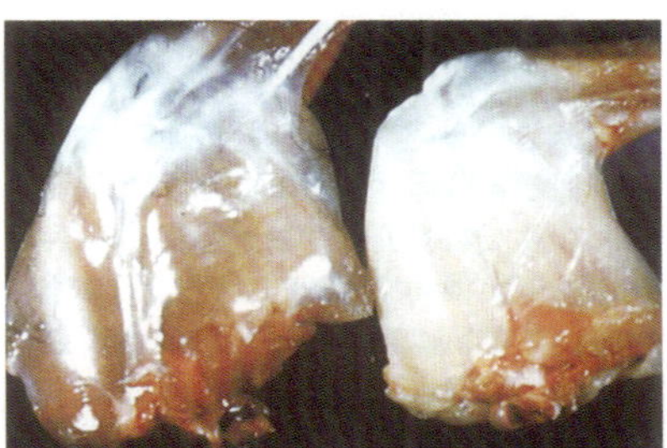

图5-161 横纹肌透明变性苍白

【预防】

（1）经常喂给兔青绿多汁饲料，如大麦芽、苜蓿等，或补充维生素E添加剂。避免喂含不饱和脂肪酸的酸败饲料。

（2）及时治疗兔肝脏疾病，如兔球虫病等。

【治疗方案】

[方1]日粮中添加维生素E，每千克体重每天0.32～1.4毫升。

[方2]肌内注射维生素E制剂，每次1000国际单位，每天2次，连用2～3天。

[方3]补硒有协同作用。病兔肌内注射0.1%亚硒酸钠溶液，幼兔0.2～0.3毫升，成兔0.5～1.0毫升，或按每千克体重0.1毫克计算用量。病情较重时，1周重复注射1次。

【诊疗注意事项】本病应进行综合诊断，如结合发生特点（幼兔多发，群发）、饲料分析（维生素E缺乏）、主要症状（运动障碍，心衰）、病理变化（骨骼肌、心肌等变性坏死）综合诊断。

二十一、佝偻病

佝偻病是幼兔维生素D缺乏、钙磷代谢障碍导致的营养代谢疾病，其特征为消化功能紊乱、骨骼变形与运动障碍。

【病因】饲料中钙、磷缺乏，钙磷比例不当或维生素D缺乏引起。

图5-162　兔身体呈匍匐状

【临床症状和病理变化】精神不振，四肢向外侧斜，身体呈匍匐状，凹背，不愿走动（图5-162）。四肢弯曲，关节肿大（图5-163）。肋骨与肋软骨交界处出现“佝偻珠”（图5-164）。死亡率较低。血清检查时血清磷水平下降和碱性磷酸酶活性升高，而血清钙变化不明显，仅在疾病后期才有所下降。

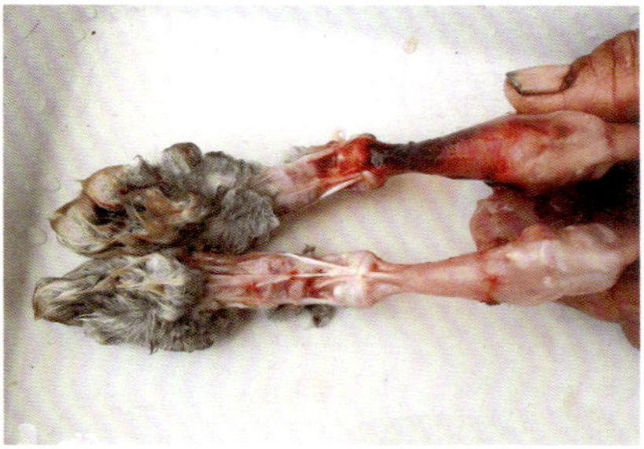

图5-163　关节肿大

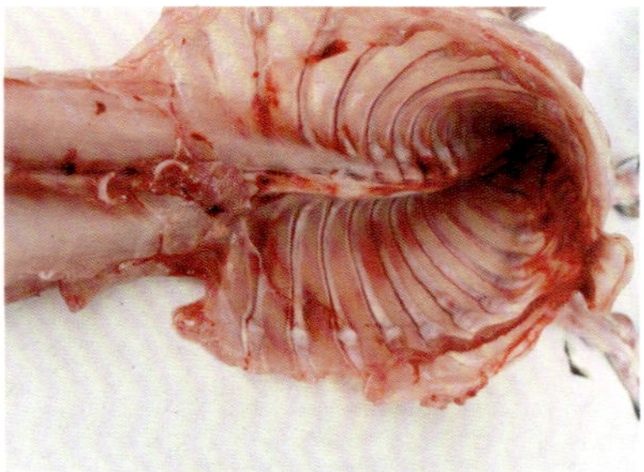

图5-164　肋骨与肋软骨处肿大出现“佝偻珠”

【诊断要点】①检测饲料中钙、磷的含量；②特征症状和骨关节病变；③治疗性诊断，即补钙剂疗效明显。

【预防】饲料中添加足量钙磷添加剂（如骨粉或磷酸氢钙等）和维生素D，增加光照。饲粮中钙、磷和维生素D含量分别达0.7% ~1.2%、0.4% ~0.6%和1000单位/千克。

【治疗方案】

[方1]维生素D胶性钙注射液。每兔每次1000 ~ 2000单位，肌内注射，每天1次，连用5 ~ 7天。

[方2]维生素AD注射液，每兔每次0.3 ~ 0.5毫升，肌内注射，每天1次，连用3 ~ 5天。

[方3]内服磷酸钙0.5 ~ 1.0克或骨粉1.0 ~ 2.0克。

【注意事项】幼兔饲料中钙磷比例一定要适宜[（1 ~ 2）:1）]，高于或低于此比例，尤其伴有轻度维生素D不足即可发生此病。

二十二、软瘫症

软瘫症是一种描述性症状，不是一种病，由许多病因引起，表现为全身肌肉无力，行走困难或不能行走等现象。

【病因】①代谢性疾病。包括低血钾、脂肪肝等。低血钾是因饲料中钾的含量低于0.3%或家兔因腹泻、受应激（如惊吓、温度过低等），造成食入钾不足所致。脂肪肝是由家兔持续厌食所致。②维生素E缺乏、脑炎原虫病等。③毒素。主要有有毒植物（如阔叶乳草）、农药、除草剂（如三嗪类化合物）、霉菌毒素、聚醚类药物（如莫能菌素等）等。④其他因素。如先天性肌无力等。

【临床症状和病理变化】临床以全身肌肉无力，瘫痪在地，行走困难或不能行走为特征（图5-165、图5-166）。除以上症状外，病因不同，表现和病变也不相同。

图5-165 兔全身肌肉无力

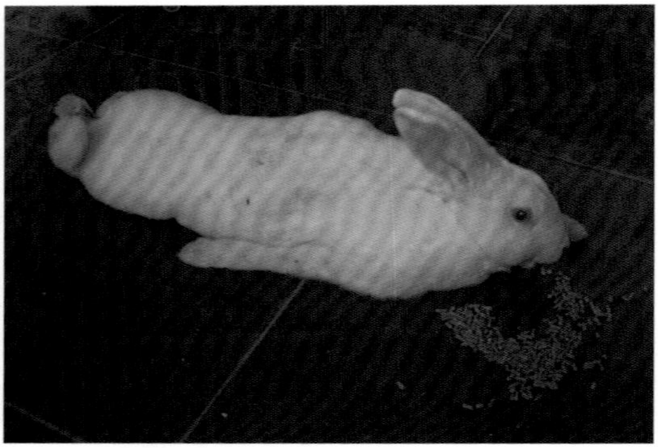

图5-166 兔无法行走

低血钾：患兔烦躁多动，麻痹从后躯扩展到前躯和颈部肌肉，躯体软弱无力。最终，完全瘫痪无法行动。血液检测发现有低蛋白血症（51.2克/升），碱性磷酸酶水平稍高（89.4国际单位/升）和低血钾（2.75毫摩尔/升，正常范围3.5～7毫摩尔/升）。

维生素E缺乏、脑炎原虫病：详见本书相关部分。

有毒植物（如阔叶乳草）中毒：病兔表现为前肢和后肢及颈部肌肉不同程度疲软或麻痹，头常贴到笼底而不能抬起，俗称“低头病”，可能还会出现流涎，被毛粗糙，低于正常温度和排泄柏油样粪便。剖检可见许多器官有局灶性出血。

除草剂中毒：家兔采食被三嗪类除草剂污染的饲草而中毒。表现为肌肉弛缓，虚弱无力和截瘫。剖检可见心脏出血，肾出血，肺和肾淤血等病变。

霉菌毒素中毒：详见本书相关部分。

聚醚类药物中毒：该类药物包括莫能菌素、盐霉素等。一般哺乳母兔采食量大，发病率高，发病快，一般采食含这些药物的饲料1～2天即发病。表现为肌肉无力，头无法抬起，四肢瘫软，迅速死亡，剖检乳腺分泌旺盛（图5-167、图5-168）。剖检可见腹腔内积有大量的液体和胶冻样蛋白纤维析出（图5-169、图5-170）。肺脏有出血斑（图5-171）。胃黏膜出血，浅表性溃疡斑点（图5-172、图5-173）。肝脏肿大，有出血斑点，脾肿大，肾脏出血，肾脏有出血点（图5-174～图5-176）。

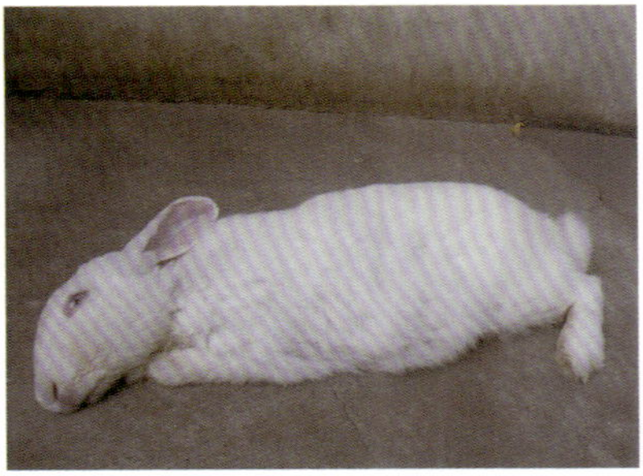

图5-167　患兔四肢软瘫

图5-168　中毒死亡的泌乳母兔

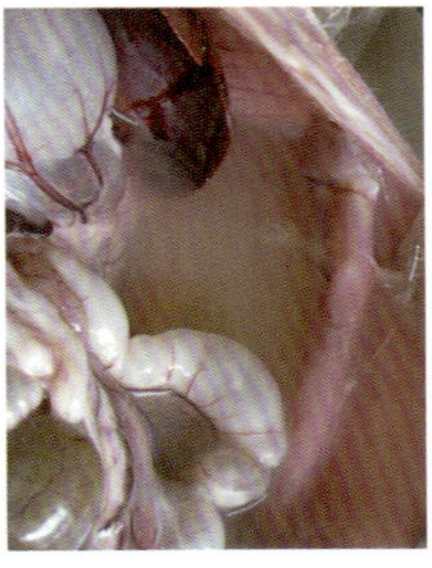

图5-169　腹腔中积有大量的液体

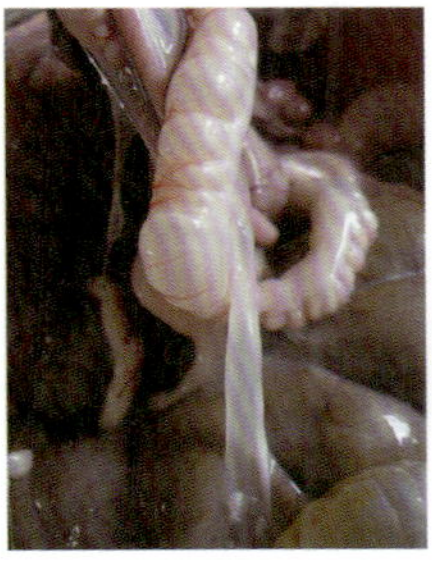

图5-170　腹腔内有大量胶冻样蛋白纤维析出

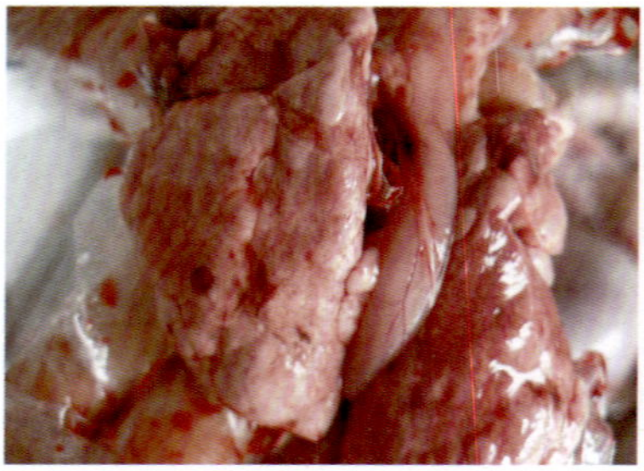

图5-171 肺有出血斑点

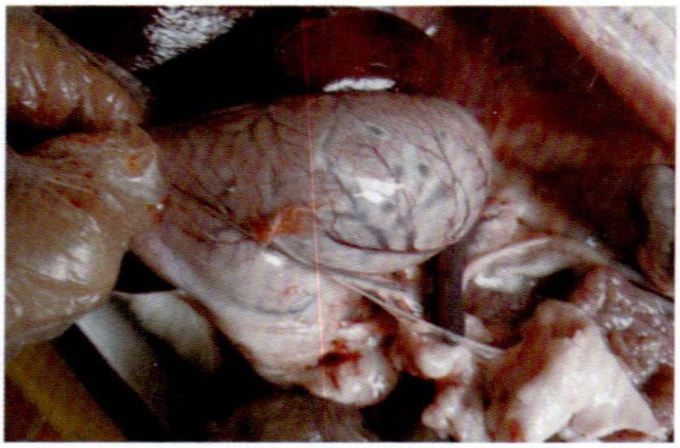

图5-172 胃黏膜散在许多溃疡斑

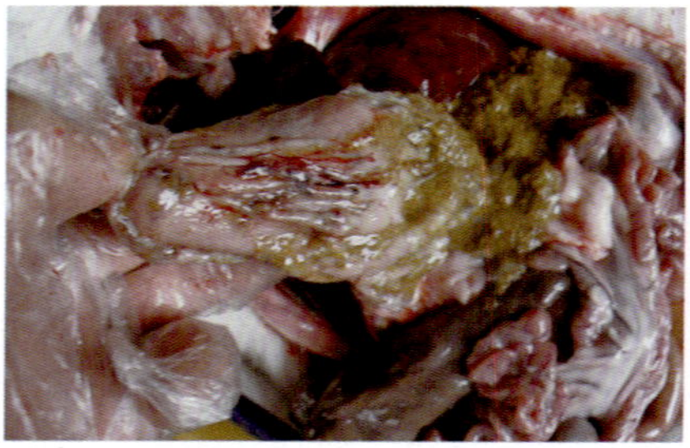

图5-173 胃黏膜出血

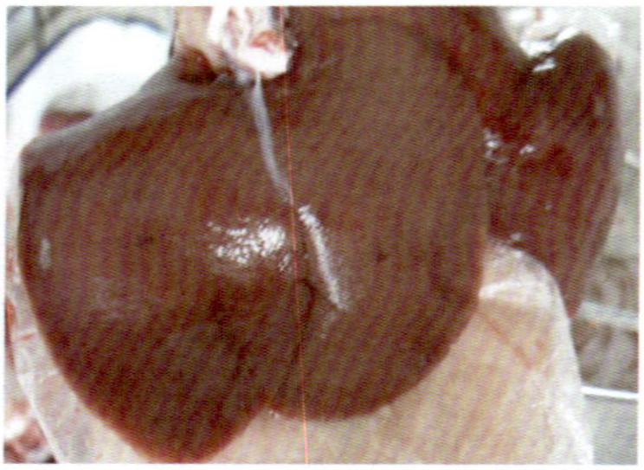

图5-174 肝肿大、有出血点

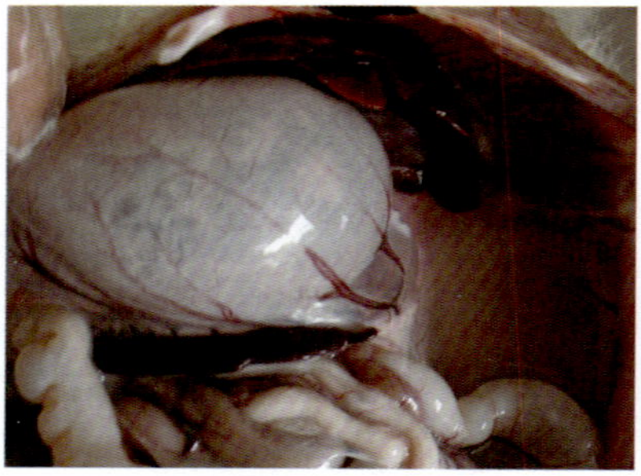

图5-175 肝、脾肿大

图5-176 肾有大量的出血点

【诊断要点】根据患兔肌肉紧张性降低、瘫痪等症状，可作出初步诊断。确诊须作毒物检测、饲料营养成分测定或病原菌检测等。

【预防】

（1）供给适口性好、营养均衡的饲料。

（2）禁止饲喂有毒植物、发霉饲料或被农药、除草剂污染的饲草料。

（3）严禁使用聚醚类药物用于家兔球虫病的预防和治疗，尤其是哺乳母兔，因其采食量大，机体抵抗力差，极易引起中毒。

（4）预防和治疗腹泻病、球虫病等消化道疾病，维持家兔肠道健康。

（5）减少各种应激（如惊吓、疼痛等）。

【治疗方案】

[方1] 钾缺乏的治疗：采用维持治疗。用乳酸钠林格注射液（主要成分：每1000毫升含乳酸钠3.10克，氯化钠6.00克，氯化钾0.3克，二水氯化钙0.2克），静脉输液给药。当兔子表现出饥饿时，让兔自由采食、饮水，一般3天后就可康复。

[方2] 中毒的治疗：无特效的治疗方法。可采取对症治疗法，即首先停止饲喂有毒植物或药物，然后用10%葡萄糖和维生素C（0.05 ~ 0.1克 / 只）静脉输液。也可在饮水中添加5%葡萄糖，自由饮水。

[方3] 维生素E缺乏症的治疗：见本书维生素E缺乏症部分。

二十三、异食癖

异食癖是由于代谢机能紊乱导致味觉异常的一种非常复杂的多种疾病综合征。常见的有食仔癖、食毛症和食足癖等，它不只是一种病，而且是许多疾病（如骨软症、慢性消化不良等）的一种临床症状。多发生在冬季和早春舍饲的兔群。

【病因】本病病因比较复杂，一般认为与以下因素有关。①饲料中缺乏某些矿物质和微量元素；②饲料中维生素的缺乏，特别是B族维生素的缺乏。③饲料中某些蛋白质和氨基酸的缺乏。临床上母兔吞食仔兔、家兔食毛可能就是这个原因。④一些疾病的经过中出现异食现象。如佝偻病、慢性消化不良、寄生虫疾病等。母兔食仔还可能与母兔产前、产后得不到充足的饮水，口渴难忍有关。

【临床症状和病理变化】

（1）食仔癖　本病表现母兔吞食刚出生或产后数天的仔兔。有些将胎儿全部吃掉，仅发现笼底或巢箱内有血迹，有些则食入部分肢体（图5-177）。

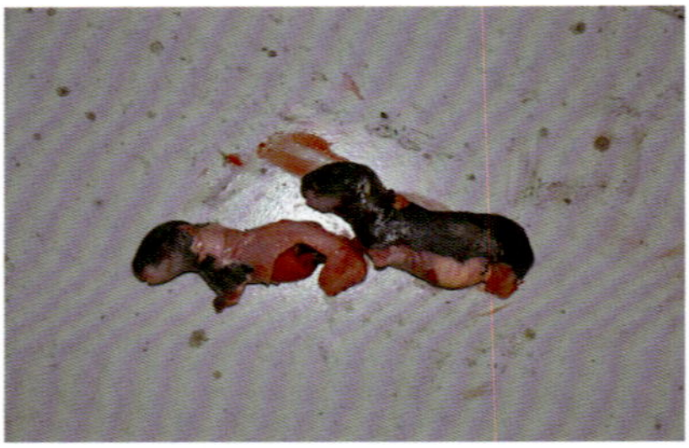

图5-177　被母兔吞食的仔兔

（2）食毛癖　本病多发于1～3月龄的幼兔。较常见于秋冬或冬春季节。主要症状为病兔头部或其他部位缺毛，自食、啃吃他兔或相互啃食被毛现象（图5-178、图5-179）。食欲缺乏，好饮水，大便秘结，粪球中常混有兔毛。触诊时可感到胃内或肠内有块状物，胃体积膨大。剖检见胃内容物混有毛或形成毛球，有时因毛球阻塞胃而导致肠内空虚现象，或毛球阻塞肠而继发阻塞部前段肠臌气（图5-180、图5-181）。

（3）食足癖　家兔不断啃咬脚趾尤其是后脚趾，伤口经久不愈。严重的露出趾节骨，有的感染化脓或坏死（图5-182、图5-183）。

图5-178　右侧兔正在啃食左侧兔的被毛，左侧兔体躯大片被毛已被啃食掉

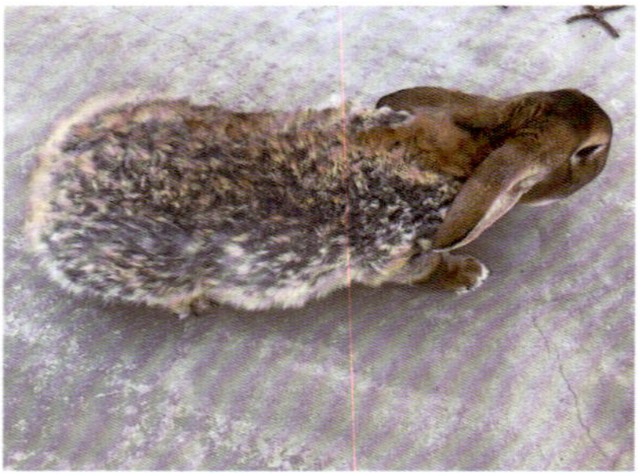

图5-179　身体大部分被毛均被自己吃掉

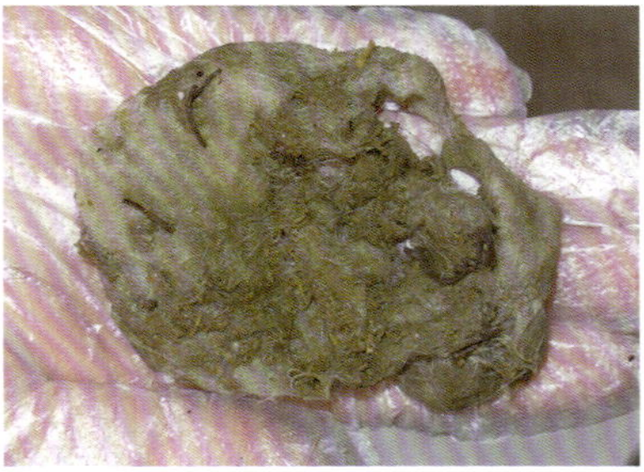

图5-180　从胃中取出的大块毛团

图5-181　毛球阻塞胃使肠道空虚

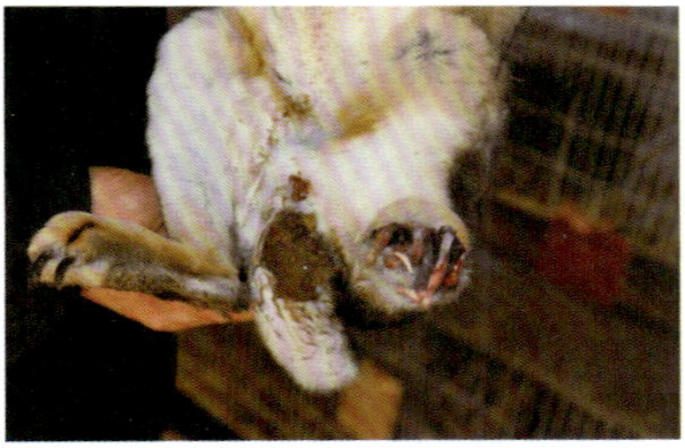

图5-182　被啃咬的后脚趾

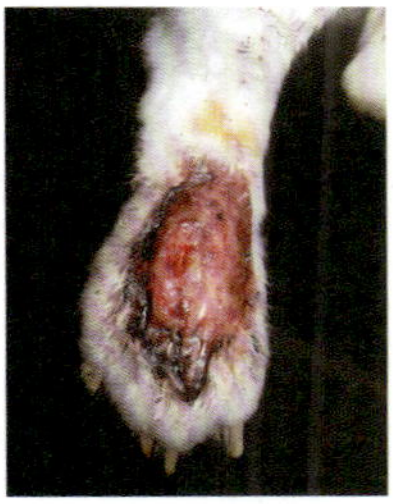

图5-183　脚趾皮肤被啃食

【诊断要点】①冬季、初春多发；②有明显的临床症状。

【预防】

（1）供给家兔营养均衡的饲粮。饲粮中应富含蛋白质、钙、磷、微量元素和维生素等营养物质。

（2）产箱要事先消毒，垫窝所用干草等物切勿带异味。产前、产后供给母兔充足饮水。分娩时保证舍内安静。产仔后，检查巢窝，发现死亡仔兔，立即清理。检查仔兔时，必须洗手后（不能涂擦香水等化妆品）或戴上消毒手套进行。

（3）日常及时清理掉在饮水盆和垫草上的兔毛。兔毛可用火焰喷灯焚烧。每周停喂一次粗饲料可以有效控制毛球的形成，也可在饲料中添加1.87%氧化镁，防止食毛症的发生。

（4）及时治疗体内外寄生虫病和慢性消耗性疾病等。

【治疗方案】

（1）一旦发现母兔食仔症状时，迅速把产箱连同仔兔拿出，采取母仔分离饲养。对于连续两胎食仔的母兔作淘汰处理。

（2）食毛兔的治疗。病情轻者，多喂青绿多汁饲料，多运动即可治愈。胃肠如有毛球可内服植物油，如豆油或蓖麻油，每次10～15毫升，然后让家兔运动，待进食时再喂给易消化的柔软饲料。同时用手按摩胃肠，排出毛球。对于胃肠毛球治疗无效者，应施以外科手术取出或淘汰病兔。

（3）食足癖目前无有效治疗方法，可对症治疗。

二十四、尿石症

尿石症即尿结石，是指尿路中形成砂石状的盐类凝固物，刺激黏膜引起出血、炎症和尿路阻塞等病变的疾病。

【病因】饲喂高钙日粮，饮水不足，维生素A缺乏，日粮中精料比例过大，肾及尿路感染发炎等均可引起本病。

【临床症状和病理变化】病初无明显症状，随后精神萎靡，食欲减退或不吃颗粒料，仅采食青绿、多汁饲料，尿量很少或呈滴状淋漓，尾部经常性被尿液浸湿。排尿困难，拱背，粪便干、硬、小，有时排血尿，日渐消瘦，后期后肢麻痹、瘫痪。剖检见肾盂、膀胱与尿道内有大小不等的淡黄色结石，局部黏膜出血、水肿或形成溃疡（图5-184～图5-187）。

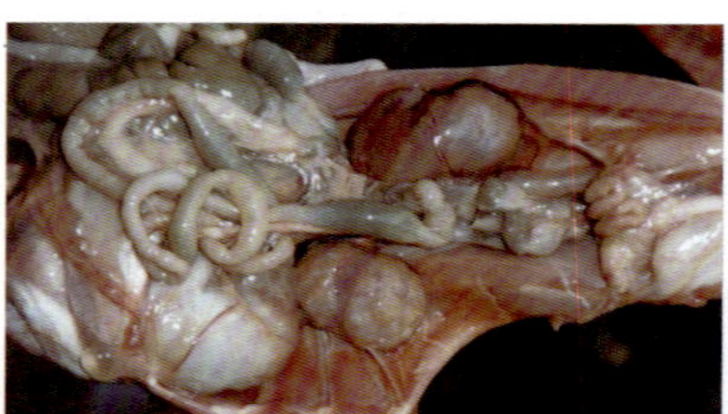

图5-184　肾盂中有结石形成导致肾脏肿大肾脏变形

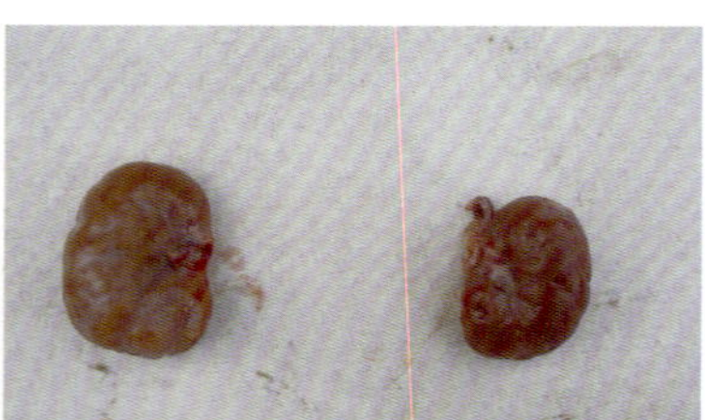

图5-185　肾脏肿大、表面凹凸不平

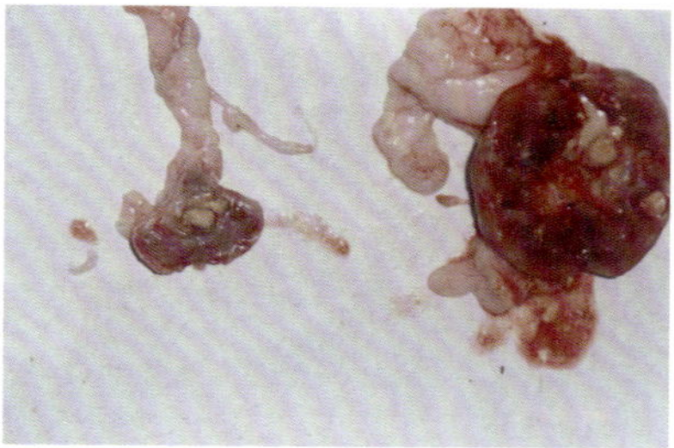

图 5-186　肾切面见肾盂中有淡黄色的大小不等的结石

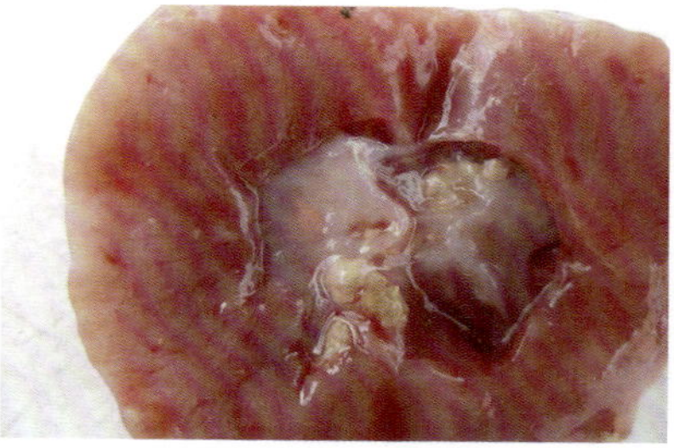

图 5-187　肾盂中有大小不等的结石

【诊断要点】成年兔、老龄兔多发。患兔仅采食青绿多汁饲料。有排尿困难等症状。触摸两侧肾脏，有石头样感觉。肾肿大或萎缩。尿路有结石及病变。

【预防】合理配制饲粮，精料比例不宜过高，钙、磷比例适中，补充维生素A，保证充足的饮水。

【治疗方案】

[方 1]结石较小时，每日口服氯化铵1～2毫升，连用3～5天，停药3～5天后再按同法治疗5天。

[方 2]较大的肾结石、膀胱结石应施手术治疗或作淘汰处理。

【诊治注意事项】临诊症状是诊断本病的重要依据，但不能以此做确诊，必须仔细检查，排除其他泌尿系统疾病。

二十五、食盐中毒

家兔食盐中毒是摄入食盐过多而饮水不足所引起的中毒性疾病。

【病因】饲料中食盐添加过多或使用食盐含量过高的鱼粉，饮水不足；有些地区饮用水含盐量较高，未经处理喂兔等，都可引起中毒。

【临床症状和病理变化】病初食欲减退，精神沉郁，结膜潮红（图 5-188），口渴，腹泻，粪便不成形（图 5-189）。随后兴奋不安，头部震颤，步态不稳。严重的呈癫痫样痉挛，角弓反张，呼吸困难，牙关紧闭，卧地不起（图5-190）。剖检见出血性胃肠炎，胸腺出血，肺、脑膜充血、出血、水肿等病变（图5-191～图5-194）；组织上见嗜酸性粒细胞性脑炎。

图5-188　病兔结膜潮红

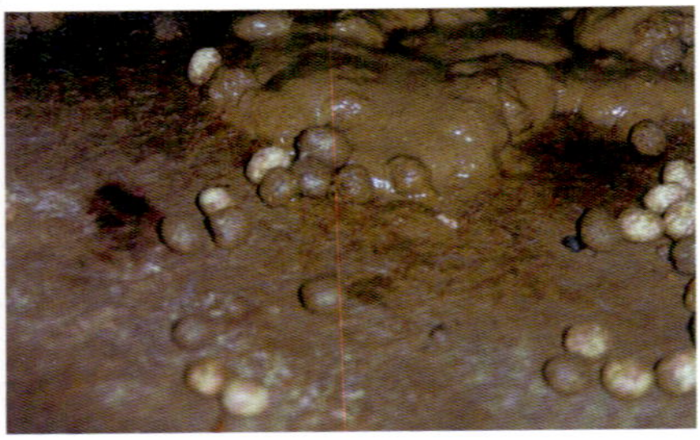
图5-189　粪便不成形

图5-190　兔出现神经症状卧地不起

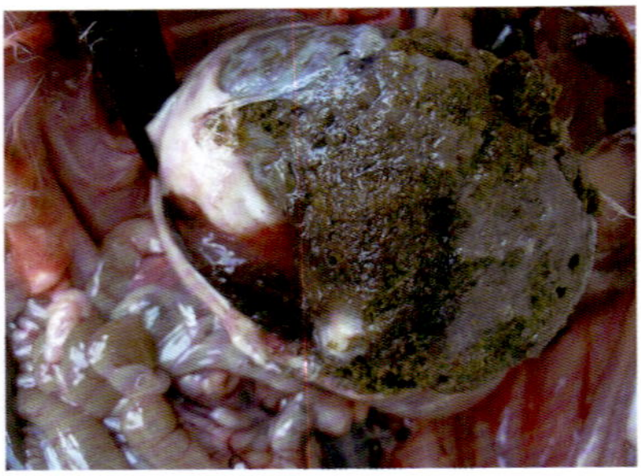
图5-191　胃黏膜脱落

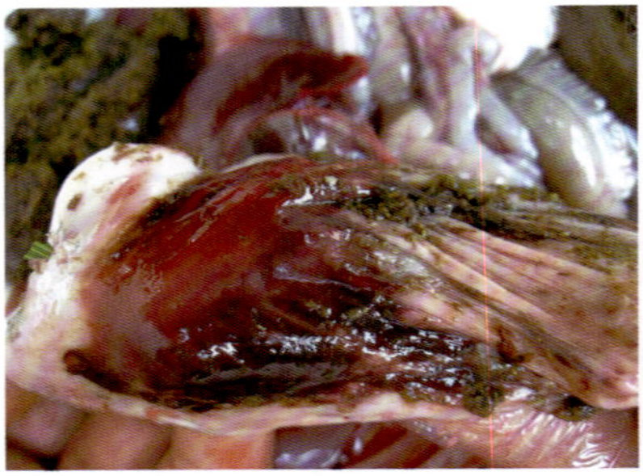
图5-192　胃黏膜出血

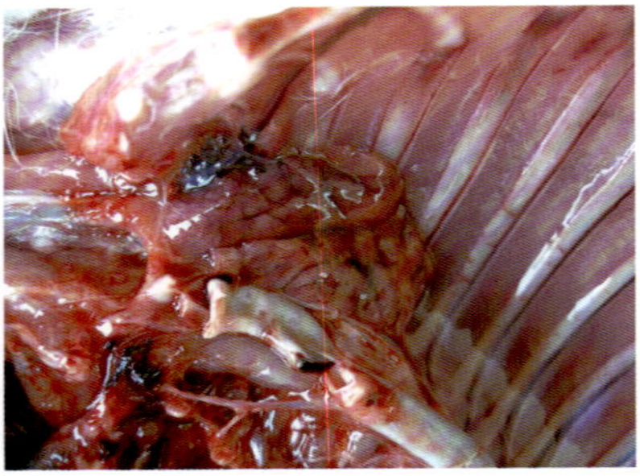
图5-193　胸腺有出血点

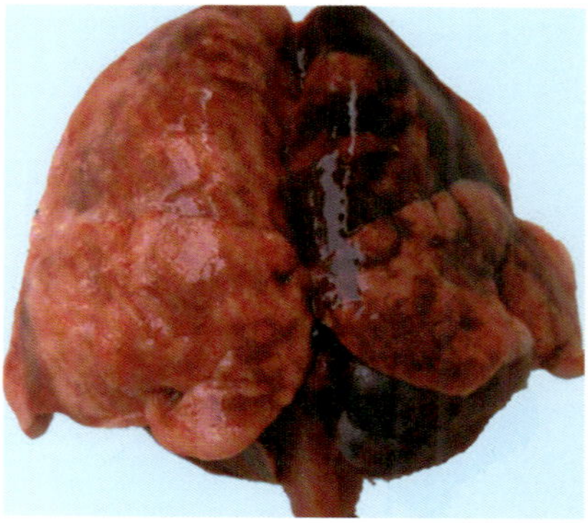

图5-194　肺充血、出血、水肿

【诊断要点】①有饲喂过多食盐史；②表现结膜充血，不安、昏迷等神经症状；③出血性胃肠炎，嗜酸性粒细胞性脑炎；④饲料、胃肠内容物氯化钠检测超标。

【预防】严格控制饲料中食盐添加剂量，使用鱼粉时须将其中含盐量计算在内，供给充足清洁饮水。

【治疗方案】根据症状，采取镇静、补液、强心等措施。

[方1] 供给充足清洁饮水的同时，内服油类泻剂5～10毫升。

[方2] 双氢克尿噻:0.5毫克/千克体重，内服。

[方3] 已发生胃肠炎时，用鞣蛋白等保护胃肠黏膜。

二十六、阿维菌素中毒

阿维菌素是一种高效广谱抗寄生虫药物，是目前预防和治疗兔螨病的首选药物。

【病因】剂量计算错误和盲目增大剂量是造成阿维菌素中毒的主要原因。

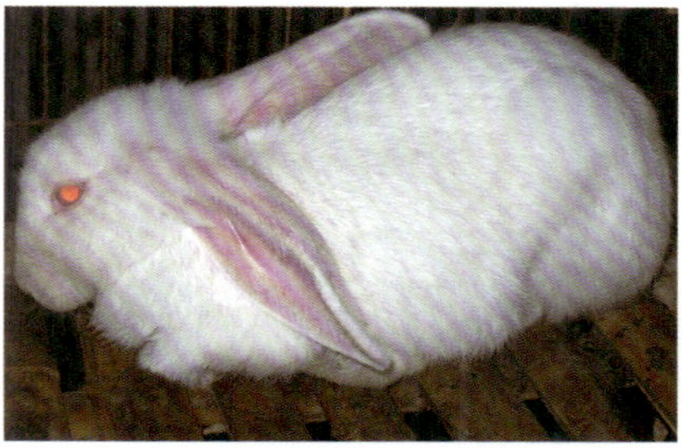

图5-195　病兔精神沉郁、拒食

【临床症状和病理变化】当家兔使用过量阿维菌素后，出现精神沉郁，步态不稳，食欲缺乏，或拒食（图5-195）等症状，最后瘫软，在昏迷中死亡。剖检见肺、肠浆膜等出血，腹腔积液，实质器官变性，脾不同程度肿大（图5-196～图5-199）。

【诊断要点】① 有阿维菌超量治疗螨病史；②有前文所述症状和内脏出血、腹腔积液等病变。

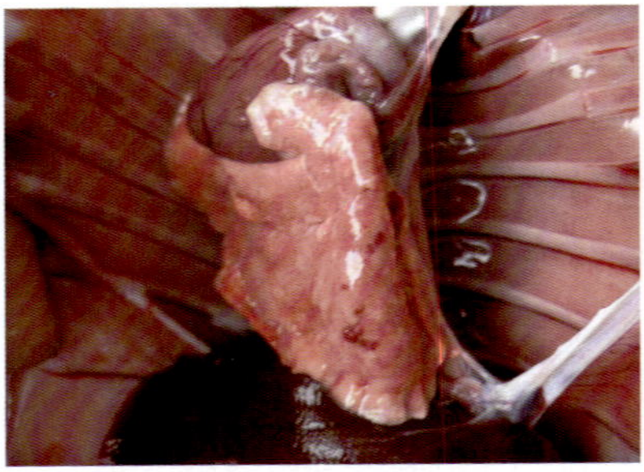

图5-196 肺有出血斑点

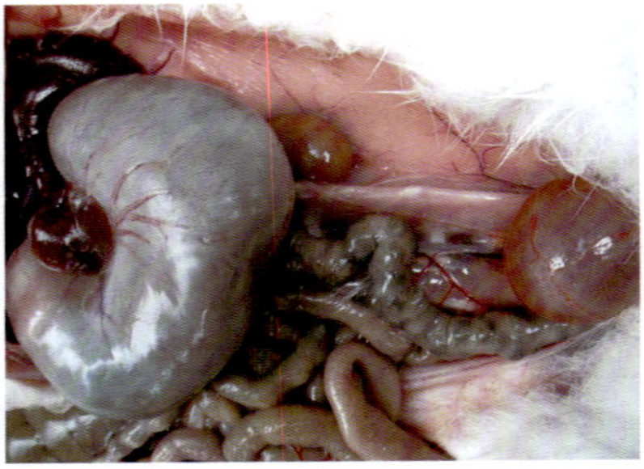

图5-197 腹腔积液

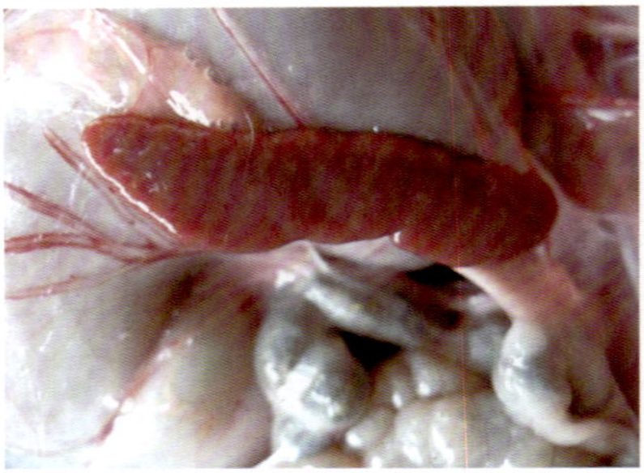

图5-198 脾肿大

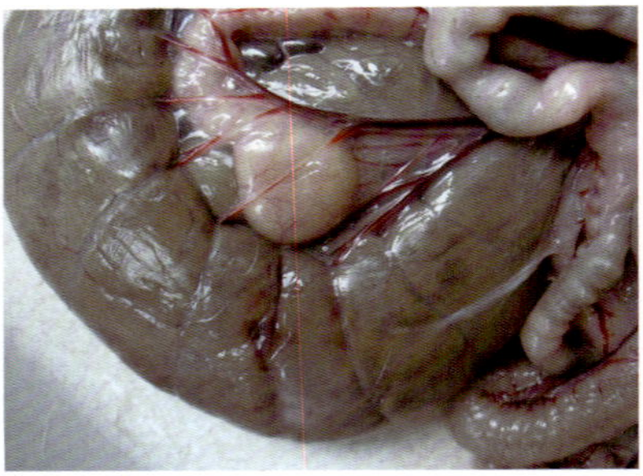

图5-199 盲肠浆膜出血

【预防】使用阿维菌素时，应准确称量兔的体重并严格按产品说明的使用剂量用药。

【治疗方案】本病没有特效解毒药，可按补液、强心、利尿和兴奋肠蠕动的原则进行治疗。

二十七、阿莫西林中毒

阿莫西林中毒是在家兔饲料中或饮水中添加阿莫西林导致家兔迅速腹泻、死亡的一种中毒性疾病。

【病因】主要由于家兔饲料或饮水中添加阿莫西林所致。

【发病特点】各种年龄的兔均可发病、死亡，采食量、饮水量大的兔发病急、死亡率高。

【临床症状和病理变化】一般饲喂当天家兔食欲下降，随后拒食，精神沉郁，蹲卧在兔笼一角，有的卧地不起，腹泻，粪便为黑褐色，随后即出现死亡（图5-200、图5-201）。剖检可见肺、心脏有出血斑点（图5-202、图5-203）。胃黏膜脱落、有出血斑点和溃疡斑点（图5-204），胃内容物呈液体状，肠道内充满血液样内容物，胆囊充盈。盲肠、结肠浆膜有弥漫性充血、出血，结肠内充满透明样黏液（图5-205、图5-206）。

图5-200　死亡的各种年龄兔

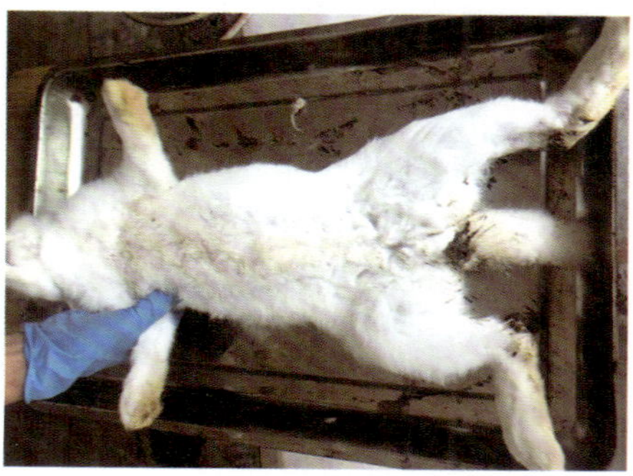

图5-201　兔腹泻且粪便呈黑褐色

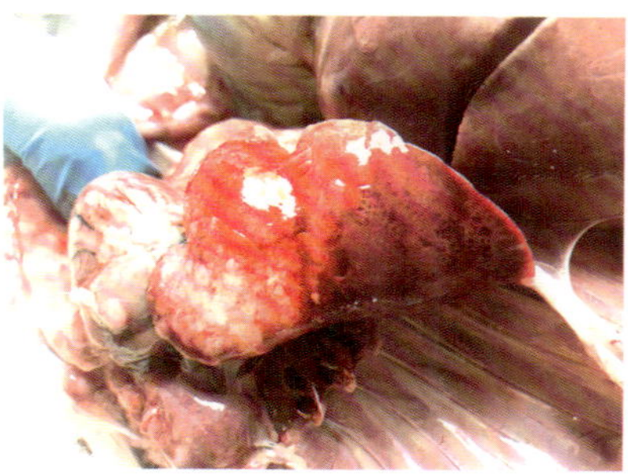

图5-202　肺有出血斑点

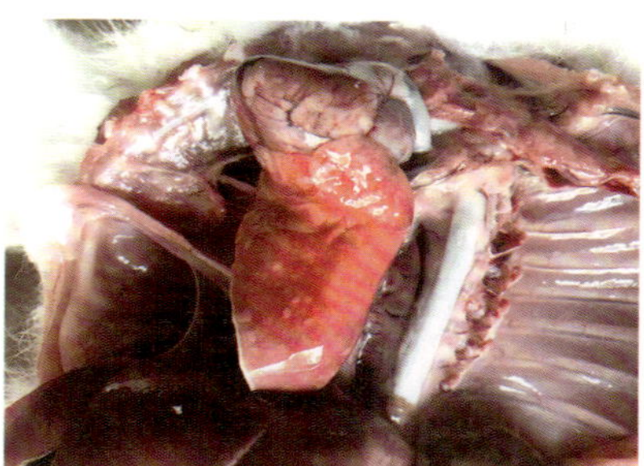

图5-203　心脏有出血斑点

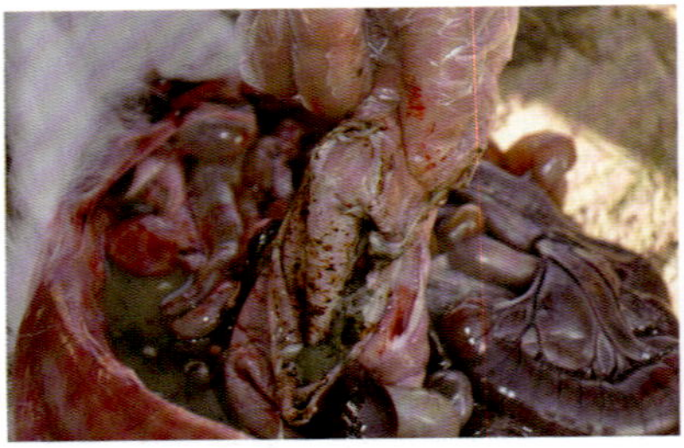

图5-204　胃黏膜脱落、有出血斑和溃疡

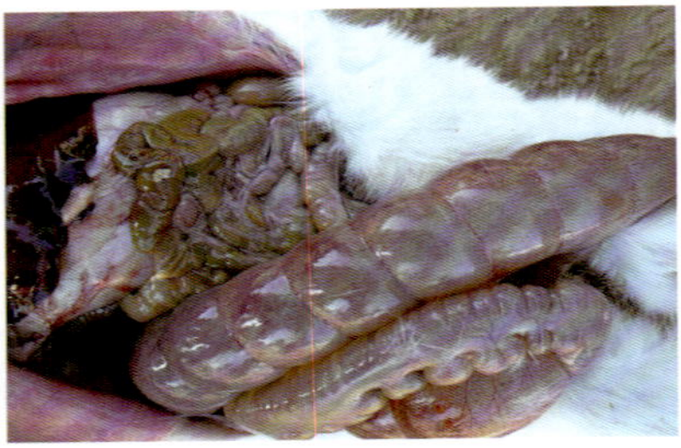

图5-205　盲肠浆膜弥漫性充血、出血

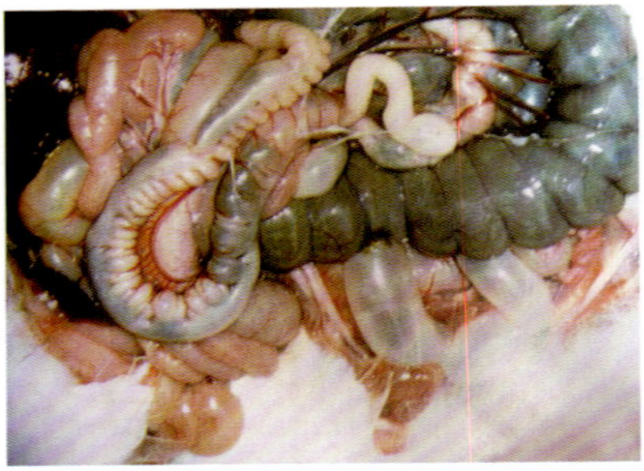

图5-206　盲肠、结肠有弥漫性出血

【诊断要点】家兔有口服阿莫西林史；具有拒食、腹泻、迅速死亡等表现。确诊须做药物检测。注意与魏氏梭菌病的鉴别，本病与魏氏梭菌病引起的临床症状、剖检特征极为相似，但前者兔群发病时间比较一致，后者一般陆续发病。确诊需要做微生物和药物检测。

【预防】禁止家兔口服阿莫西林等药物来治疗家兔疾病。

【治疗方案】若发生本病，采取以下措施。

（1）首先迅速停止饲喂或饮用加药的饲料、饮水。

（2）增加饲料中的粗纤维饲料比例或加喂青干草。

（3）饮水中添加10%葡萄糖，每只兔肌注维生素C 50 ~ 100毫克。

（4）治疗可试用消胆胺和甲硝唑。

二十八、马杜拉霉素中毒

马杜拉霉素俗称加福、抗球王、抗球皇、杜球等，为聚醚类离子载体抗生素。主要用于家禽球虫病的预防和治疗，而不用于兔球虫病。错误使用该药，导致中毒。

【病因】使用马杜拉霉素用于预防、治疗兔球虫病，引起中毒。

【临床症状和病理变化】青年兔、泌乳母兔先发病，精神不振，食欲废绝，感觉迟钝，嗜睡，体温正常，排尿困难，粪便变小，四肢发软，嘴着地，似翻跟头动作，数小时后死亡。如剂量稍大或搅拌不均匀，采食后24小时即出现如上症状，且迅速死亡。剖检见心包腔积液（图5-207），胃黏膜脱落（图5-208），肝淤血肿大，肾变性色红等。

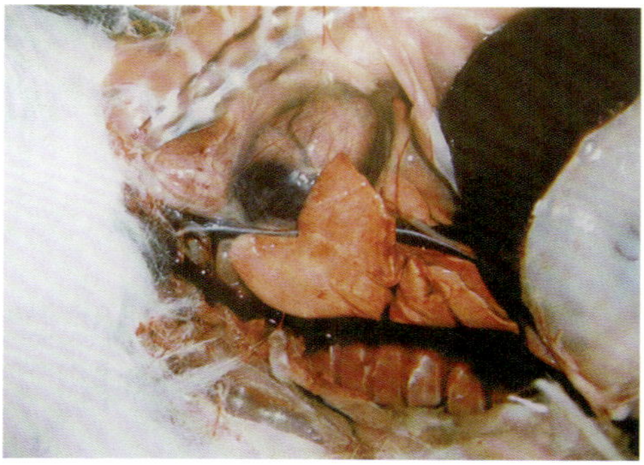

图5-207　心包腔积液

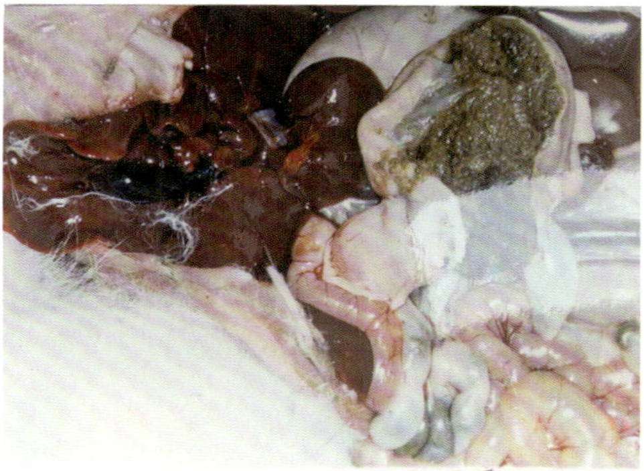

图5-208　胃黏膜脱落

【诊断要点】①有添喂马杜拉霉素史，群发；②有上述症状和病变；③饲料与胃内容物检测到马杜拉霉素。

【预防】禁止使用马杜拉霉素预防兔球虫病。

【治疗方案】

目前马杜拉霉素中毒尚无特效药，发生本病时，立即停止饲喂含药饲料，换用新的饲料。同时采取以下措施。

[方1] 采用10% ~ 25%葡萄糖10毫升、维生素C 100毫克混合静脉注射，对于能饮水的病兔施以灌服或自由饮水。

[方2] 阿托品:0.5毫升皮下注射，半小时1次，连用2 ~ 3次。

[方3] 如患兔昏迷用20%安钠咖2毫升，肌内注射。

二十九、盐霉素中毒

盐霉素属于聚醚类离子载体抗生素，用于抗球虫病。如果使用量大或使用时间较长，易引起中毒。

【病因】盐霉素大剂量或长期应用于兔球虫病时，易引起中毒。

【临床症状和病理变化】中毒的病兔出现精神萎靡，食欲减退，眼睛无神，喜卧，呼吸减弱，粪便外有黏液，有的病兔还出现短暂的腹泻情况，发病严重时，可见病兔全身震颤，出现死亡。剖检可见胸腺出血，肺脏有大量点状出血，甚至出血点连接成片状，胸腔积液（图5-209 ~ 图5-211）。胃黏膜下有点状出血，伴随有大面积溃疡灶（图5-212）。盲肠臌气（图5-213）。肾脏有散在的出血点（图5-214）。膀胱内有尿液蓄积（图5-215）。

【诊断要点】①饲料中添加了大剂量的盐霉素或长期使用盐霉素用于预防球虫病。呈群发。②病兔出现上述临床症状和病理变化。③饲料与胃内容物中盐霉素的检测。

【预防】

应用盐霉素进行球虫病的治疗时严格控制使用剂量和使用时间。

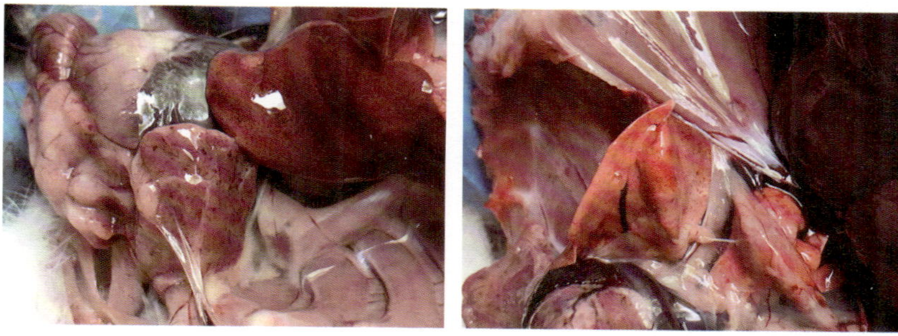

图 5-209 胸腺出血

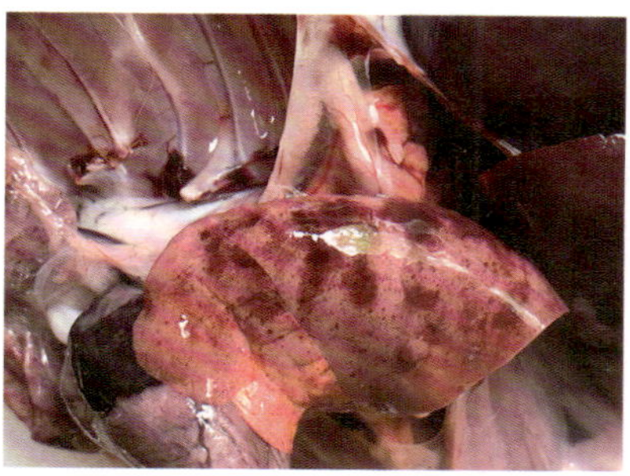

图 5-210 肺脏有大面积出血斑和大量出血点

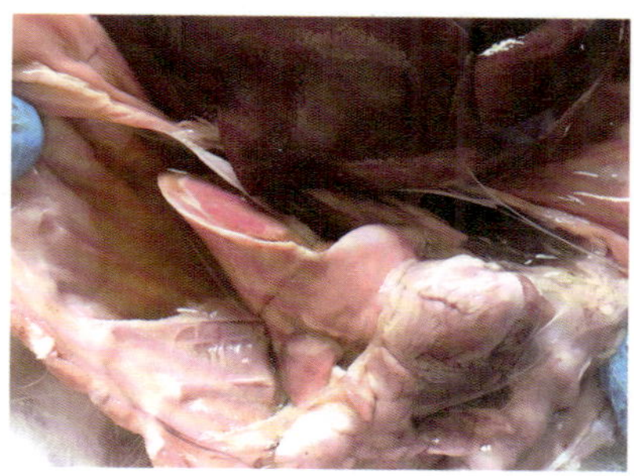

图 5-211 胸腔积液

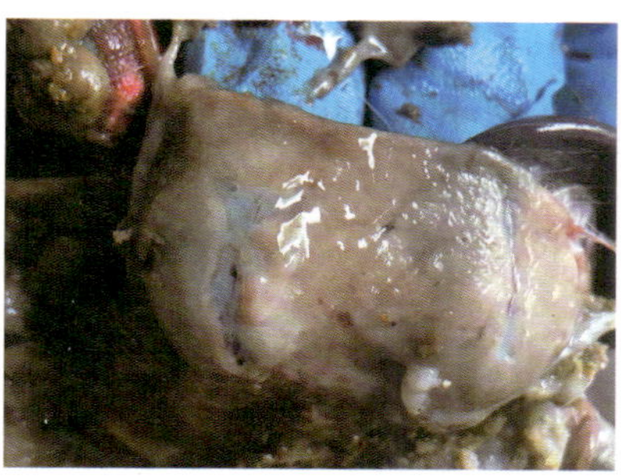

图 5-212 胃黏膜溃疡和散在出血点

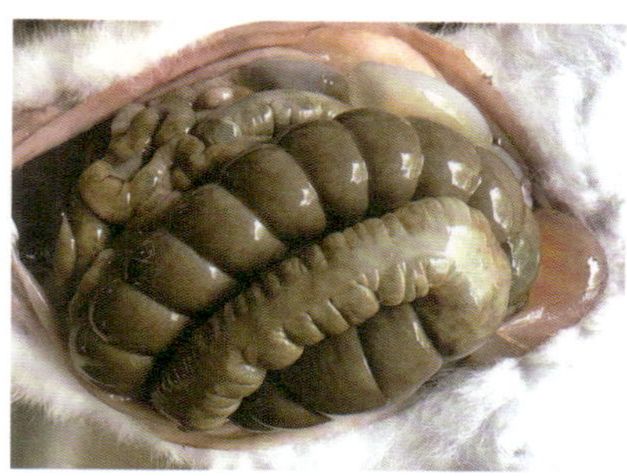

图 5-213 盲肠臌气

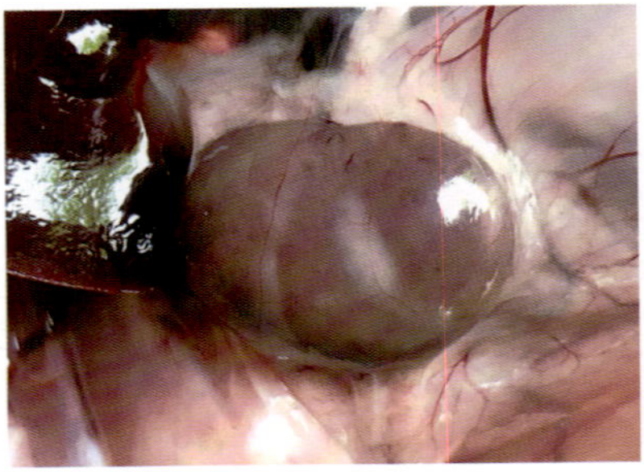

图5-214 肾脏有散在的出血点

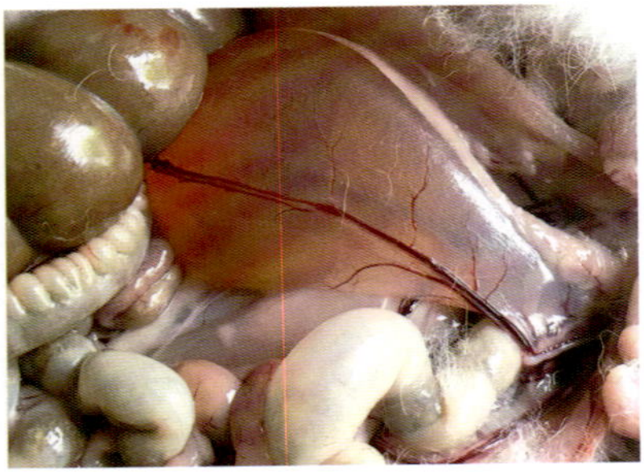

图5-215 膀胱充盈

【治疗方案】发现中毒，应立即停止使用拌有盐霉素的饲料，同时在饮水中加入维生素C（1克/升）和白糖（50克/升），连续饮用7天。

三十、林可霉素中毒

林可霉素又称为洁霉素，属于林可胺类抑菌剂，是从链霉菌发酵液中提取出来的一种抗生素，属于一种窄谱抗生素，主要用于防治革兰氏阳性菌和一些厌氧菌，是当前兽用药物中唯一对厌氧菌、金黄色葡萄球菌以及肺炎链球菌具有高效作用的药物。

【病因】使用林可霉素治疗兔病时，易引起兔中毒。

【临床症状和病理变化】病兔食欲减退，精神萎靡，出现腹泻情况，排出黑褐色的稀便（图5-216），粪便污染肛门周围的被毛，病程长的病兔逐渐消瘦并出现脱水症状。使用大剂量林可霉素中毒的病兔仅表现为腹泻，而后突然死亡。剖检可见肺脏病变明显，肺脏表面有大面积的出血斑块，周围有散在出血点，小叶尖部有肝样变（图5-217）。胃黏膜出现溃疡灶（图5-218），在黏膜下层有黑褐色的淤血斑。脾脏充血，出血，颜色变深（图5-219）；胰腺有大量出血，颜色变深。小肠内有泡沫状血样液体（图5-220）。盲肠内容物稀薄，外观变暗褐色，盲肠臌气（图5-221），肠系膜有大面积的出血，变薄。

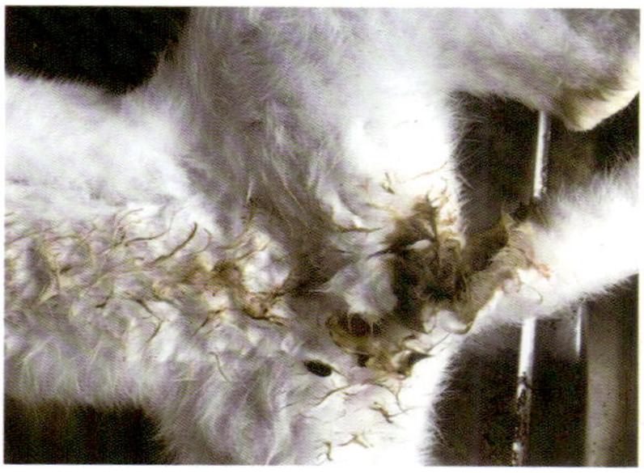

图5-216　兔排黑褐色稀便

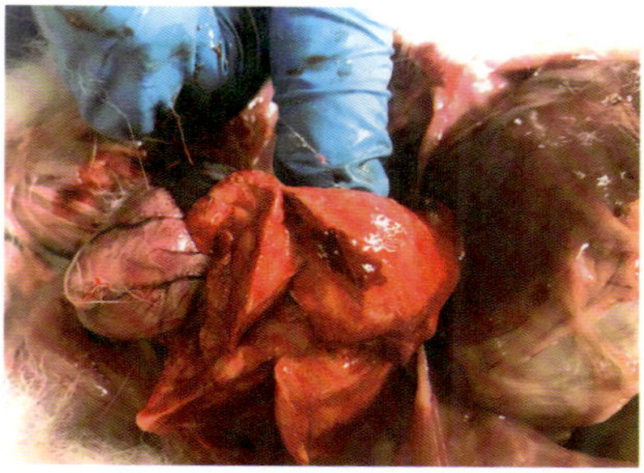

图5-217　肺脏小叶尖部呈肝样变

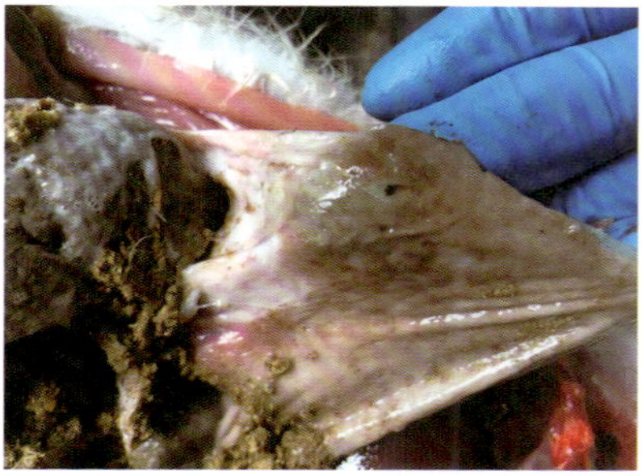

图5-218　胃黏膜出现大面积的溃疡灶

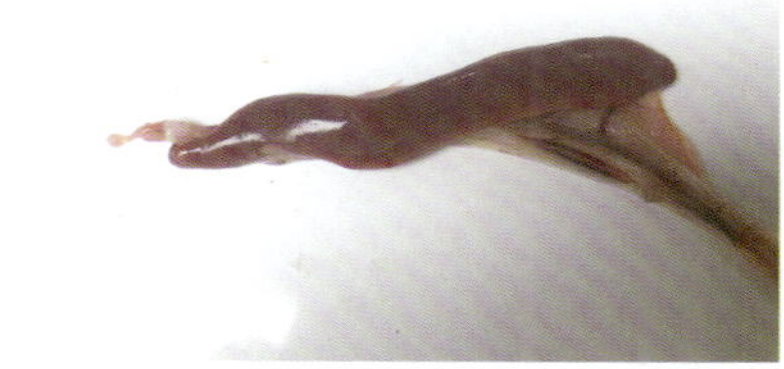

图5-219　脾脏充血，颜色变深

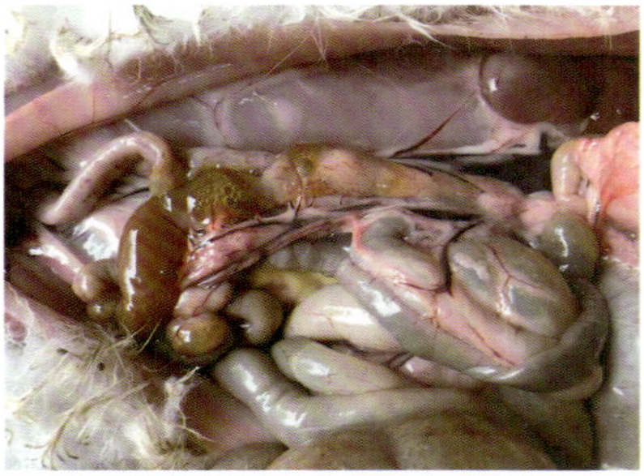

图5-220　肠道内有泡沫状血样液体

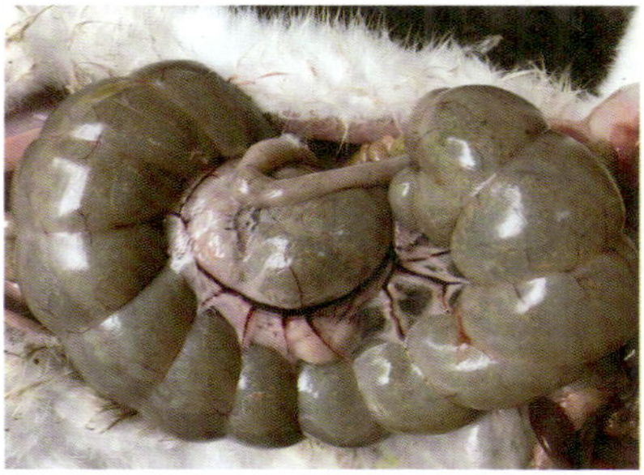

图5-221　盲肠臌气

【诊断要点】①有使用林可霉素治疗家兔史，群发。②病兔出现腹泻、盲肠充满水样液体、臌气等症状和病变。③饲料与胃内容物中林可霉素的检测。

【预防】禁止使用林可霉素治疗兔病。

【治疗方案】发现中毒，应立即停止使用林可霉素，同时给病兔灌服电解质水，同时在水中添加维生素C，添加量为1 g/L水。

三十一、真菌毒素中毒

真菌毒素中毒是由真菌在饲料上生长繁殖并产生毒素代谢产物，并使采食这种饲料的家兔发病。这种病是目前危害养兔生产的主要疾病之一。其中草粉、玉米等霉变极为常见。

【病因】自然环境中，许多霉菌寄生于含淀粉的粮食、糠麸、粗饲料上，如果温度（10 ~ 24℃）和湿度（80% ~ 100%）适宜，就会大量生长繁殖，有些会产生毒素，家兔采食即可引起中毒。常见的有黄曲霉毒素中毒、赤霉菌病中毒等。黄曲霉毒素是由黄曲霉、寄生曲霉、桔青霉等真菌所产生的一类有毒代谢产物。黄曲霉毒素含有18种毒素，其中以黄曲霉毒素B_1为主，其产量最大、毒性最大，其对家兔经口半数致死量为0.3 ~ 0.5毫克/千克。赤霉菌主要侵染小麦、大麦、青稞、玉米、甘薯、稻谷等，在其上繁殖时产生一种具有致吐作用的赤毒素和具有类似雌性激素作用的赤霉烯酮，家兔采食含有上述毒素的饲料后常引起中毒。此外还有甘薯黑斑病中毒。

【临床症状和病理变化】

1.黄曲霉毒素中毒

（1）急性中毒　大量饲喂带有黄曲霉毒素的饲料时常发生急性中毒。一般各种年龄的兔均可发病死亡（图5-222）。患兔精神沉郁，食欲减退，消化紊乱，便秘后腹泻，粪便带黏液或血液（图5-223、图5-224），口角流涎，口唇皮肤发绀。呼吸急促，出现神经症状，后肢软瘫，全身麻痹。母兔不孕，孕兔发生流产、死产。

剖检见肺充血、出血，局部呈肝样病变（图5-225）。腹腔内有纤维蛋白析出（图5-226）。胃、肠道有大量气体，胃黏膜脱落、菲薄，肠腔内有白色黏液（图5-227、图5-228）。肝脏急性损伤，肝细胞变性、出血和坏死。肾、脾肿大，淤血，出血，坏死（图5-229）。有的病例盲肠积有大量硬粪，肠壁菲薄，有的浆膜有出血斑点。

图5-222　各种年龄发病死亡的兔

图5-223　兔腹泻

图5-224　黏液粪便

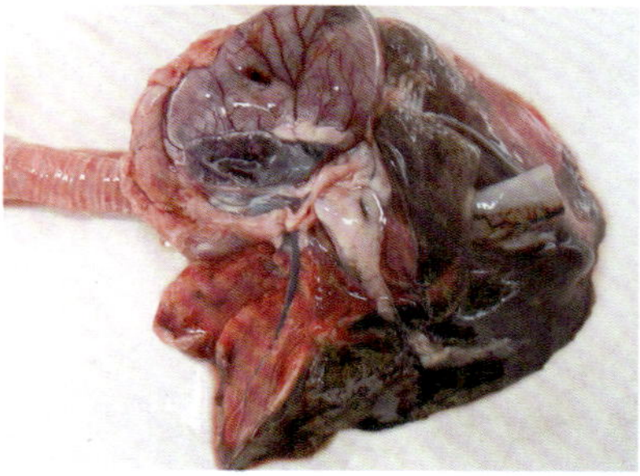

图5-225　肺充血、出血

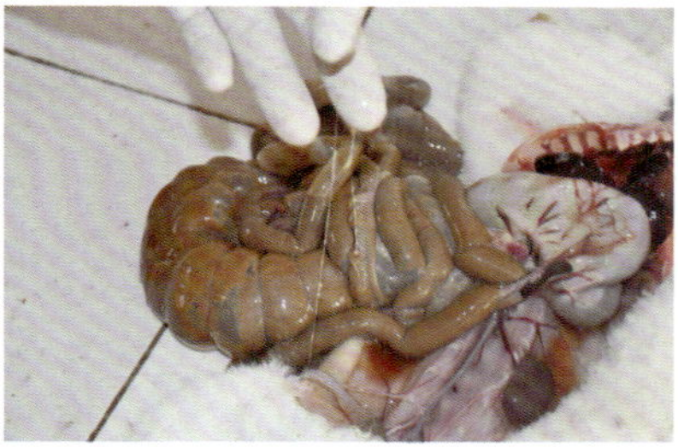

图5-226　腹腔内有纤维蛋白析出

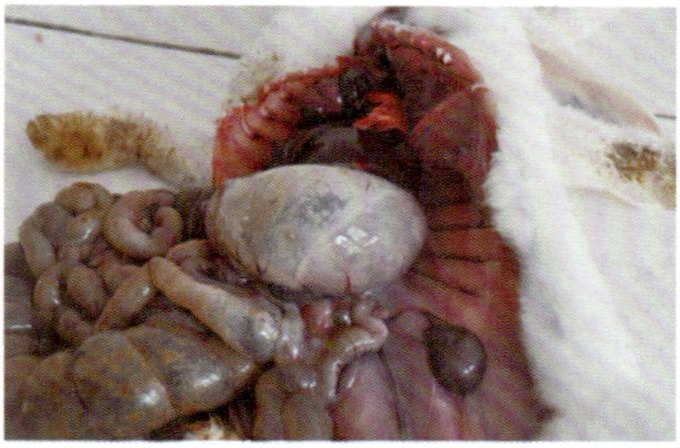

图5-227　胃、肠道有大量的气体

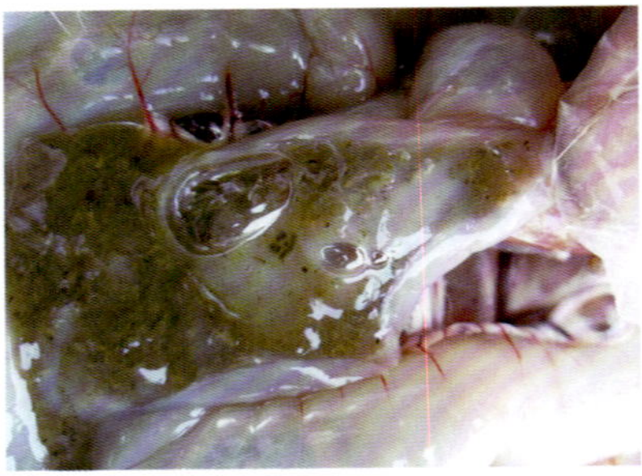

图5-228　肠黏膜脱落，肠腔内容物混有白色黏液

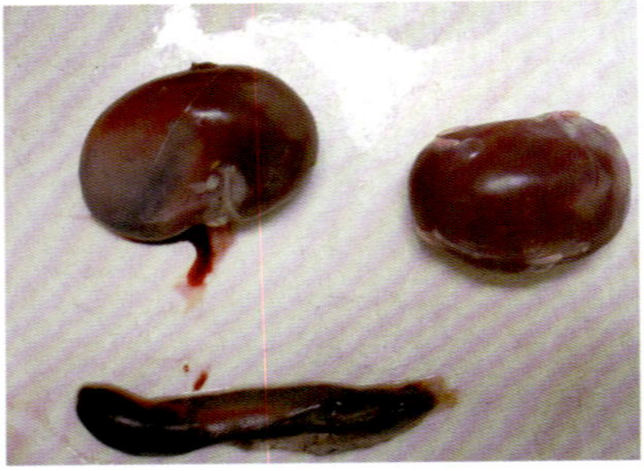

图5-229　肾、脾肿大

（2）慢性中毒　少量而长期饲喂带有黄曲霉毒素的饲料时发生慢性中毒，较为多见，症状不明显，常不易发觉。患兔食欲日益减退，消瘦，精神委顿，昏睡，衰弱无力，喜卧，出现黄疸（图5-230、图5-231）。先便秘后腹泻。发情母兔不受孕，孕兔流产、死胎，公兔不配种。最后消瘦衰竭而死亡。

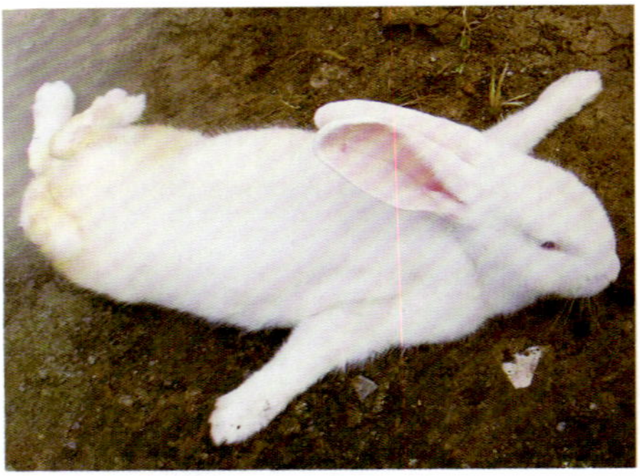

图5-230　患兔衰弱无力

图5-231　患兔眼结膜黄染

剖检见肝脏呈淡黄色，硬度增加并可见大小不一白色点状坏死灶（图5-232、图5-233）。腹腔内有淡黄色积液。胆囊扩张，囊壁变硬变厚，胆汁黏稠。肾脏呈淡黄色，膀胱积尿，尿液颜色较深，膀胱壁增厚、有出血点（图5-234、图5-235）。胃浆膜充血、

出血，胃黏膜肿胀、充血、出血及浅表性糜烂和深层溃疡，肠腔内容物黏稠、色黄并混有气泡。腹水增多，带有透明的胶冻样蛋白析出，肠系膜淋巴结肿大（图5-236）。

图5-232　肝脏上有白色点状坏死灶

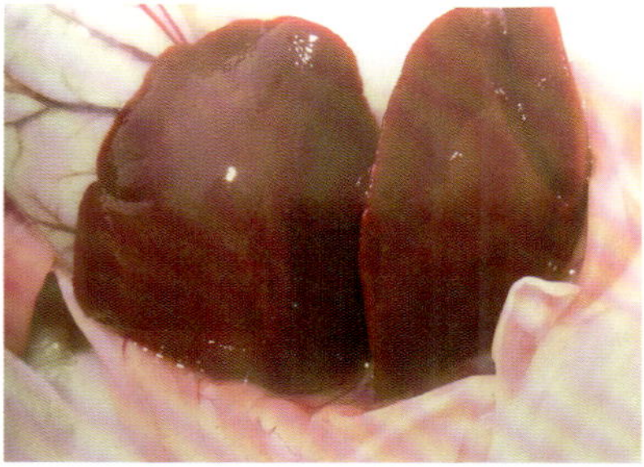

图5-233　肝脏硬度增加

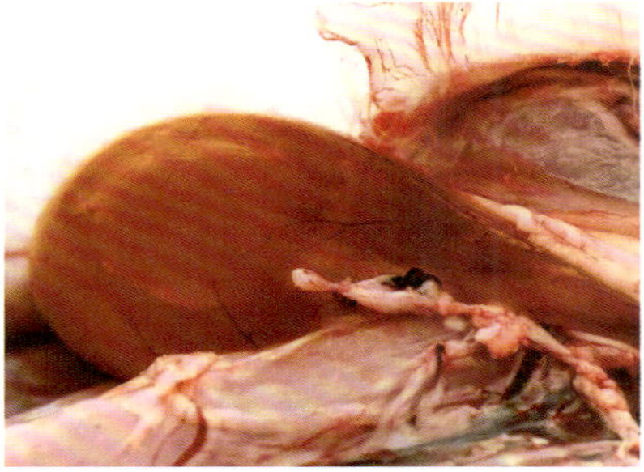

图5-234　尿液颜色深

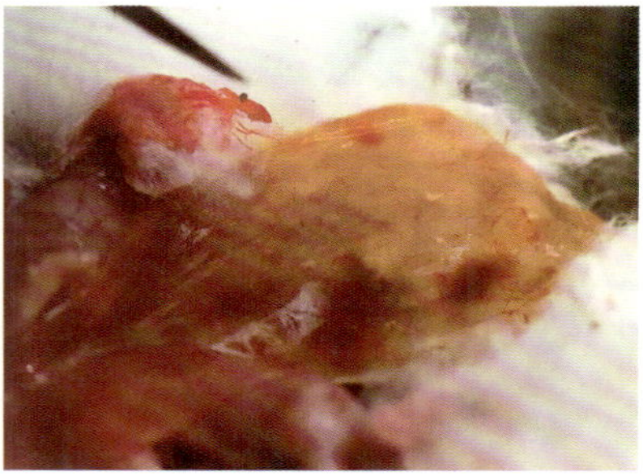

图5-235　膀胱黏膜充血、出血

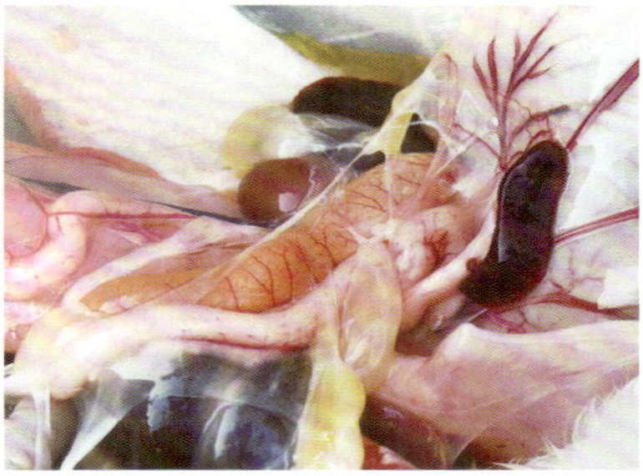

图5-236　腹水增多

2. 赤霉菌中毒病

患兔食欲减退，失重、贫血，眼睑、口腔黏膜发紫，被毛粗乱易脱落，初期粪便变性并带有黏液，后期腹泻并呈酱色（图5-237）。胎儿往往被母兔吸收。

初期剖检见肝脏稍肿大，并有散在性出血点，后期萎缩、质硬，呈淡黄色，胆囊肿大，胆汁浓稠（图5-238）。心、肾有散在性出血点，胃内容物较多，黏膜脱落或出现溃疡、有出血。肠道黏膜出血，脂肪发黄。母兔生殖道发育肥大。

图5-237　酱色稀粪

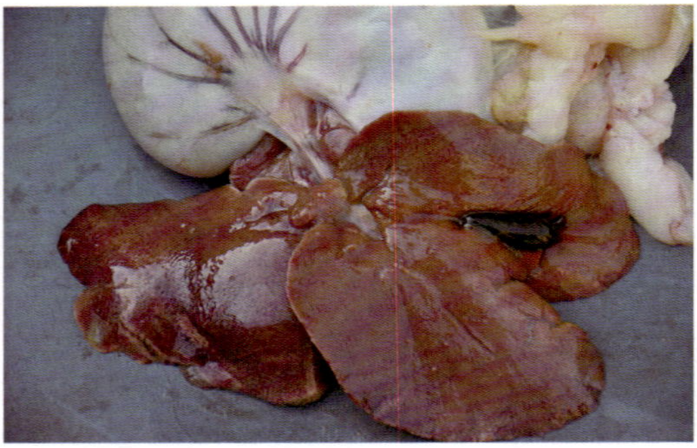

图5-238　肝脏呈淡黄色，胆囊肿大，胆汁浓稠

【诊断要点】①有饲喂霉变饲料史。②腹泻、排混有黏液或血液粪便、盲肠硬结，母兔出现流产、死产等症状。③肝、肾、肺、脾出现肿大、淤血、出血和坏死等病变。④饲料中检测出霉菌或毒素。

【预防】

（1）禁喂霉变饲料是预防本病的重要措施。在饲料的收集、采购、加工、保管等环节中严禁霉变饲料进入下一个饲料加工、利用程序。

（2）饲料中添加防霉制剂，如0.1%丙酸钠或0.2%丙酸钙，对霉菌有一定的抑制作用。

（3）饲料中添加脱霉剂。

【治疗方案】本病目前尚无特效药。发现病兔时，须立即停喂发霉饲料，禁食1天，然后饲喂新鲜安全饲料，同时采取对症治疗。

[方1] 用0.1%高锰酸钾溶液或2%碳酸氢钠溶液洗胃、灌肠，然后灌服5%硫酸钠溶液50毫升或人工盐2～3克，或灌服稀糖水50毫升，外加维生素C 2毫升。

[方2] 制霉菌素：每只病兔喂3万～4万单位，每天2次。

[方3] 皮下分点或腹腔注射10%葡萄糖20～30毫升。

[方4] 10%葡萄糖50毫升、维生素C 2毫升，静脉注射，每天1～2次。

[方5] 氯化胆碱70毫升、维生素B_{12} 5毫克、维生素E 10毫克，1次口服。

[方6] 将大蒜捣烂喂服，每兔每次2克，每天2次。

[方7] 赤霉菌病中毒者，立即停止饲喂发霉饲料，患兔用10%葡萄糖10毫升，加维生素C 2毫升，静脉注射，每日1～2次，连用3～5天，有一定的疗效。

三十二、不孕症

不孕症是引起母兔暂时性或永久性不能生育的各种繁殖障碍的总称。

【病因】①母兔过肥、过瘦，饲料中蛋白质缺乏或质量差，维生素A、维生素E或微量元素等含量不足，换毛期间内分泌机能紊乱。②公兔过肥，长时间不作种用。③配种方法不当。④各种生殖器官疾病，如子宫炎、阴道炎、输卵管积脓、卵巢脓肿、肿瘤、胎儿滞留等。⑤生殖器官先天性发育异常等。

【临床症状和病理变化】母兔过肥，卵巢被脂肪包围排卵受阻。正在换毛的兔易造成屡配不孕。剖检可见子宫积脓，肿瘤。出现子宫炎、阴道炎、输卵管积脓、卵巢脓肿、子宫浆膜上有脓疱、卵巢肿瘤子宫积脓、胎儿滞留或生殖器官先天异常等（图5-239～图5-244）。

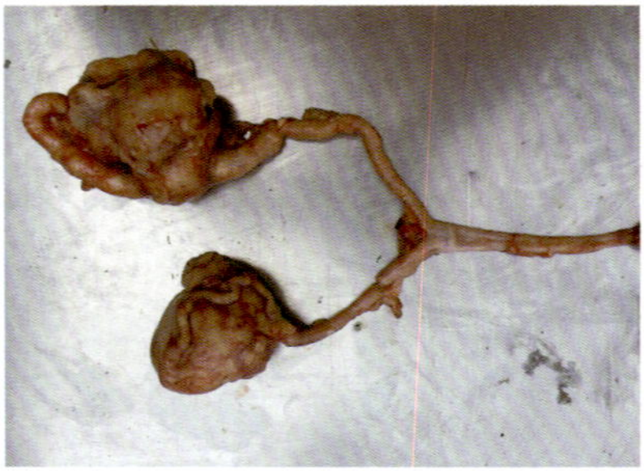

图 5-239　卵巢脓肿、输卵管积脓

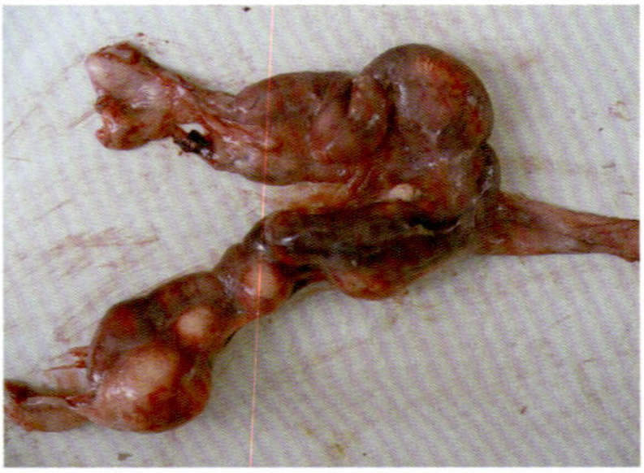

图 5-240　子宫浆膜有许多脓疱

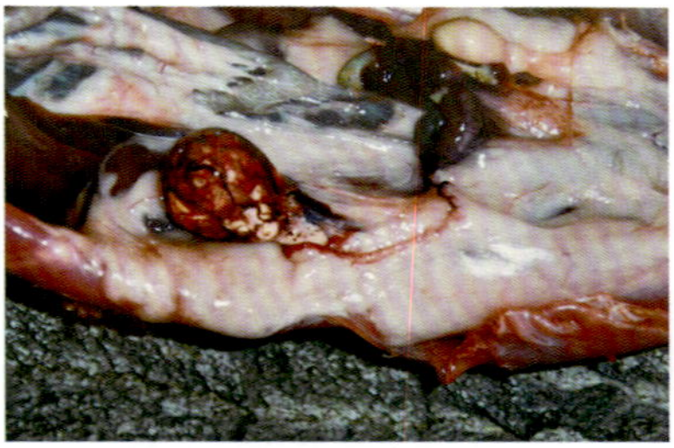

图 5-241　卵巢肿瘤

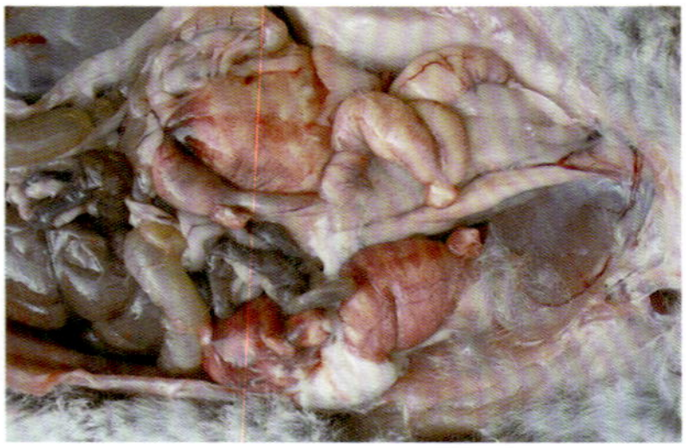

图 5-242　子宫积脓

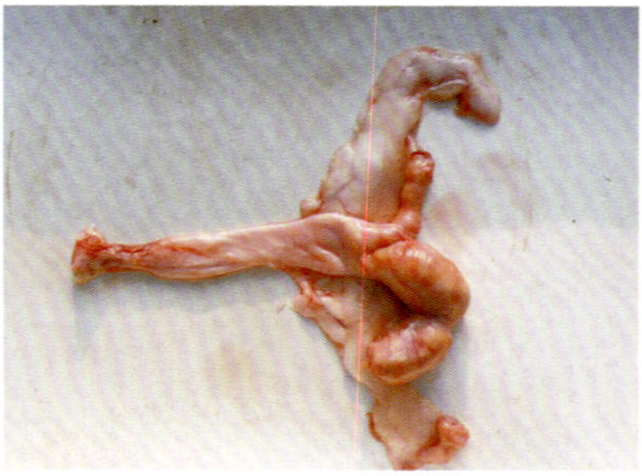

图 5-243　子宫内胎儿木乃伊化

图 5-244　子宫内的死胎

【诊断要点】多次配种不孕。子宫积脓、卵巢肿瘤等可通过触诊进行判定。

【预防】要根据不孕症的原因制订预防计划，如加强饲养管理，供给全价日粮，保持种兔正常体况，防止过肥、过瘦。光照充足。掌握发情规律，适时配种。及时治疗或淘汰患生殖器官疾病的种兔。对屡配不孕者应检查子宫状况，有针对性地采取相应措施。

【治疗方案】

[方1] 过肥的兔通过降低饲料营养水平或控制饲喂量降低膘情，过瘦的种兔采取增加饲料营养水平或饲喂量恢复体况。

[方2] 若因卵巢机能下降而不孕，可试用激素治疗。皮下或肌内注射促卵泡素（FSH），每次0.6毫克，用4毫升生理盐水溶解，每天2次，连用3天，于第4天早晨母兔发情后，耳静脉注射2.5毫克促黄体素（LH），之后马上配种。用量一定要准，剂量过大反而效果不佳。

三十三、流产、死产

流产是胎儿或（和）母体的生理过程受到破坏所导致的怀孕未足月即排出胎儿，怀孕足月但产出死胎称为死产。

【病因】引起流产的原因很多，主要有机械性、精神性、药物性、营养性（维生素A、维生素E缺乏）、中毒性（霉菌毒素中毒等）和疾病性等原因。

一般初产母兔出现死胎的较多。机械性刺激、营养缺乏、中毒和疾病（如沙门氏菌病、妊娠毒血症）等均可引起死产。

【临床症状和病理变化】多数母兔突然流产，一般无特征表现，只是在兔笼内发现有未足月的胎儿、死胎或血迹才被发现（图5-245）。发病缓慢者，可见如正常分娩一样的衔草、拉毛营巢等行为，但产出不成形的胎儿。有的胎

图5-245　兔笼底板上流产的胎儿

儿被母兔吃掉或掉入笼底板下。流产后母兔精神不振，食欲减退，体温升高，有的母兔在流产过程中死亡。仔兔出生时即死亡，为死产。

【诊断要点】发现兔笼底板有未足月的胎儿或仅见有血迹，触摸孕兔无胎儿时，即可确诊为本病。

【防治措施】本病关键在于预防，根据不同病因采取相应的措施。

【治疗方案】发现有流产征兆的母兔可用药物进行保胎，方法是肌内注射黄体酮15毫克。流产母兔易继发阴道炎、子宫炎，应使用磺胺等抗生素类药物控制炎症以防感染，同时应加强营养，防止受凉，待完全恢复健康后才能进行配种。若连续两胎的母兔死胎率仍然很高，在无其他原因的情况下要予以淘汰。

三十四、乳腺炎

乳腺炎是家兔乳腺组织的一种炎症性疾病，严重危害繁殖母兔。

【病因】①乳腺分泌过多乳汁的刺激。母兔妊娠末期、哺乳初期大量采食饲料或精料，营养过剩，产仔后乳汁分泌多而稠，或因仔兔少或仔兔弱小不能将乳房中的乳汁吸完，均可使乳汁在乳房里长时间过量蓄积而引起乳腺炎。②创伤感染。乳房受到机械性损伤后伴有细菌感染，如仔兔啃咬、抓伤、兔笼和产箱进出口的铁丝等尖锐物刺伤等。创伤感染的病原菌主要有金黄色葡萄球菌、链球菌和其他细菌。③其他传染病有时可伴发乳腺炎。④兔舍及兔笼卫生条件差，也容易诱发本病。

【临床症状和病理变化】

败血型：精神沉郁，食欲降低或废绝，体温升高，伏卧，拒绝哺乳。初期乳房局部红、肿、热、痛，稍后即呈蓝紫色，甚至呈乌黑色（图5-246），若不及时治疗，多在2～3天内因败血症而死亡。

普通型：一般仅限于一个或多个乳头，患部红肿充血，乳头焦干，皮肤张紧发亮，触之有灼热感。患兔通常拒绝哺乳。

化脓型：化脓性乳腺炎表现为乳腺内有单发或多发脓肿（图5-247、图5-248）。患部坚硬，患兔步行困难，拒绝哺乳，精神不振，食欲减退，体温可达40.5℃以上。剖检可见乳腺区内有大小不等的脓肿，内含白色奶油状脓汁（图5-249）。有时乳腺内脓肿破溃并向外排出脓汁。

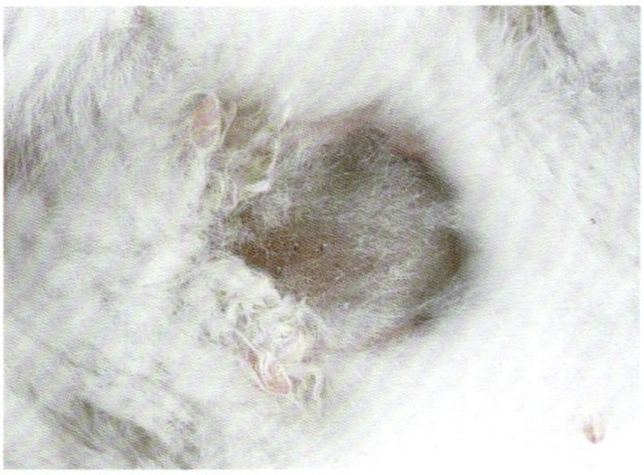

图5-246　乳区皮肤呈黑色

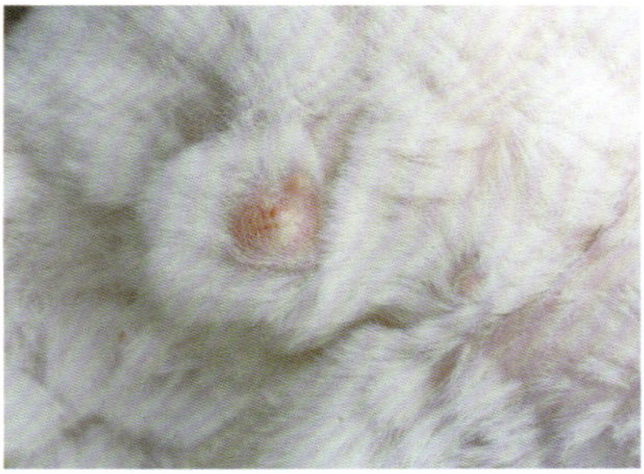

图5-247　乳腺组织发生脓肿

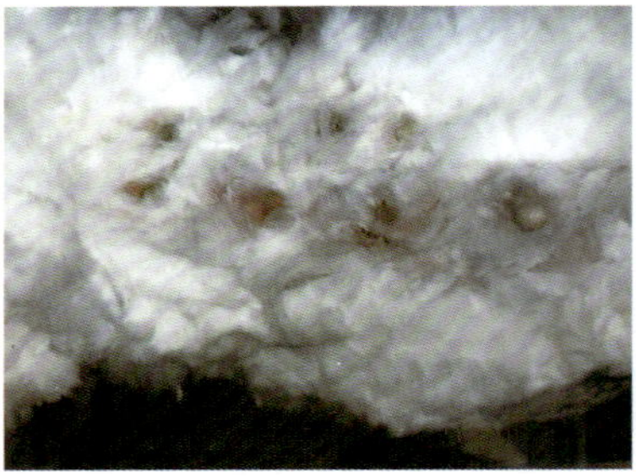

图5-248　多个乳头发生脓肿，脓液呈白色

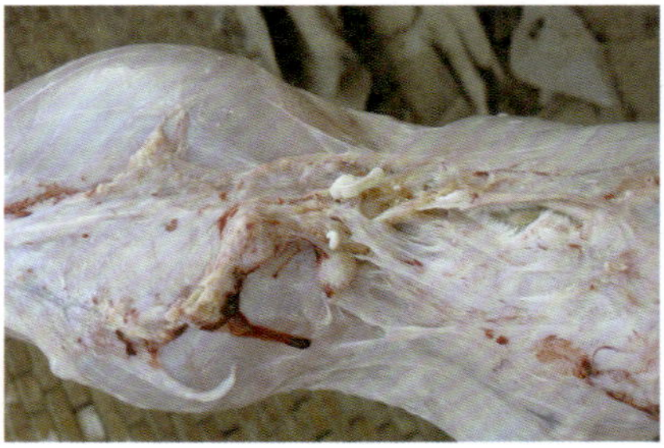

图5-249　乳腺区内的多发性脓肿，脓肿内含白色奶油状脓汁

【诊断要点】①多发生于产后5～25天。②所哺乳的仔兔相继死亡或患黄尿病。③乳腺炎的特征症状和病变。

【预防】

（1）根据仔兔数量，适当调整产前、产后饲喂量，以防引起乳汁分泌的异常（过稠过多或过稀过少），避免乳腺炎的发生。

（2）保持兔笼和产仔箱的清洁卫生，清除尖锐物，特别要保持兔笼与产箱进出口处光滑，以免损伤乳头。

（3）对本病发生率较高的兔群，除改善饲养管理制度外，繁殖母兔皮下注射葡萄球菌苗2毫升，每年2次，可减少本病发生。

【治疗方案】 一般情况下，1～2个乳头受损的情况下可以进行治疗。如果2个以上乳头受损应作淘汰处理。

[方1] 患病初期24小时内先用冷毛巾冷敷，同时挤出乳汁，1天后用热毛巾进行热敷，每次15～30分钟，每天2～3次，或涂擦5%鱼石脂软膏。

[方2] 局部封闭治疗：用青霉素普鲁卡因混合液（青霉素3万～5万单位，0.25%普鲁卡因溶液30～50毫升）进行封闭注射，患部周围分4～6点，皮下注射，可隔1～2日再进行封闭注射1次，连续2～3次即可收效。

[方3] 局部治疗：可用恩诺沙星或硫酸卡那霉素注射液在患部多点注射，前者2.5～5毫克/千克体重，每天1～2次，连用2～3天。后者10～15毫克/千克体重，每天2次，连用3～5天。

[方4] 全身治疗：用青霉素、链霉素各20万单位进行肌内注射，每天2次，连续3～5天。

[方5] 排脓：如发生脓肿，则需开刀排脓。手术治疗虽然可康复，但泌乳机能会受到影响。对于多个乳腺发生脓肿的母兔，最好作淘汰处理。

如果兔群中本病的发生率高，应分析检查饲粮营养水平、饲喂量、饲养方式等，采取相应的措施。

三十五、阴道脱出

本病是阴道壁的一部分或全部翻出于阴门外。

【病因】 过度努责或阴道组织松弛，体质虚弱，运动不足及剧烈腹泻等均可引起本病。

【临床症状和病理变化】患兔精神不振，食欲下降或废绝。笼底有血迹，后肢、尾部沾有血液，阴门外有呈球形红色组织（阴道）凸出，且淤血、水肿（图5-250～图5-252）。脱出时间较长时翻出的阴道黏膜可发炎或坏死。

【诊断要点】产前产后母兔多发。根据症状即可确诊。

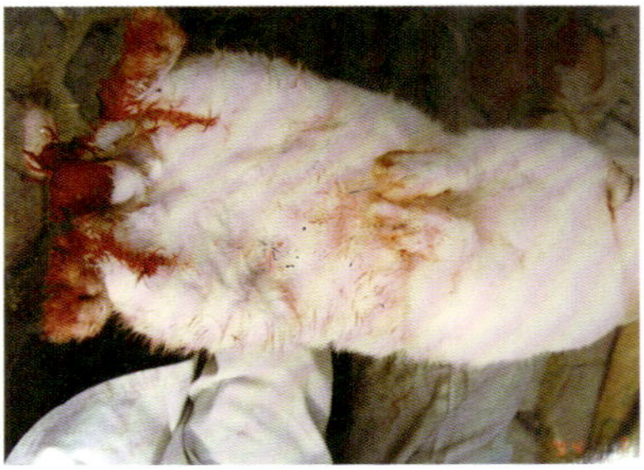

图5-250　患兔后肢、尾部沾有血液，阴道脱出、红肿

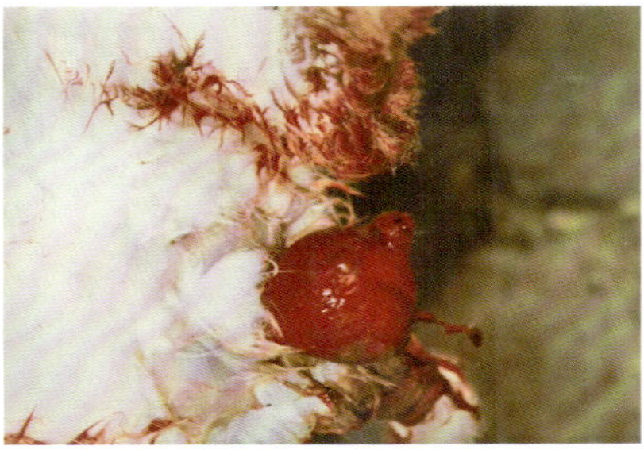

图5-251　阴门外脱出部淤血、水肿

【预防】加强饲养管理，适当增加光照和运动。

【治疗方案】先清除阴道黏膜上黏附的粪便、兔毛等污物，再用3%温明矾水溶液浸洗脱出部，使其收缩。若脱出时间较长，用盐水清洗，使其脱水缩小以便整复。清洗后，由助手提起患兔的两后肢，操作者一手轻轻托起脱出部，一手用三指交替从四周将其仔细推入体内。然后往阴道内放入广谱抗生素1片（如金霉素），并提起后肢将患兔左右摇摆几次，拍击患兔臀部以助收缩复位。然后肌内注射抗生素。

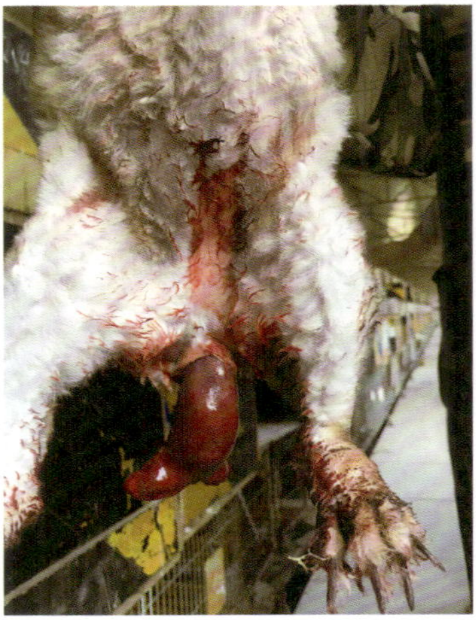

图5-252　脱出的阴道组织

三十六、妊娠毒血症

妊娠毒血症是家兔妊娠末期营养负平衡导致的一种代谢障碍性疾病，由于有毒代谢产物的作用，致使兔出现意识和运动机能紊乱等神经症状。主要发生于孕兔产前4～5天或产后。

【病因】病因仍不清楚，但妊娠末期营养不足，特别是碳水化合物缺乏易引发本病，尤以怀胎多且饲喂不足的母兔多见。可能与内分泌机能失调、肥胖和子宫肿瘤等因素有关。胃中有毛球导致厌食，也是引发本病的一个常见原因。

【临床症状和病理变化】初期精神极度不安，常在兔笼内无意识漫游，甚至用头顶撞笼壁，安静时缩成一团，精神沉郁，食欲减退，呼吸困难，呼出的气体带酮味（似烂苹果味）。全身肌肉间歇性震颤，前后肢向两侧伸展（图5-253），有时呈强直痉挛，有的发生流产。严重病例出现共济失调，惊厥，昏迷，最后死亡。肝脏和肾脏脂肪变性是最主要的病理变化，主要因机体动员脂肪，将脂肪运转到肝脏分解供能，因而导致脂肪肝。剖检见心脏增大，心内外膜均有黄白色条纹，肠系膜脂肪有坏死区（图5-254）。肝脏、肾脏肿大。组织上可见明显的肝和肾脂肪变性。血液检查，血清非蛋白氮显著增多，血钙减少，血液磷酸盐增多，丙酮试验阳性。

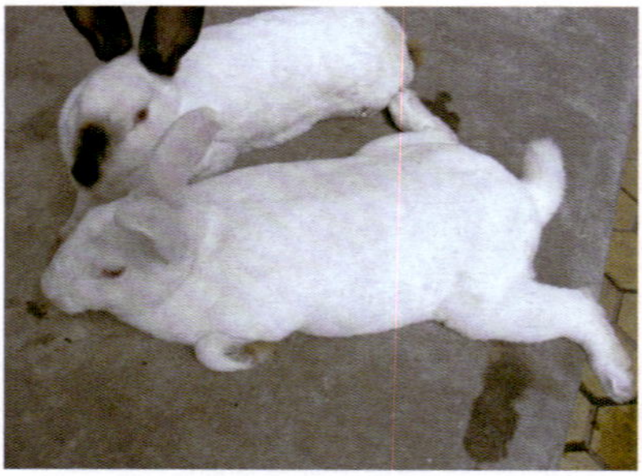

图5-253　患兔后肢向两侧伸展

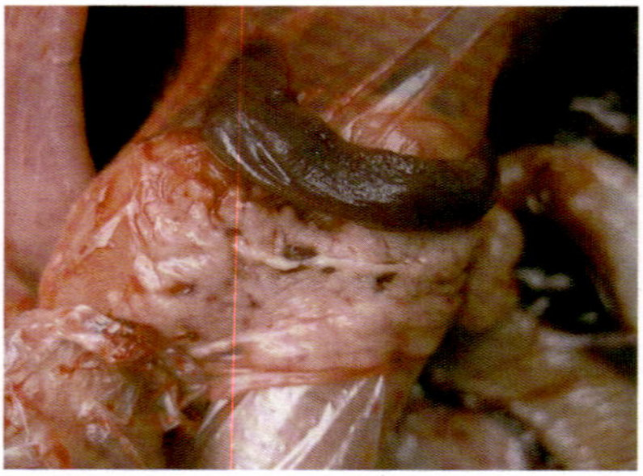

图5-254　肠系膜脂肪见灰白色坏死区

【诊断要点】①本病只发生于怀孕母兔、泌乳母兔，其他年龄母兔、公兔不发生。②临诊症状和病理特点。③血液中非蛋白氮显著升高，血糖降低，出现蛋白尿。

【预防】

（1）合理搭配饲料，妊娠初期，适当控制母兔营养，以防过肥。

（2）妊娠末期，饲喂富含碳水化合物的全价饲料，避免不良刺激，如饲料和环境突然变化等。

（3）青年母兔适当提前配种，有助于防止本病发生。

（4）预防和治疗毛球病，可以预防本病发生。

【治疗方案】添加葡萄糖可防止酮血症的发生和发展。治疗原则：保肝解毒，维护心、肾功能，提高血糖，降低血脂。

[方1]发病后口服丙二醇4.0毫升，每天2次，连用3～5天。

[方2]可试用肌醇2.0毫升、10%葡萄糖10.0毫升、维生素C 100毫克，一次静脉注射，每天1～2次。

肌内注射复合维生素B 1～2毫升，有辅助治疗作用。

三十七、腹泻

腹泻不是独立性疾病，是泛指临床上具有腹泻症状的疾病，主要表现是粪便不成球，稀软，呈粥状或水样。

【病因】①饲料配方不合理。如精料比例过高，即高蛋白、高能量、低纤维。②饲料质量问题。饲料不清洁，混有泥沙、污物等。饲料含水量过多，或吃了大量的冰冻饲料。饮水不卫生。③突然更换饲料，饲喂量过多。④兔舍潮湿，温度低，家兔腹部着凉。⑤口腔及牙齿疾病。

此外，引起腹泻的原因还有某些传染病、寄生虫病、中毒性疾病和以消化障碍为主的疾病，这些疾病各有其固有症状，并在本书各种疾病中专门介绍，在此不再赘述。

【临床症状和病理变化】病兔精神沉郁，食欲缺乏或废绝。饲料配方不合适和饲养管理不当引起的腹泻，病初粪便只是稀、软，但粪便性质未变（图5-255）；有的粪便中仅带透明样黏液（图

5-256、图 5-257）。此时及时进行控制，如控料、使用抗生素等，一般预后良好。如果控制不当，就会诱发细菌性疾病，如大肠杆菌、魏氏梭菌病等，发病后患病兔排出的粪便上黏附淡黄色黏液（图 5-258）。

图 5-255　粪便稀、不成形，但性质未变

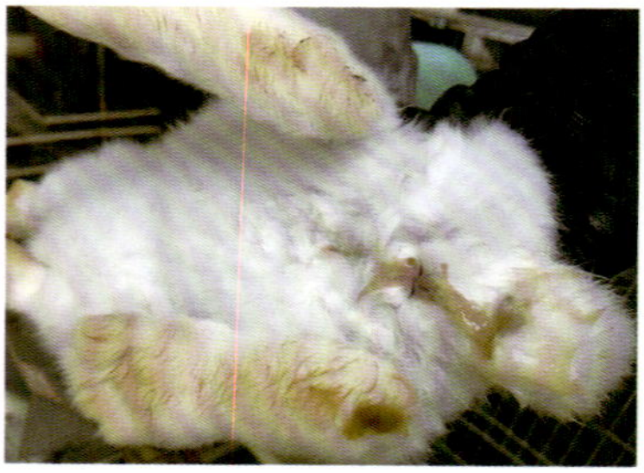

图 5-256　透明状黏液

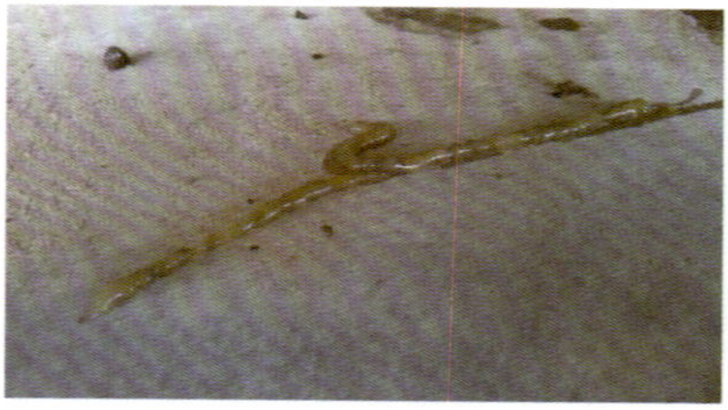

图 5-257　粪球被白色透明黏液包裹

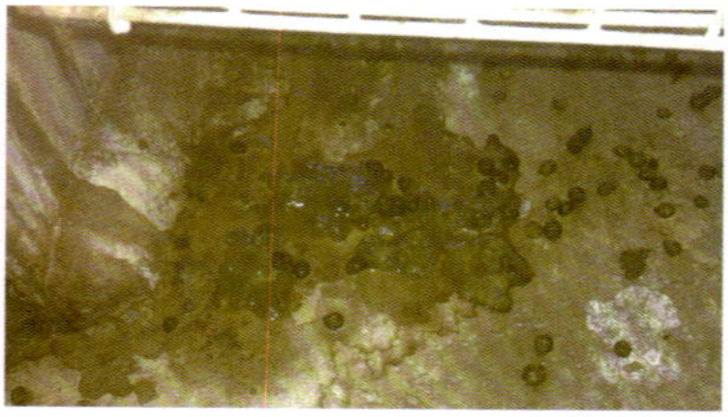

图 5-258　粪便上黏附淡黄色黏液

【诊断要点】①有饲养管理不当、兔舍温度低等应激史；②粪便不成形，但性质未变。

【预防】

（1）饲料配方合理，饲料、饮水清洁卫生。饲粮中木质素含量高于5%，淀粉含量低于16%。

（2）幼兔提倡定时定量饲喂。改变饲料要逐步进行。

（3）兔舍要保证温度适宜、通风良好、干燥、卫生。

【治疗方案】在消除诱因的同时首先控制饲喂量，一般在停料后1～2天内即可控制，若仍不能控制，应及早应用抗生素类药物

(如庆大霉素、恩诺沙星等)，以防继发感染。

对脱水严重的病兔，可灌服补液盐（配方为：氯化钠3.52克，碳酸氢钠2.5克，氯化钾1.58克，葡萄糖20克，凉开水1000毫升)，或让病兔自由饮用。

三十八、便秘

便秘是指家兔排粪次数和排粪量减少，排出的粪便干、小、硬，是家兔常见消化系统疾病之一。

【病因】 引起家兔便秘，除热性病、胃肠弛缓等全身性疾病因素外，饲养管理不当是主要原因，如以颗粒饲料为主，饮水不足；青饲料缺乏；饲料品质差，难以消化；饲喂过多含单宁多的饲料，如高粱等；饲料中混有泥沙或混入兔毛；饲喂不定时，过度贪食；饮水不洁或运动不足等均可诱发本病。

【临床症状和病理变化】患病初期，精神稍差，食欲减退，喜欢饮水，粪便干、小、两头尖、硬，有时成串状（图5-259、图5-260)，腹痛腹胀，患兔常头颈弯曲，回顾腹部、肛门，起卧不宁。随着病程发展，停止排便，腹部膨大肚胀，用手触摸可感知有干硬的粪球颗粒，并有明显的触痛。如果不及时采取措施，因粪便长期滞留在胃肠会导致自体中毒，或因呼吸困难，心力衰竭而死。剖检发现结肠和直肠内充满干硬成球的粪便，前部肠管积气。

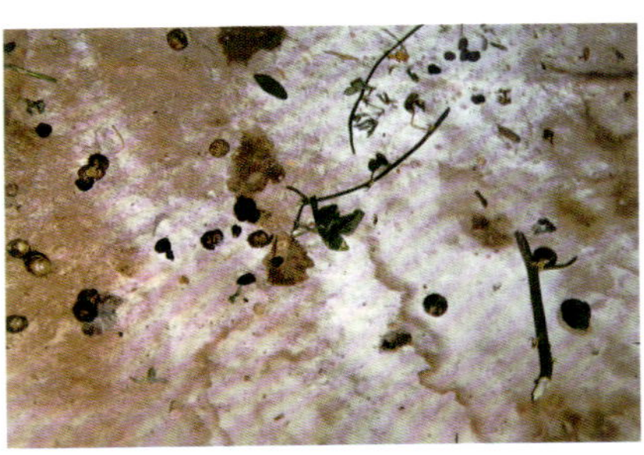

图5-259　成年兔的粪便干、小、硬

图5-260　粪球连成串状

【诊断要点】根据粪便少、小、硬等可做出诊断。

【预防】加强饲养管理，合理搭配青粗饲料和精饲料，经常供给家兔清洁饮水，饲喂定时定量，加强运动，限量饲喂高粱等易引起便秘的饲料。

【治疗方案】治疗时首先去除致病因子，供给清洁饮水，适当增加运动，按摩腹部。治疗时应注意制酵和通便。

[方1] 人工盐：成年兔5～6克，幼兔减半，加适量温水口服。

[方2] 石蜡油：成年兔15毫升，幼兔减半，加等量温水口服。

[方3] 植物油：每只每天口服10～20毫升。

[方4] 果导片：成年兔每次1片，每天3次。

[方5] 大黄苏打片：2～3片，加温水30～40毫升灌服。

[方6] 金银花、生地黄各10克，石膏、火麻仁、甘草各6克，加水200毫升煎为40毫升浓药液，每只兔喂服10～15毫升/次，每天3次。

[方7] 灌肠：温肥皂水或高锰酸钾水，用人用导尿管灌肠，每次30～40毫升，效果明显。

三十九、盲肠嵌塞

盲肠嵌塞也称盲肠秘结，盲肠阻塞，是指盲肠内容物呈现干硬、紧实的现象，它不是一种病，而是许多种疾病的临床表现。盲肠嵌塞在幼兔中比在成年兔中发生多。

【病因】引起盲肠秘结的原因尚不太清楚，但与以下因素有关。①粗纤维饲料不足或过多。当饲料中粗纤维含量高于25%时，该病的发生率较高。②纤维饲料过于细小。饲喂吸收水分的小纤维颗粒可能引起盲肠嵌塞。③饲料霉变。④自主神经异常。

【临床症状和病理变化】患兔采食减少或停止，精神萎靡，腹围增大（图5-261），用手触摸腹部，盲肠有硬的内容物。剖检可见盲肠内容物有的刚开始变硬，有的已变硬，粪便呈大小不等的块状，肠壁菲薄（图5-262～图5-264）。

图5-261 精神不振，不食，腹围增大

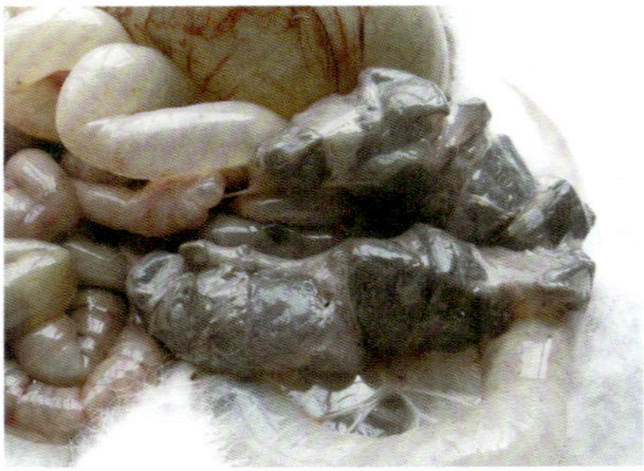

图5-262 盲肠积有干硬粪块，肠壁菲薄

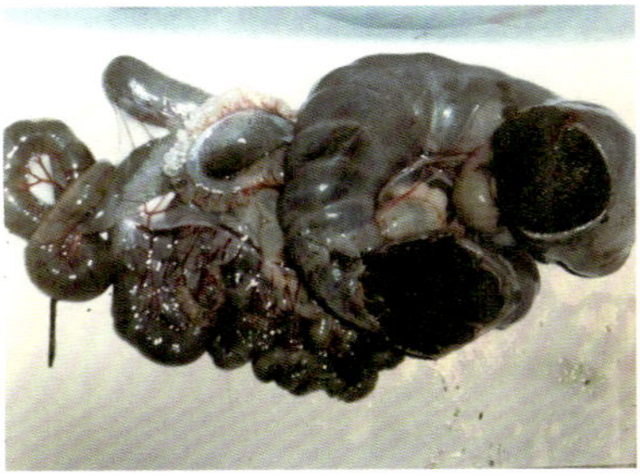

图5-263 盲肠中的内容物变干且硬度增加

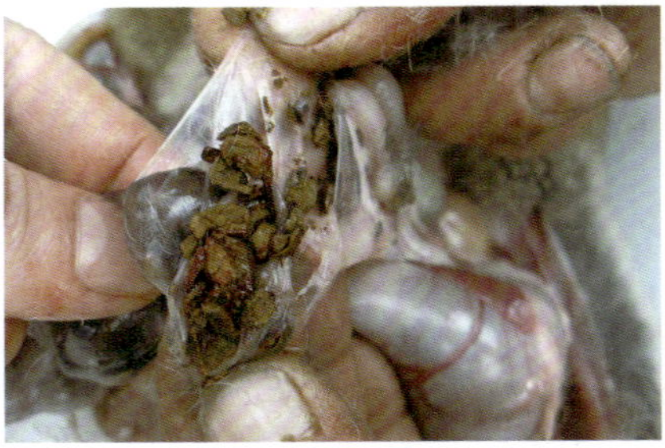

图5-264 大肠中的内容物呈干、硬、小块状

【诊断要点】发现腹围增大，用摸胎的方法，触摸盲肠粗、硬即可诊断。自主神经机能异常通过自主神经节的组织病理学检查进行确诊。

【预防】

（1）禁止使用发霉变质的饲料喂兔。

（2）饲料粗纤维原料粉碎粒度不宜过小。

（3）淘汰兔群中自主神经机能异常的个体。

【治疗方案】对刚开始发病的兔，可将患兔赶到运动场或院内自由运动，供给饮水，一般可以缓解症状并痊愈。

对患病较轻的个体，口服液体石蜡24～36小时后，再使用前列腺素疗法（0.2毫克/千克体重地诺前列素），同时加强运动，效果较好。

病情严重的作淘汰处理。

四十、肠套叠

肠套叠是指在某些致病因素的刺激作用下，某段肠管蠕动异常增强并进入相邻段肠管，引起局部肠管阻塞和形态与机能变化的病理过程。

【病因】家兔采食冰冻饲料、采食冰块、受寒、感冒、受惊、肠道异物或肿瘤等刺激，以及发生其他疾病（如兔瘟等）时，都可引起肠套叠的发生。

【临床症状和病理变化】肠套叠一旦发生，会突然出现剧烈腹痛症状，表现出不安、起卧、打滚、呼吸困难、脉搏加快，并迅速继发胃肠臌气，最后精神沉郁。可能排黏性血便。触诊时感觉到腹肌紧张，套叠段肠管硬实、敏感、疼痛。剖检可见套叠部肠段紫红、肿胀，有炎症变化（图5-265～图5-267）。套叠消化道前段臌气、充满食糜。

【诊断要点】根据典型症状和触诊一般可做出诊断，剖检可做出确诊。

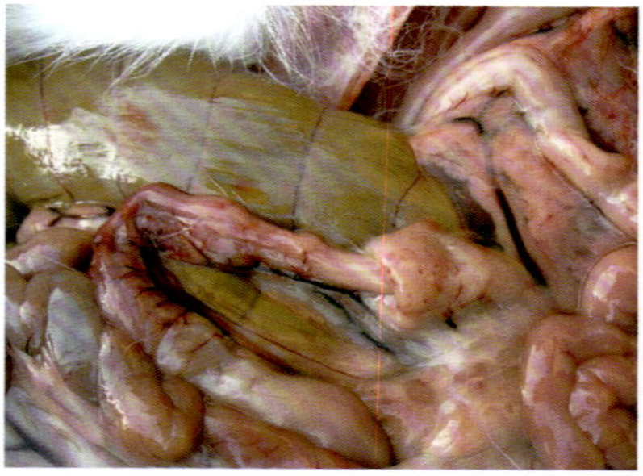

图5-265　小肠套叠处肠壁增厚，有出血点

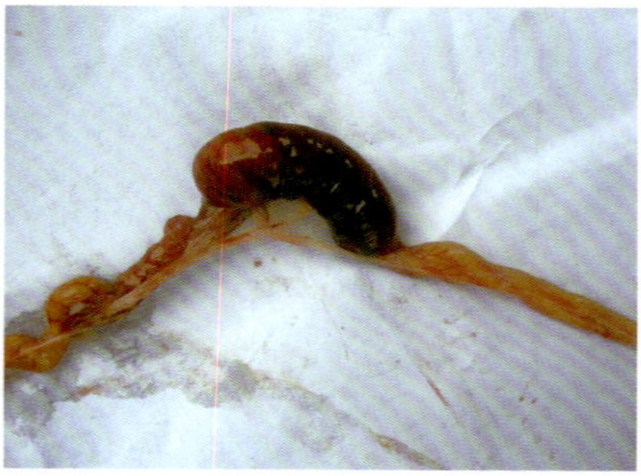

图5-266　套叠段肠管增粗、质硬、淤血

图5-267 刚修复后的原套叠部小肠，仍有淤血、水肿病变

【预防】保持兔舍安静。冬季防止家兔吞食冻饲料和冰块，注意保暖。做好群体兔瘟免疫工作。

【治疗方案】一般以淘汰为主。价值高的兔可采取手术治疗。

病初肠管病变较轻时，可整复套叠段肠管后调理胃肠机能。病程稍长，套叠段肠管已坏死粘连而无法整复者，应将其截断并进行肠管吻合。因肿瘤或异物引起的，要同时摘除肿瘤和排除异物。术后应用抗生素治疗，连用3天，以防感染。

四十一、中暑

中暑又称日射病或热射病，是家兔因气温过高或烈日暴晒所致的中枢神经系统功能紊乱的一种疾病。家兔汗腺不发达，体表散热慢，极易发生本病。

【病因】①气温持续升高，兔舍通风不良，兔笼内密度过大，散热慢。②炎热季节兔只进行车船长途运输，装载过于拥挤，中途又缺乏饮水。③露天兔舍，遮光设备不完善，兔体长时间受烈日暴晒。

【临床症状和病理变化】在35℃条件下，家兔在不到一个小时即可出现中暑表现。病初患兔精神不振、食欲减少甚至废绝，体温升高。用手触摸全身有灼热感。呼吸加快，结膜潮红（图5-268），口腔、鼻腔和眼结膜充血，鼻孔周围湿润。卧地，行走举步不稳，摇晃不定（图5-269）。病情严重时，呼吸困难，耳静脉淤血（图5-270），黏膜发绀，从口腔和鼻中流出带血色的液体。病兔常伸腿伏卧，头前伸，下颌着地，四肢间歇性震颤或抽搐，直至死亡。有时则突然虚脱、昏倒，出现痉挛而迅速死亡。剖检可见胸腺出血，肺部淤血、水肿，心脏充血、出血，腹腔内有纤维素析出，肠系膜血管淤血，肠壁、脑部血管充血（图5-271～图5-276）。触摸腹腔内脏器有灼烧感。

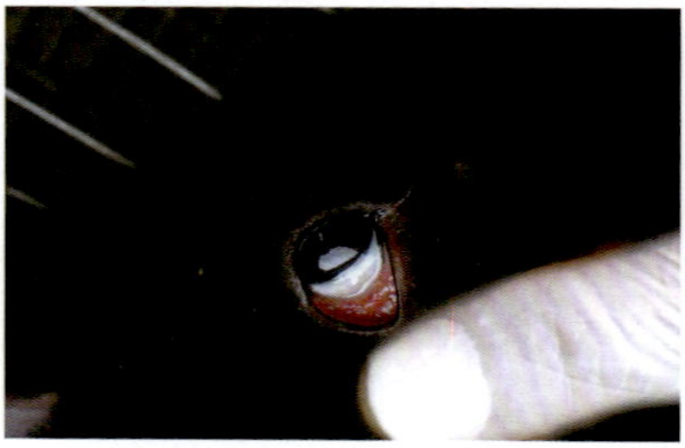

图5-268 结膜充血潮红

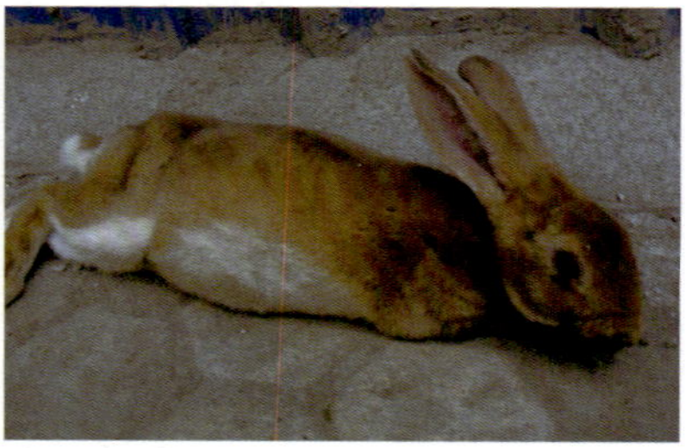

图5-269 卧地，呼吸急促，鼻孔周围湿润

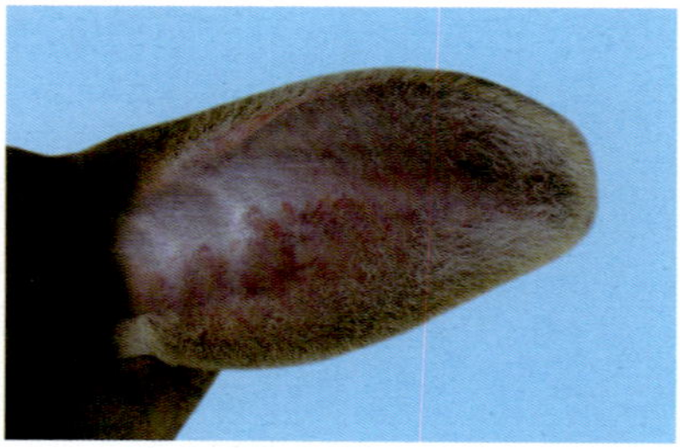

图5-270 耳静脉淤血，耳部皮肤呈暗红色

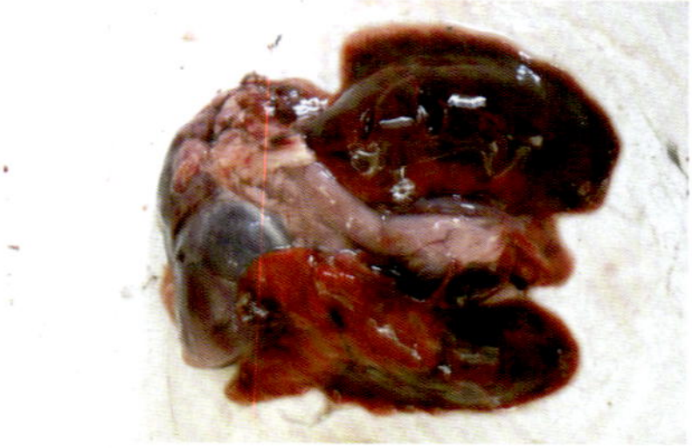

图5-271 肺淤血、水肿，呈暗红色

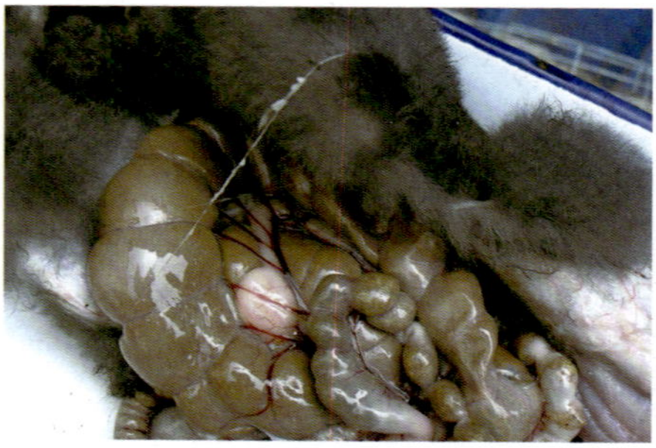

图5-272 腹腔内有纤维素析出

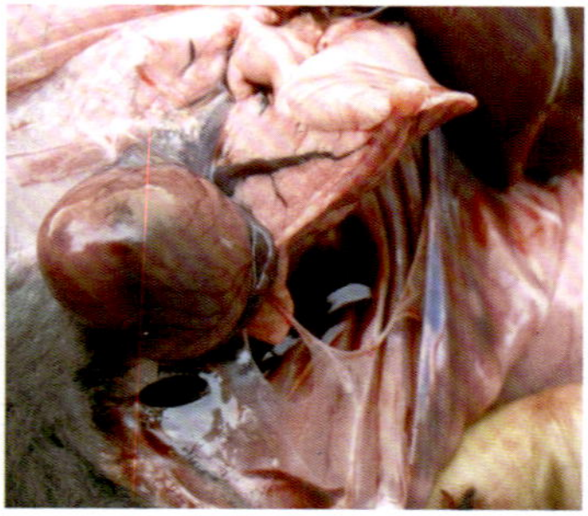

图5-273 心外膜血管明显扩张，并有出血斑点

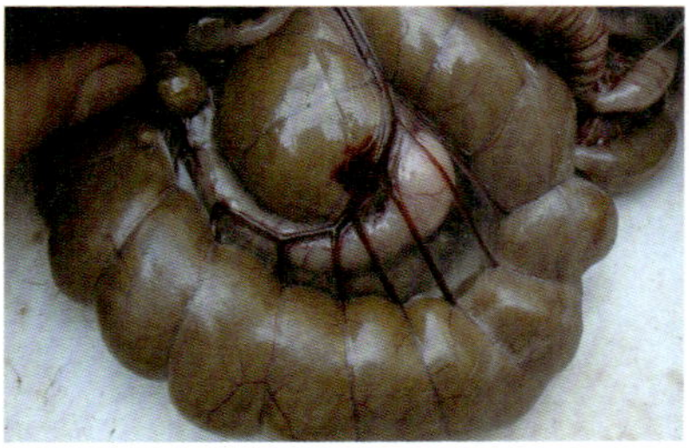

图5-274 大肠壁出血

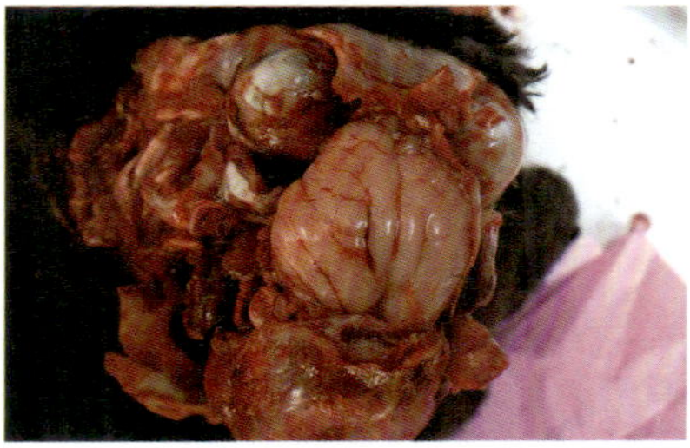

图5-275 脑血管充血

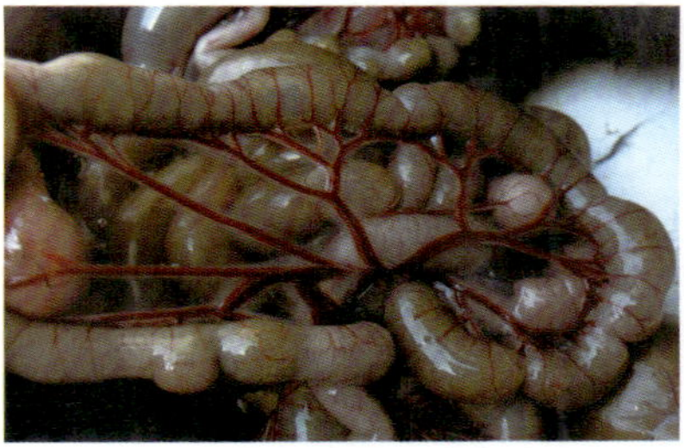

图5-276 肠系膜和肠壁血管怒张充血

【诊断要点】长毛兔、獭兔、怀孕兔易发。根据长时间高温环境及典型临床与病例剖检变化可做出诊断。

【预防】当气温超过35℃时，通过打开通风设备、用冷水喷洒地面、降低饲养密度等措施，以增加兔舍通风量，降低舍温。露天兔舍应加设荫棚。

【治疗方案】发生本病时，首先将病兔置于阴凉通风处，可用电风扇降温，或在头部、体躯上敷以冷水浸湿的毛巾或冰块，每隔数分钟更换一次，加速体热散发。同时进行药物治疗。

[方1] 十滴水：2～3滴，加温水灌服，或仁丹2～3粒。

[方2] 藿香正气水：迅速灌服约2毫升，幼龄兔减半，用温水送服。

[方3] 用20%甘露醇注射液或25%山梨醇注射液，静脉注射，每次10～30毫升。

对于有抽搐症状的病兔，用2.5%盐酸氯丙嗪注射液，0.5～1.0毫升/千克体重，肌内注射。

四十二、结膜炎

结膜炎是指眼睑结膜、眼球结膜的炎症性疾病。在规模兔场十分常见。

【病因】①机械性因素。如灰尘、沙土或草屑等异物进入眼中，眼睑外伤，寄生虫的寄生等。②理化因素。如兔舍密闭，饲养密度大，粪尿不及时清除，通风条件不好，致使兔舍内空气污浊，氨气等有害气体刺激兔眼；化学消毒剂、强光直射及高温刺激。③日粮中维生素A缺乏。④病原菌感染。常见的病原菌主要为多杀性巴氏杆菌等。

【发病特点】本病一年四季均可发病，但冬季、春季多发。通风不好的兔舍多发。患有巴氏杆菌病的兔群发生率较高。

【临床症状和病理变化】

病初以卡他性结膜炎为特征，结膜轻度潮红、肿胀，流出少量浆液性分泌物（图5-277、图5-278）。随后则流出大量黏液性分泌物、眼睑闭合，下眼睑及两颊被毛湿润或脱离（图5-279），眼多有痒感。如不及时治疗，往往发展为化脓性结膜炎。眼睑结膜严重充血、肿胀，从眼中排出或在结膜囊内积聚大量黄白色脓性分泌物（图5-281），上下眼睑无法睁开（图5-280），眼眶下被毛脱离（图5-282）。如炎症侵害角膜，可引起角膜混浊、溃疡，甚至造成家兔失明。许多病例伴随着鼻炎的发生（图5-283）。

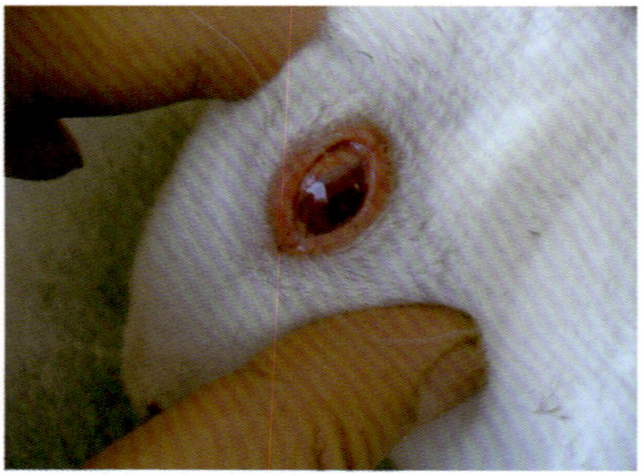

图5-277　眼结膜潮红，眼睑肿胀

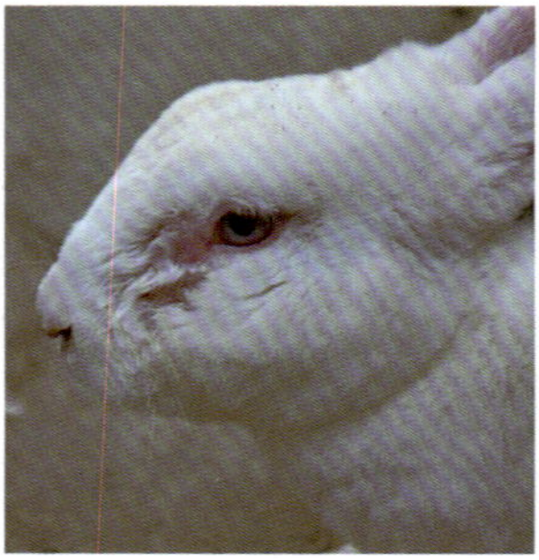

图5-278　眼部流出浆液性分泌物

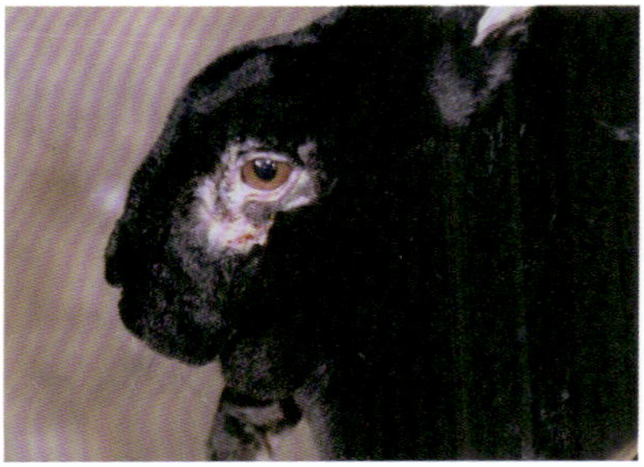

图 5-279　结膜炎长期不愈，眼眶下被毛脱离

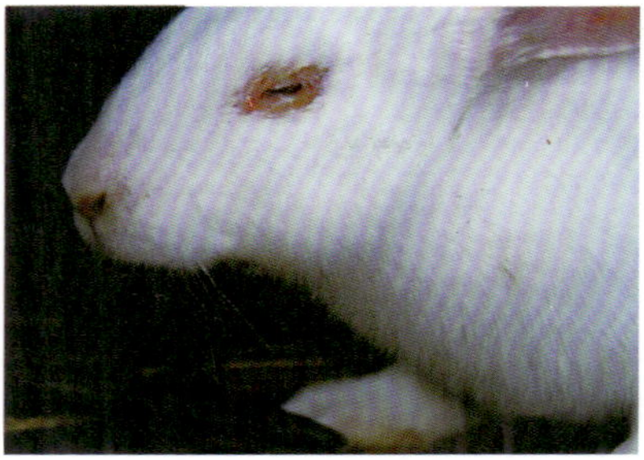

图 5-280　眼睑肿胀，上下眼睑难以张开

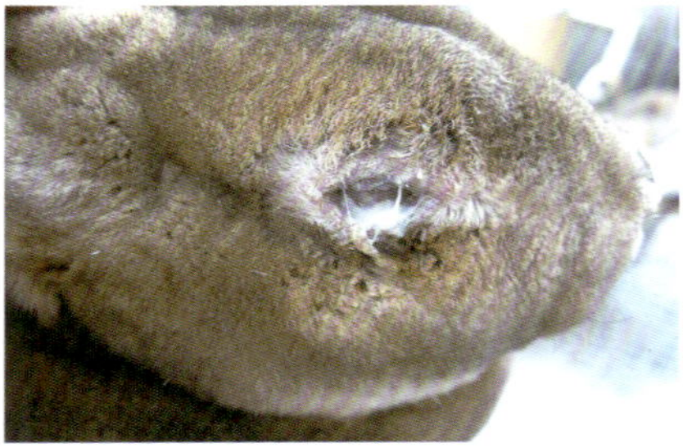

图 5-281　结膜囊中充满大量黄白色脓性分泌物

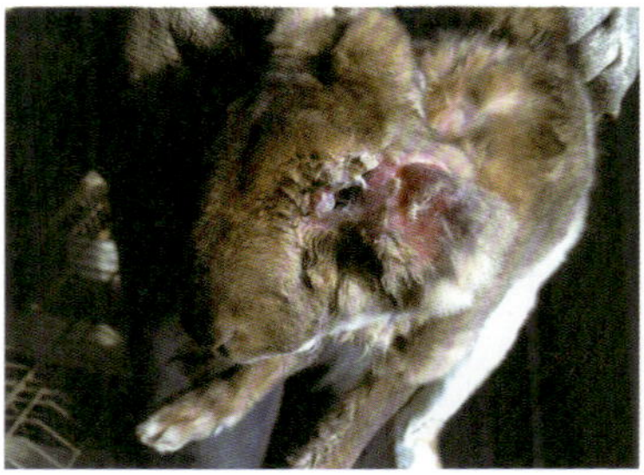

图 5-282　眼眶下大面积被毛脱离

【诊断要点】根据眼的症状和病变可做出诊断。

【预防】

（1）及时清除舍内粪尿，加强通风，保持兔舍空气清新、清洁卫生。

（2）带兔消毒应选用高效、气味小的消毒药。

（3）供给家兔富含维生素 A 的全价饲料。

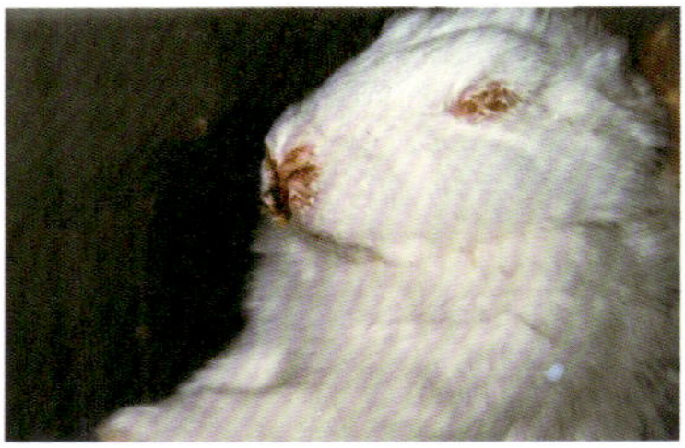

图 5-283　眼结膜发炎，伴有化脓性鼻炎

（4）及时治疗或淘汰兔群中患传染性鼻炎、中耳炎的患兔。

（5）定期注射巴氏杆菌菌苗，一年3次，皮下注射。

【治疗方案】治疗前要及时消除病因，同时添喂富含维生素A的饲料。

[方1]先用无刺激的防腐、消毒、收敛药液清洗患眼，如2%～3%硼酸溶液或生理盐水洗去眼垢，然后选用抗菌消炎药物滴眼或涂敷，如氯霉素眼药水或0.5%金霉素眼药水滴眼，每天3～4次。分泌物过多时，可用0.25%硫酸锌眼药水滴眼。

[方2]角膜混浊的治疗：可涂敷1%黄氧化汞软膏，或将甘汞和葡萄糖等量混匀滴入眼内。

为了镇痛，可用1%～3%普鲁卡因溶液滴眼。重症者可同时进行全身治疗，如应用抗生素或磺胺类药物。治疗期间避免直射光线的刺激。

四十三、溃疡性、化脓性脚皮炎

家兔跖骨部的底面，以及掌骨、指骨部的侧面所发生的损伤性溃疡性皮炎为溃疡性脚皮炎，若这些部位被病原菌（金黄色葡萄球菌等）感染出现脓肿，则为化脓性脚皮炎，也称脚板疮。该病对繁殖兔危害严重。母兔一旦患此病，则采食量下降、泌乳力降低，仔兔成活率下降，最后只能作淘汰处理。

【病因】饲养管理差，卫生条件差，笼底板粗糙、高低不平，金属底网铁丝太细、凹凸不平，兔舍潮湿均易引发这两种病。脚毛稀疏的成年兔、大型兔种较易发生。

【临床症状和病理变化】本病的发生呈渐进性。多从跖骨部底面或掌部侧面皮肤开始，被毛掉落，红肿，出现小面积溃疡区，上面覆盖有白色干性痂皮，随后溃疡面积扩大，有的皮肤破溃、出血（图5-284、图5-285）。患兔食欲下降，体重减轻，驼背，呈踩高跷步样，如果四肢均患病，家兔则频频换脚，交替负重，靠趾尖行走。患病哺乳母兔因疼痛，采食量急剧下降，致使泌乳量减少，仔兔吃不上足够的奶水，死亡率升高或整窝死亡。若兔舍卫生条件差，溃疡部可继发细菌感染，病原菌主要为金黄色葡萄球菌，在痂皮下发生脓肿，脓肿破溃流出乳白色乳油样脓液（图5-286），有些病例发生全身性感染，呈败血病症状，患兔很快死亡。

图5-284　脚底皮肤发生溃疡

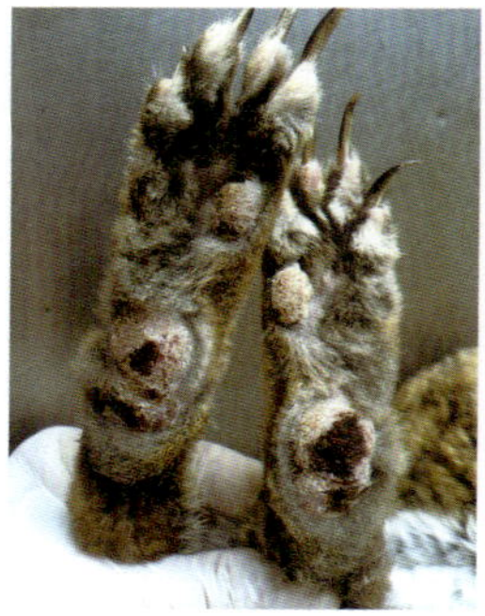

图5-285　后肢跖骨部底面皮肤多处脱毛、结痂、破溃

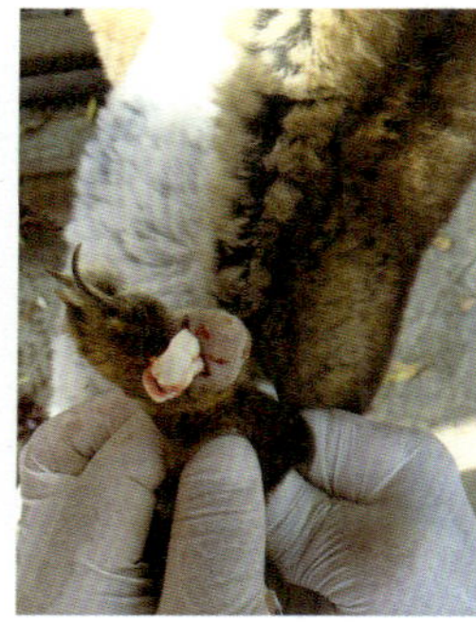

图5-286　前肢掌部脱毛、脓肿

【诊断要点】獭兔、大型兔易感；笼底制作不规范，兔舍湿度大的兔群易发。后肢多发，可通过临床症状进行确诊。确定病原菌须作细菌学鉴定。

【预防】

（1）兔笼地板以竹板为好，笼底要平整，竹板上无钉头外露，笼内无锐利物等。

（2）保持兔舍、兔笼、产箱内清洁、卫生、干燥。

（3）家兔的大脚、脚毛丰厚都可遗传给后代，生产中选择这些兔进行繁殖有助于降低该病的发生率。

（4）一旦发现足部有外伤，立即用5%碘酊或3%结晶紫石碳酸溶液涂擦。

【治疗方案】

[方1] 用橡皮膏围病灶重复缠绕（尽量放松缠绕），然后用手轻握压，压实橡皮膏，20～30天可自愈。

[方2] 用0.2%醋酸铝溶液冲洗患部，清除坏死组织，并涂擦

15%氧化锌软膏或土霉素软膏。当溃疡开始愈合时，可涂擦5%龙胆紫溶液。并注射抗生素。

[方3] 如病变部形成脓肿，应按外科常规排脓后用抗生素药物进行治疗。

由于本病发生于脚底部，疮面不易保护，难以根治，同时化脓性脚皮炎易传染其他兔，因此，对严重病例一般不予治疗，应作淘汰处理。

四十四、创伤性脊椎骨折

创伤性脊椎骨折，又称断背和创伤性脊椎变位，是家兔常见多发病，因家兔受惊、高处跌落等造成腰椎骨折、腰荐移位，导致后驱瘫痪的疾病。

【病因】捕捉、保定方法不当，受惊乱窜或从高处跌落以及长途运输等原因均可使腰椎骨折、腰椎移位。

【临床症状和病理变化】后躯完全或部分突然麻痹，患兔拖着后肢行走（图5-287）。脊髓受损，肛门和膀胱括约肌失控，大小便失禁，臀部被粪尿污染（图5-288）。轻微受损时，随着脊髓压迫区域的肿胀消失，在3～5天内最初的麻痹症状逐渐消失。剖检见臀部沾满粪尿及污物，脊椎某段受损断裂，局部有充血、出血、水肿和炎症等变化，膀胱因积尿而胀大（图5-289）。

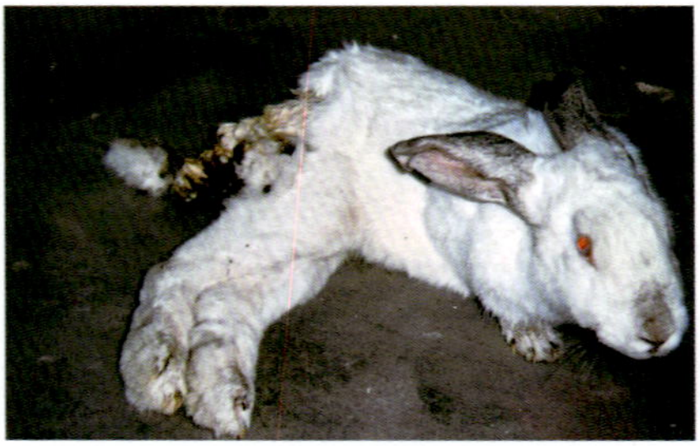

图5-287　脊髓受损，后肢瘫痪，患兔拖着后肢行走

图5-288　肛门周围被毛被粪尿沾污

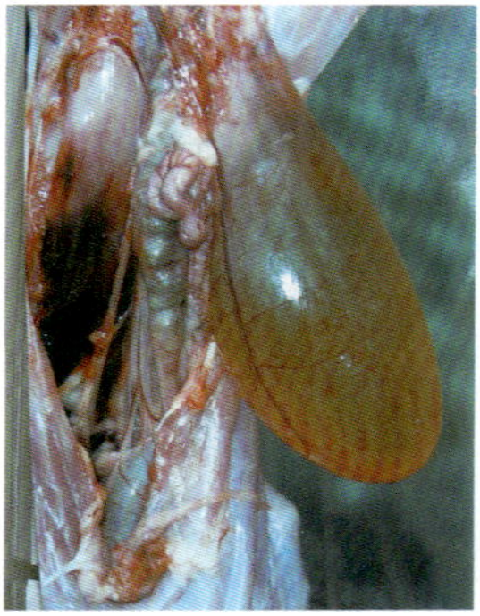
图5-289　背椎骨折断处明显出血，膀胱积尿

【诊断要点】突然发病，症状明显，剖检见椎骨局部有明显病变，骨折常发生在第七椎体或第七腰椎后侧关节突。注意与产后瘫痪的鉴别：产后瘫痪用针刺后肢有明显反应，而本病则无反应。

【预防】本病无有效的治疗方法，以预防为主。

(1) 保持舍内安静，防止生人、其他动物（如狗、猫等）进入兔舍。

(2) 正确抓兔和保定兔，切忌抓腰部或提后肢。

(3) 关好笼门，防止兔掉下。

(4) 家兔长途运输中，尽量避免急转弯、急刹车等。

【治疗方案】轻微病例的治疗，可用消炎药物糖皮质激素，如地塞米松等来消除肿胀，一般3～5天症状就可消失。若1～2周后仍麻痹或失禁，则作淘汰处理。

四十五、直肠脱、脱肛

直肠脱是指直肠后段全层脱出于肛门之外，若仅直肠后段黏膜突出于肛门外则称为脱肛。

【病因】本病发生的主要原因是慢性便秘、长期腹泻、直肠炎及其他使兔体经常努责的疾病。营养不良，年老体弱，长期患某些慢性消耗性疾病及某些维生素缺乏是本病发生的诱因。

【临床症状和病理变化】病初仅在排便后见少量直肠黏膜外翻，呈球形或椭圆形为紫红或鲜红色（图5-290），但常能自行恢复。如进一步发展，脱出部不能自行恢复，且增多变大，使直肠全层脱出而成为直肠脱（图5-291～图5-293）。直肠脱多呈棒状，黏膜组织水肿、淤血，呈暗红色或青紫色，易出血。表面常附有兔毛、粪便和草屑等污物。随后黏膜坏死、结痂。严重者导致排粪困难，体温、食欲等均有明显变化，如不及时治疗可引起死亡。

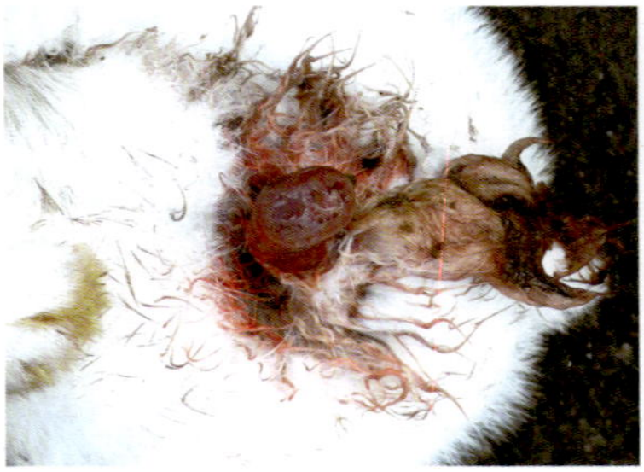

图 5-290　直肠后段黏膜突出于肛门外，呈紫红色椭圆形

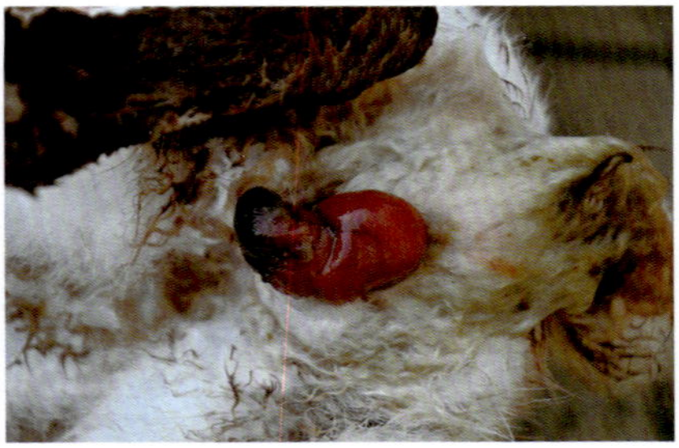

图 5-291　直肠脱

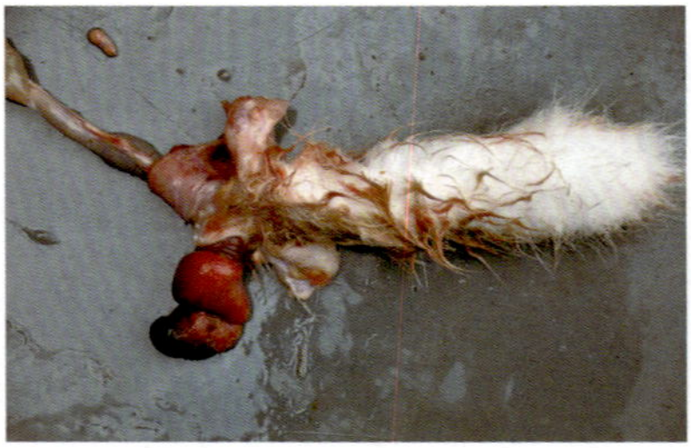

图 5-292　直肠脱

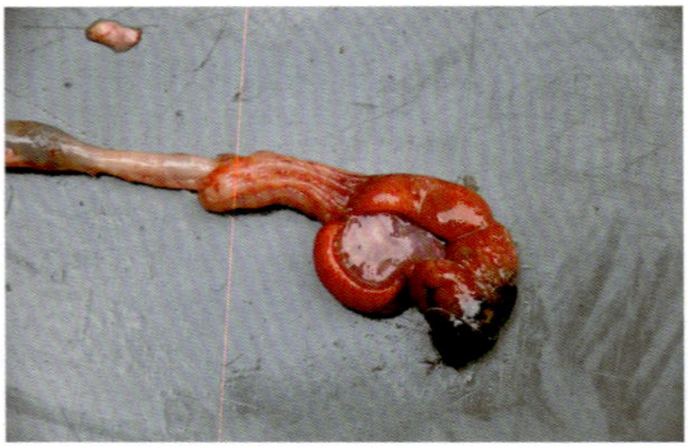

图 5-293　脱出的直肠，水肿

【诊断要点】根据症状和病变即可确诊。

【预防】加强饲养管理，适当增加光照和运动，保持兔舍清洁干燥，及时治疗消化系统疾病。

【治疗方案】用0.1%新洁尔灭液等清洗消毒后，提起后肢，由手指将脱出部送入肛门复位。严重水肿，部分黏膜坏死时，清洗消毒后，小心除去坏死组织，轻轻整复。整复困难时，用注射针头刺水肿部，用浸有高渗液的温纱布包裹，并稍用力压挤出水肿液，再行整复。为防止再次脱出，整复后肛门周围做袋口包缝合，但要注意松紧适度，以不影响排便为宜。为防止剧烈努责，可在肛门上方与尾椎之间注射1%盐酸普鲁卡因液3～5毫升。若脱出部坏死糜烂严重，无法整复，则行切除手术或淘汰。

四十六、子宫腺癌

子宫腺癌是家兔主要的恶性肿瘤之一，癌组织起源于子宫黏膜的腺上皮。

【病因】尚不清楚。可能有多种原因，包括各种因素造成的内分泌紊乱等。本病的发生与母兔的经产程度无关，主要与年龄相关，发病率随年龄的增加而升高，超过四岁的母兔发病率达到60%。与其他品种比较，荷兰兔更易患子宫腺癌。

【临床症状和病理变化】病初很少表现临诊症状，之后出现慢性消瘦和繁殖障碍，如受胎率下降，窝产仔数减少，死胎增多，母兔弃仔，难产，整窝胎儿潴留在子宫内，异位妊娠和胎儿在子宫内被吸收等。腹部触诊可摸到大小不等的肿块，其直径为1～5厘米或更大。剖检见子宫黏膜有一个或数个大小不等的肿瘤。瘤体多呈圆形，色淡红或灰红，质地坚实（图5-294右），后期可在肺、肝、肾、脑、骨头等其他脏器、组织看到转移性的肿瘤（图5-294左）。

图5-294　子宫黏膜有多发性肿瘤（右）与肺转移肿瘤（左）

【诊断要点】根据症状、母兔高龄可怀疑本病，通过腹部触诊可做出初步诊断，经活体组织检查或尸检进行确诊。

【预防和治疗】建立合理的兔群结构，淘汰老龄母兔。对有繁殖障碍的母兔进行触摸检查，如怀疑本病，作淘汰处理。

四十七、成肾细胞瘤

成肾细胞瘤又称肾母细胞瘤、肾胚瘤，是家兔尤其是未成年家兔较常见的一种肿瘤病。

【病因】病因不详。但可能与遗传因素有关，有家族性，发生率可达25%左右。

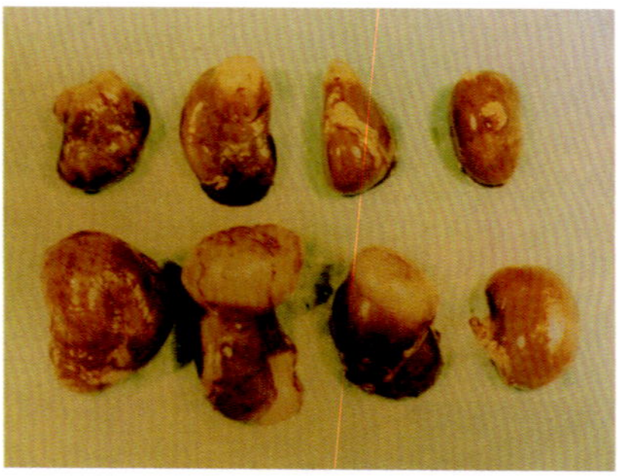

图5-295 成肾细胞瘤突出于肾皮质表面

【临床症状和病理变化】无明显的临诊症状，或有泌尿功能障碍症状。各年龄兔均有发生，幼兔多发。触诊在肾区可摸到肿块。剖检见肿瘤发生于一侧肾脏，也可见于两侧，呈圆形或结节状突出于肾皮质表面，质地均匀，有包膜（图5-295），切面色灰红或灰白，均匀致密，有时可见到小囊腔、出血、坏死。正常肾组织因肿瘤压迫而萎缩，甚至几乎消失（图5-296、图5-297）。组织上可见肿瘤主要由肾小球和肾小管样结构的组织构成。

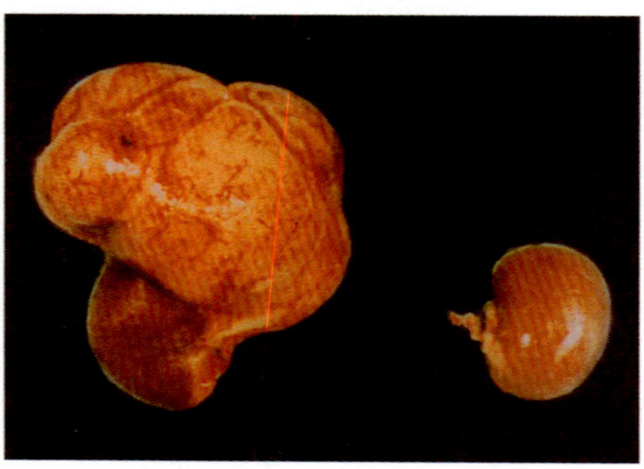

图5-296 肾脏前端有一个较大成肾细胞瘤瘤团形成，右侧为大小正常的肾脏

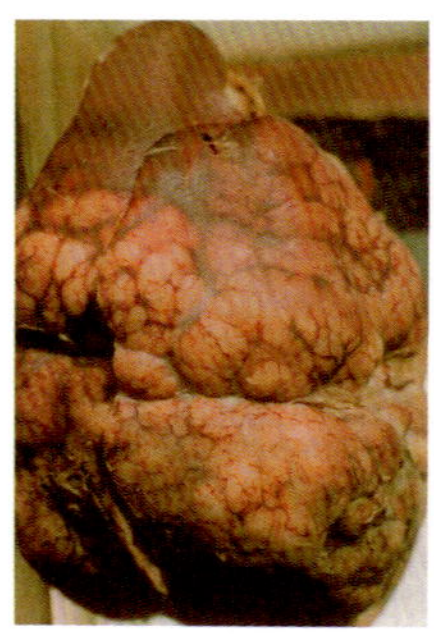

图5-297 成肾细胞瘤瘤团很大，肾脏几乎消失

【诊断要点】根据触诊可以怀疑，但确诊需依靠病理学检查。

【预防】

该肿瘤在屠宰后或病死后发现，生前很难作出诊断。触摸到一侧或两侧有肿瘤样的作淘汰处理。

四十八、常见遗传性疾病

家兔常见的遗传性疾病有牙齿生长异常、“牛眼”、“八字腿”、肾囊肿、黄脂、缺毛症等。

【病因】①遗传因素。②饲养管理不当不合理。③笼具安装不合理。

【临床症状和病理变化】

（1）牙齿生长异常。各种兔均可发生，青年兔多发，上、下门齿或二者均过长，且不能咬合。下门齿常向上、向嘴外伸出，上门齿向内弯曲，常刺破牙龈、嘴唇黏膜和流涎（图5-298）。患兔因不能正常采食，出现消瘦，营养不良。若不及时处理，最终因衰竭而死亡。

（2）“牛眼”。5月龄左右兔易发，单侧或双侧发生。患兔眼前房增大，角膜清晰或轻微混浊，随后失去光泽，逐渐混浊，结膜发炎，眼球突出和增大像牛眼一样（图5-299）。

（3）开张腿。患兔无法将一条腿或所有腿收到腹下，行走时姿势像“划水”一样，无力站起，总以腹部着地躺着（图5-300）。症状轻者可做短距离的滑行，病情较重时则引起瘫痪，患兔采食量大，但增重慢。

（4）缺毛症。患兔仅在头部、四肢和尾部有正常的被毛生长，而躯体部只长有稀疏的粗毛，缺乏绒毛（图5-301）。同窝其他仔兔缺毛症的发病率也较高。

（5）黄脂。生前无临诊症状，一般在剖检时才被发现。脂肪的颜色因饲料中胡萝卜类色素群含量水平不同而不同，可从淡黄色到橘黄色（图5-302）。

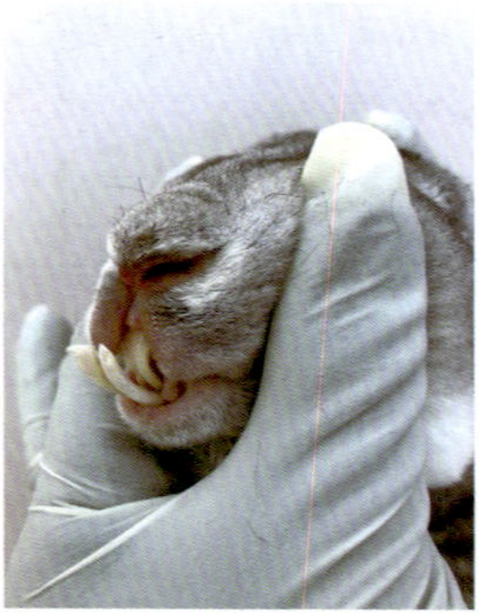

图5-298　下门齿过度生长，伸向口外

图5-299　患兔眼大而突出，似牛眼

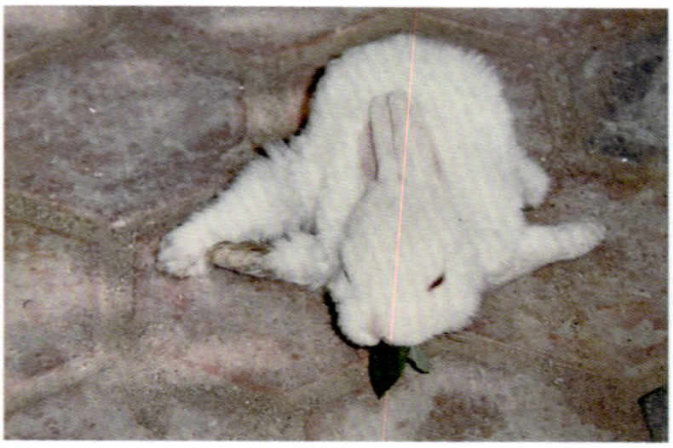

图5-300　四肢向外伸展，腹部着地

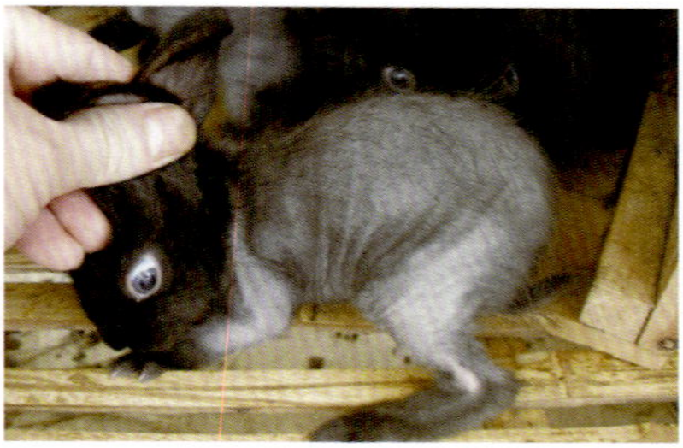

图5-301　躯体部无绒毛生长，只有少量粗毛缺毛症

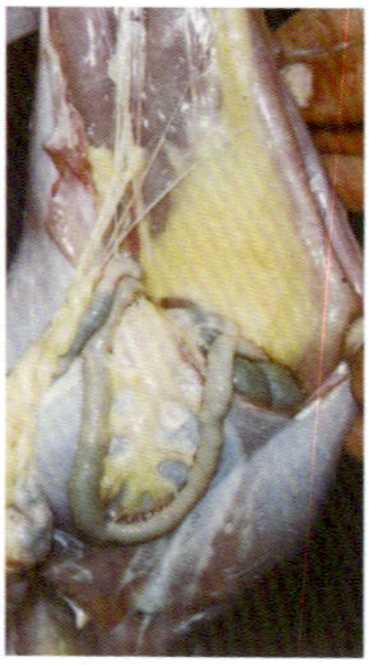

图5-302　脂肪呈深黄色

【诊断要点】根据临床症状一般可作出诊断。

【预防】

（1）加强选种选育。淘汰有症状的兔只。

（2）科学饲养管理。

（3）笼具设计、安装要科学合理。

【治疗方案】患遗传性疾病的家兔要适时淘汰，不用作种兔。

牙齿生长异常的幼龄兔可用钳子或剪

刀定期将门齿过长的部分剪下，断端磨光，达出栏标准时淘汰。开张腿的患兔，如病情轻微，可在笼底垫以塑料网，或许能控制疾病的发展。

第二节 兔群疾病防控技术

根据本地区气候特点、兔场饲养方式、养殖技术水平以及兔病流行特点，制定出适合本场兔群疾病防控方案，并严格执行，是保障兔群健康发展的重要技术措施。

一、兔群疾病防控技术方案

根据笔者多年来研究结果和生产实践，现列出家兔主要疾病防控技术方案，仅供参考。

（1）母兔产前3天和产后5天，每天每只喂穿心莲1～2粒，复方新诺明片1片，可预防母兔乳腺炎和仔兔黄尿病的发生。对于乳腺炎、仔兔黄尿病、脓肿发生率较高的兔群，繁殖母兔每年应注射两次葡萄球菌病灭活疫苗，剂量按说明使用。

（2）在17～90日龄仔兔、幼兔饲料中添加氯苯胍、地克珠利（或饮水中）、妥曲珠利（或饮水中）等抗球虫药物，可有效预防兔球虫病的发生。也可给22～55日龄的兔口服球虫疫苗，1头份/只。免疫期为2个月。

（3）20～25日龄仔兔注射大肠杆菌疫苗，以防因断奶等应激造成大肠杆菌病的发生。有条件的养兔场可用本场分离到的大肠杆菌菌株制成的疫苗进行注射，预防效果确切。

（4）30～35日龄仔兔首次注射兔瘟单联或瘟-巴二联苗疫苗，每只颈皮下注射2毫升。60～65日龄时再皮下注射1毫升兔瘟单联苗或二联苗以加强免疫。种兔群每年注射两次兔瘟疫苗。使用兔出血症2型应急性灭活疫苗，防控效果良好。同时加强2型兔瘟病的生物安全防控工作，内容包括严禁从患有该病的兔场引种、严禁兔商贩进入生产区等。

（5）40日龄左右注射魏氏梭菌菌苗，皮下注射2毫升，免疫期为6个月。种兔群应注射魏氏梭菌菌苗，每年2次。魏氏梭菌病高发兔群建议4周龄的仔兔接种第一次疫苗，14天后进行第二次接种，效果更好。

（6）兔群应注射巴氏杆菌、波氏杆菌菌苗。巴氏杆菌菌苗的免疫保护期为4个月，每年需注射3次。

（7）每年春秋两季对兔群进行两次驱虫，可用伊维菌素皮下或口服用药，不仅对兔体内寄生虫有杀灭作用，也可以治疗兔体外寄生虫。

（8）毛癣菌病的预防。引种必须从健康兔群中选购，引种后必须隔离观察至第一胎仔兔断奶时，如果仔兔无本病发生，才可以混入原兔群。严禁兔商贩进入兔舍。一旦发现兔群中有眼圈、嘴圈、耳根或身体任何部位有脱毛，脱毛部位有白色或灰白色痂皮，及时隔离，最好淘汰，并对其所在笼位及周围环境用2%火碱或火焰进行彻底消毒。

（9）中毒病的预防。目前饲料霉变中毒是危害养兔生产的主要问题，因此对草粉（花生壳、花生秧、玉米秸秆等）、玉米等饲料原料应进行全面、细致的检查，一旦发现有结块、发黑、发绿、有霉味、含土量大等，应坚决弃之不用。饲料中添加防霉制剂对预防本病有一定的效果。

（10）脚皮炎的防控。獭兔发病率高。首先选择脚毛丰厚的种兔留种；使用制作规范的竹板或塑料地板；保证饮水系统不漏水，保持兔舍清洁干燥。

（11）药物中毒的防控。家兔患病后严禁随意使用抗生素，防止引起中毒或导致消化道机能障碍，如腹泻等。禁用马杜拉霉素作为抗球虫药物使用；口服阿莫西林、林克霉素、氟苯尼考等药物极易引起中毒，应禁止使用。

二、兔群疾病防控注意事项

（1）购买疫苗时，使用国家正式批准生产厂家的疫苗，同时应认真检查疫苗的生产日期、有效期及用法用量说明。另外还要检查苗瓶有无破损、瓶塞有无脱落与渗漏，禁止使用无批号或有破损的疫苗。

（2）注射用针筒、针头要蒸15～30分钟进行消毒，冷却后方可使用。应做到一兔一针头。

（3）疫苗使用前、注射过程中应不停地震荡，使注射进去的疫苗均匀。

（4）严格按规定剂量注射，不能随意增加或减少剂量。为了防止疫苗吸收不良，引起硬结、化脓，注射2毫升的疫苗时，针头进入皮下后，做扇形运动，一边运动，一边注射疫苗或在两个部位各注射一半。

（5）当天开瓶的疫苗当天用完，剩余部分要坚决废弃。

（6）临产母兔尽量避免注射疫苗，以防因抓兔而引起流产。哺乳母兔体质较弱，尽量避免注射疫苗。

（7）防疫注射必须在兽医的指导、监督下进行，由掌握注射要领的人员实施，一定要认真仔细安排，由前到后，由上到下逐个抓兔注射，防止漏注。对未注射的家兔应及时补注。

（8）同一季节需注射多种疫苗时，未经联合试验的疫苗宜单独注射，且前后两次疫苗注射间隔时间应在7天左右。

（9）兽医要填写疫苗免疫登记表，以便安排下一次防疫注射日期。

（10）疫苗空瓶要集中作无害化处理，不能随意丢弃。

（11）使用的药物和添加剂要充分搅拌均匀。使用一种新的饲料添加剂或药物，先做小批试验，确定安全后方可在大群中使用。

（12）毛癣菌病极易传染给人，尤其是小孩和女人，要做好个人防护工作。

（13）预防、治疗兔病时要使用国家允许使用的药物和饲料添加剂，同时注意休药期。

（14）家兔患病治疗时，慎重选择抗生素，采用适宜的用药途径。

（曹亮）

参考文献

[1] 王永坤，刘秀梵，符敖齐．兔病防治[M]．上海：上海科学技术出版社，1990.

[2] 任克良．兔病诊断与防治原色图谱[M]．2版．北京：金盾出版社，2012.

[3] 任克良，陈怀涛．兔病诊疗原色图谱[M]．2版．北京：中国农业出版社，2014.

[4] 任克良．兔病快速诊治实操图解[M]．北京：中国农业出版社，2013.

[5] 任克良．兔场兽医师手册[M]．北京：金盾出版社，2008.

[6] 谷子林，秦应和，任克良．中国养兔学[M]．北京：中国农业出版社，2013.

[7] 王芳，范志宇，薛家宾．兔病图鉴[M]．北京：中国农业科学技术出版社，2019.

[8] 任克良．现代獭兔养殖大全[M]．太原：山西科学技术出版社，2002.

[9] 任克良．高效养兔全彩图解+视频示范[M]．北京：化学工业出版社，2022.